NA
建筑家系列 3

隈研吾

日本日经BP社日经建筑 编
林铮顗 译

北京出版集团公司
北京美术摄影出版社

前言

本书汇集了刊登在建筑专业杂志《日经建筑》（以下简称NA）上，有关隈研吾的访问、谈话及主要建筑作品的完成报告等内容，并加入新撰，按不同的主题，重新编辑而成。它也是继《内藤广》《伊东丰雄》之后，『NA建筑家系列』的第三册。

在这个系列中，选择隈研吾的重要理由是他受到人们高度的关注。虽然这有可能被认为是『为了销量而找来的人选』，但在本质上，人们对他的兴趣，有别于其他的建筑师。

一方面，对隈研吾感兴趣的不仅仅是建筑界人士。人们知道『隈研吾』这个名字，基于《十宅论》《再见，后现代主义》等评论集。因为这些书籍不但引发社会性的话题，而且也为隈研吾建构起和媒体沟通的通道，此后他更积极地接受访问，同时还撰写专栏。这与丹下健三先生这样的『昭和巨匠』形成了强烈的对比。环顾目前的建筑界，隈研吾可以说是一位非常少见的建筑师，因为他拥有能够和一般人沟通的能力。

另一方面，在建筑界，特别是四十岁以上与建筑有关的人，他们关注隈研吾的方式，也和别人不同。虽然这种说法可能不太恰当，但那种关注的目光确实能够激励一个建筑师的『再生』。

身为『后现代主义的旗手』，很早便受到建筑界关注的隈研吾，在一九九一年完成了集自身方法论之大成的『M2』。不巧这个时期与泡沫经济重叠，以至于建筑界并没有给予他高度的评价。东京的工作量锐减，此后近十年里，工作的重心转向地方性的都市。

不过，隈研吾将这个挫折当作养分，确立了新的设计手法。透过『融入自然的造型』

『发挥素材新的一面』等手法，再度引起建筑界的关注。此后的事情，在此就不再赘述了。许多建筑家，不就是将隈研吾这样的雪耻和自己的未来重叠在一起吗？建筑师凭着自己的意志，能改变什么呢？而设计的幅度又能扩展到什么程度呢？

本书以隈研吾这种『引起关注的方法』为结构。第一章，汇集到有关『M2』的方法论；第二至五章，则将『M2』之后的主要规划案，按设计的方法分类；第六章，收集有关设计的程序和设计组织的报道。此外，在三篇特别对话中，展现出能传达给一般读者的谈话内容。

本书在内容上比前两册更多样化。不过，多样化正是隈研吾的魅力和原动力之所在。请好好享受光凭建筑作品无法了解到的隈研吾的世界。

日经建筑编辑部

《日经建筑》（NA）所刊载的受访者职衔，原则上为接受采访时的职衔。转载报道的期刊号，登载于题目栏下方。无期刊号的报道，为专为本书而作的新撰。另外，报道中的图片，原则上也仅限于反映刊载之时的状态。因建筑物改建等原因，图片与现状有可能已有所不同。

目录

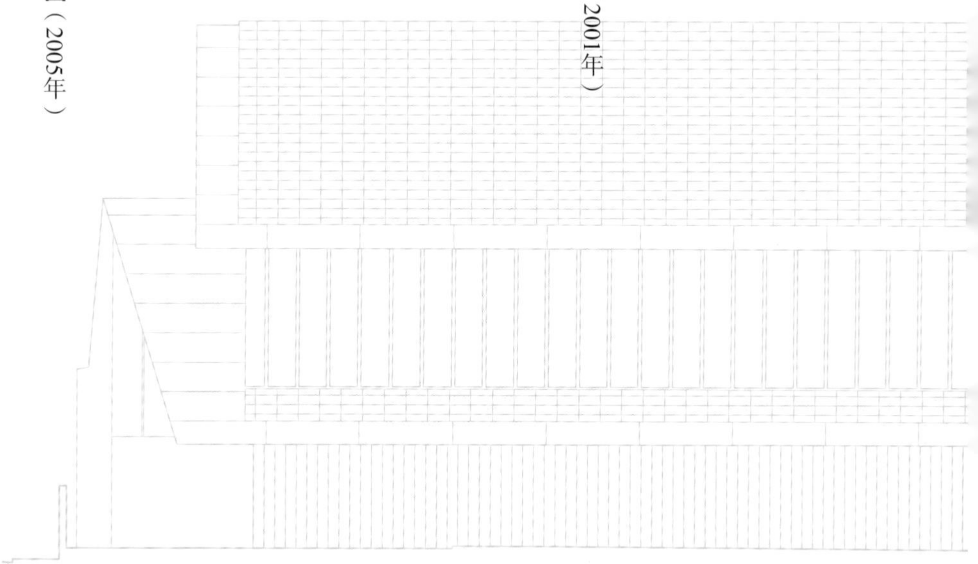

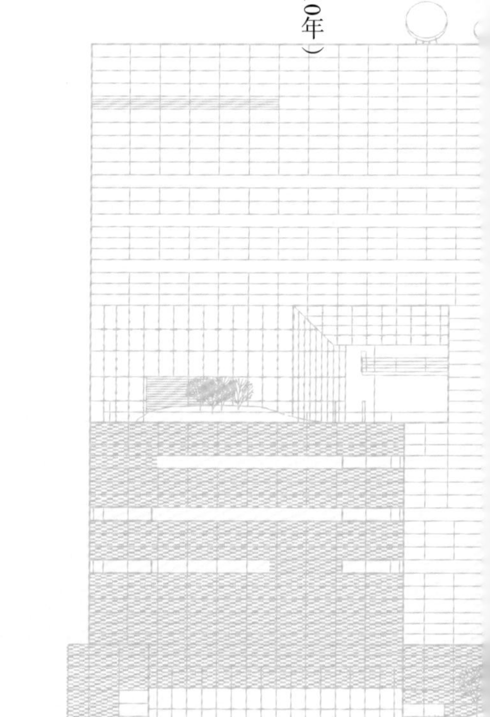

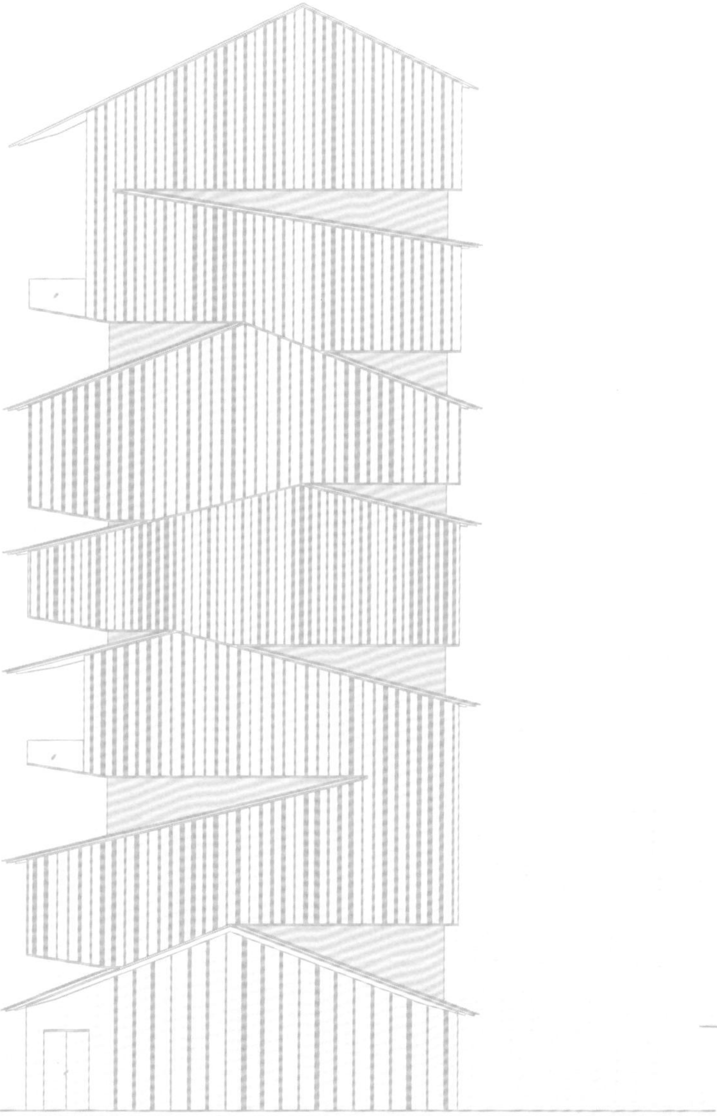

隈研吾

1954年出生于神奈川县。1979年毕业于东京大学。1985—1986年担任哥伦比亚大学建筑·都市计划学系客座研究员。ASIAN CULTURAL COUNCIL公费研究员。1986年成立空间研究所。1990年成立隈研吾建筑都市设计事务所。1998年担任庆应义塾大学环境信息学部特约教授。2001年任该大学理工学部教授。2008年设立Kuma & Association Europe（Paris）。从2009年起任东京大学教授。照片摄于东京大学隈研吾研究室。（摄影：铃木爱子）

第一章

从批评出发

"隈研吾"这个名字为人所知，
是因为20世纪80年代后期所出版的
《十宅论》《再见，后现代主义》等评论集。
虽然到20世纪80年代末期为止，完成了若干建筑，
但与其说是建筑本身，不如说是所谓『新·样样皆可』的
批判性创作手法，使得隈研吾引起人们的注意。
在1991年先以擅于写作而普获好评，
并完成了可以说是集其自身方法论之大成的"M2"。

背景是"M2"的立面图

1970—1980年

访谈
01

『不明白自己的方向，痛苦折腾的二十岁』
——回顾那段受压迫的『负建筑』时代

从小学时代起便憧憬着建筑师的工作，毫不犹豫地进入了大学建筑系。脑中只有设计的事情。回想起来，虽然他是个书呆子学生，但对于同龄人的想法，却采取批判的态度，所以特意选择了非设计专业的研究室。正如这样的行动所象征的，隈研吾先生不会搭上眼前的潮流，总是一面带着批判与反骨精神，一面不断地挑战。

——隈先生对于把建筑师作为职业，一直怀着兴趣，好像是在小学的时候吧？

我家是一栋古老的木造住宅，和朋友的家极为不同。当时，位于横滨市郊外的住宅地区，使用新建材建造的美式住家，正处于完工阶段，然而只有我居住的家，既古老又昏暗，这是个情结。因此，我思考着家是什么，建筑又是什么。在这样的背景之下，当我见到由丹下健三先生设计、作为东京奥运会会场的国立代代木竞技场时，有多种复杂的感受。

——进入大学的时候，您的志愿也只集中于建筑系吧？

虽然进入东京大学工学院，但是，如果被分配到建筑以外的学科，我将不知所措。对这样的我来说，建筑是一个特别的存在。万一连建筑都学不好，应该也没有什么其他方向可供选择了。

——当时，周围有很多人想从事建筑的工作吗？

没错。小学时，东京奥运会开幕，而大阪世界博览会在我读中学的时候召开。不管奥运会或世博会，建筑都是主角。丹下健三先生或是黑川纪章先生华丽地登上电视的时代，让我产生了建筑师可以开创时代的印象。

同时，从高中时代起，人们开始呼吁环境问题。约从进入二十世纪七十年代开始，人们普遍认为只有工业主义是行不通的。这意味着，已经到了出现重大变革的时间点了，而时代即将改变的觉悟，异常强大。尽管也有人说：『大阪世界博览会是个意气风发的时代吧』，实际上全然不是那样的氛围。当时，水

刊载于NA2010年学生特别版及KEN-Platz
（部分省略）

侯病或者各式各样的社会问题，都已显现出来，反而让人觉得，大阪世界博览会似乎是反省时代的开始。因为高中生对于这样的问题特别敏感，所以强烈地意识到，新的时代即将来临。

—

——报考建筑专业的学生很多，进入东京大学建筑系，不会很难吗？

—

在我上大学的时代，建筑系的难度很高，所说那是一个进入建筑界最困难的时期。和我同年的学生，有东京首都大学的小林克弘教授、名古屋大学的片木笃教授、明治大学的小林正美教授，在研究所同年的是京都大学副教授竹山圣。第一学年下学期，东京理科大学的宇野求也在籍。

（摄影：柳生贵也）

—

——在大学时，上课很用功吗？

—

我是所谓的设计书呆子，脑中所想的只有设计而已。

—

不想成为设计的傻子

——为什么选择以构法计划为专业的内田祥哉研究室呢？

—

有志于设计，却进入内田研究室，可以说这是有点奇怪的事情。虽然我满脑子只有设计这回事，但同时也不想成为设计的傻子。对于和我同一时代专心于设计的人，他们那种仿佛只要是美丽的，什么都可以之类的看法，无法让我产生共鸣，甚至还冷面以对，给予严厉的批判。由于性情有点乖僻而选择内田研究室。我知道自己所尊敬的原广司先生来自内田研究室，心想：『内田研究室第一眼看起来好像没什么，其实或许有很大的可能性也说不定。』

—

高中毕业时的照片。隈研吾在中排左侧。（摄影：隈研吾建筑都市设计事务所）

——在内田研究室时，毕业论文的题目是什么？

—

可移动式隔间。虽然对内田研究室而言，是个普通的题目，但对于有志于设计的学生来说，却是一个极为异常又怪僻的题目。毕业设计的题目是『静坐之屋』，这又和可移动式隔

间毫无关系，是为静坐而设计的家。

我高中上的是天主教学校，有过四天三夜闭门不出在修道院里静坐的体验。也就是体验不与人交谈，有如坐禅一般的感觉。我注意到，那时候的心灵体验，似乎对我产生了重大的改变，因而思考将它化为建筑。在某种意义上，静坐之屋与可移动式隔间是两个极端。

——这样的情绪转换，对于后来的隈先生而言，据说发挥了加分作用。

我仿佛还不知道该走哪条路才好，干脆采取支离破碎的行动试试看，于是就尝试了两个正好相反的东西。我想对每个学生说，找到自己的道路并不容易。一时还无法决定自己的道路，虽然受尽折磨，但这是学生的必经之路；相反地，年纪轻轻便决定了自己的道路，其实并不怎么好。即使在今天回顾过往，这样的行动也都是为了自己。

可以说是不良的研究室，净是些有个性的人

——在东京大学的毕业研究成果如何？

我自己相当喜欢。尽管没有获得辰野奖，但在审查时，似乎引起了种种讨论。虽然是和在大成建设上班的好友共同合作的，但因为是两人做的，好像得到不够周密之类的评价。对我自己来说，未能得到辰野奖，反而是不错的事。

——听说读研究生时，曾在原广司先生的研究室里学习过。

原本打算如果考上研究生，就进入原先生的研究室。我从大学三年级开始在槇文彦的事务所打工，受到事务所的大野秀敏先生（现为东京大学教授）等人的关爱。一提起『我想进原广司先生的研究室』，每个人都支持我。『原先生虽然只设计小型住宅，但那只是冰山一角。看不到的部分，其实非常惊人。』因此，我才下定决心。

当时的研究室，每若干年举行一次土地调查。只有在调查的时候，才清醒过来，否则如果从外部看来，实在不知道在做些什么，可以说是个不良的研究室。记忆中，毕业生也净是些有个性的人。像芦原义信研究室与香山寿夫研究室这种设计系的研究室，它的毕业生一半以上都就职于大规模的设计事务所和有名的工作室。相对地，这个研究室净是一些只去巴西的、相当奇怪的人。当小岛一浩（CAt合伙人、东京理科大学教授）等优秀校友开始出现后，人们才开始相信出自非设计系的研究室的人也能成为建筑师，不过在那时，研究室给人的印象是：聚集了一些来历不明的不良之人。在身为建筑师的山本里显学长（山本里显设计工厂代表）出名之前，我们学长当中没有一位是

建筑师。

——原广司的研究室，究竟什么地方让你觉得有魅力？

我称之为文化人类学的好奇心，对于非西洋的国家，例如非洲或巴西，有着极大的憧憬。我的豪赌是，借着土地调查可以去这些国家，所以选择了原广司的研究室。正确的说法应该是，与其说是想学习什么，不如说只是喜欢而已吧。

不过，即使进入研究室，也分为可以去做土地调查与不可以去的年份。我们的年代，颇为幸运，正好是连续五次土地调查的最后一次，结果可以去非洲，所有事情也都交给我们自行安排。原先生还为了必须注射霍乱与黄热病的预防针而相当紧张。人们普遍认为那是个治安不好、相当危险的地方。

——土地调查是相当辛苦的工作吗？

在到达该地之前，从文化人类学者开始问起，还请教了许多人，大家都认为，那是个相当危险的地方。然而到那里一看，不但季节刚好，治安也相当好，真是一趟舒适又有趣的旅程。

调查之后，我觉得自己改变了很多。我具备了无论在多糟糕的地方都能生活的自信，同时我认为和任何人在一起都能合作愉快。我一直在城市里长大，处于一个没有细菌的环境中。打从准备工作开始，我就有个心愿：即使前往细菌特别多的地方，我也可以在那里生活。这个心愿也达成了，而且增加了即使被派往任何地方也能胜任的自信。

今天，不管和什么样的人、什么样的客户，我都能一起共事，相当有自信（笑），这应该是在非洲锻炼出来的吧。

——硕士论文的题目是什么？

最后的论文题目是『住居集合与植物群落』。我想写有关植物而与建筑无关的论文，这是个引领时代潮流的题目。在原先生的帮助下，我前去横滨国立大学教授宫胁昭先生的研究室，一面请教，一面和东大农学部的学生一起调查作为日本守护神的森林。虽然勉勉强强完成了论文，但当时对于能否毕业，感到相当不安。虽然现在担任大学教授，但如果当时立场相反的话，我会是个严格的老师。

即使在任何地方都能生活得自信

——有关就职的地方，您选择了日本设计吧？

在撰写硕士论文时，安藤忠雄先生亮丽地登场了。他由于设计『住吉的长屋』，声名大噪。我的每个同学都对安藤先生向往不已。那是一栋无外饰的三合土小住家，像游击队一般地抵抗这个社会。虽然我也认为安藤先生的住宅非常棒，但因为每个同学都朝着那个方向努力，所以我产生了疑问：这样的生活方式也适合我吗？

于是，再次出现怪僻的想法，『好，我就在社会里磨炼！』后来受到日本设计的青睐。尽管在非洲时产生了自信，但对自己到底应该走哪个方向却仍然毫无概念。只凭一股反叛精神，在不分青红皂白又不了解其意

创业后的处女作『伊豆之风吕小屋』。

义之下，反抗起主流来了。

我常想，为了强化建筑，对于人人所倾向的主要潮流，保持反叛精神是非常必要的。跟随目前的潮流走，固然简单，可是想走和潮流不同的方向，不但要有勇气，而且还要有自暴自弃的精神。我觉得自己凭着这种自暴自弃的精神，一直做到了今天。

——在日本设计时，学到些什么呢？

在日本设计的三年时间里，承办了不少事情。那是受到前辈关爱，非常充实的一段日子。我所经手的规划案，从大到小都有，从竞标到监工，不一而足。

虽然体验了所谓大机构的做法，就是如此这般，但在我心中一直存在的疑问是：『只凭这样的做法来从事建筑就可以了吗？』尽管在这里拼命学习，但我强烈意识到，想要活用这些，必须到别的地方去。人们很容易单方面地深陷于目前的设计中，因此若要客观地来审视它，则必须有另一个自我。

我觉得监督管理部门之类的组织，非常有趣。虽然过去对于这样的单位不是很了解，不过它们看起来很棒，可以与建筑直接接触，而非观念性的。我认为设计的世界是极为观念性的，感觉非常讨厌。正因为有这种想法，我选择了日本设计，而非传统的事务所。

在日本设计的监督管理部门里，存在着差异悬殊、非观念性的、就事论事的人。不但就事论事，而且还有责任由我来扛之类的态度，也让我感到『这个大叔太棒了！』此外，与工匠的对话，也是有来有往的。绝不会仗势欺人。这种建立人际关系的方法，特别值得参考。在日本设计时，能与监督管理部门的人相遇，对我而言，是非常幸运的体验。

——之后，在户田建设的设计部门里，开始受制于施工费用，对于身为与施工团队一体的设计师来说，这确实是个严苛的环境，不过却获得了宝贵的工作经验。

不分青红皂白地反抗时代的主流

自以为是是行不通的

进入户田建设一看，才了解在大规模的设计事务所时，某种意义上被娇生惯养了。在户田，我见不到设计者被奉承的场面，其次，致力于设计的人的态度令人铭感五内。心想：『这些人工作的模样真棒！』

当和槇文彦的事务所打交道时，使用『槇先生』这样的称呼；相对而言，在日本设计时，却像是和大企业的精英接触的感觉。一旦进入大建筑公司的设计部门，地位更是不一样。在年轻时，能够亲身体验不同地位的设计者的立场，极为重要。在这里自以为是是行不通的。不论在什么样的位置上，若不能设身处地，就不会受到信赖。只要不受信赖，就绝对无法完成有趣的建筑。

——若要打造拥有自我风格的建筑，据说受到客户的信赖乃是终极捷径。

有关受到客户的信赖一事，其实和毕业于名校或是否为精英，并无关系。我们已了解到，能站在对方立场的设计者，便可获得信赖。若想显示自己的风格，不取得信赖，是行不通的。我的『负建筑』概念，即一面观察周围的环境，一面借着有利条件顺势反击，进而彰显自我风格。户田建设时代积累下来的经验对我影响很大。

——离开户田建设，创立设计事务所之前，为什么以客座研究员的身份，在美国的哥伦比亚大学留学呢？

研究生时代，曾有过文化人类学方面的体验，并且在日本社会也看了很多。然而还未体验过的，正是美国社会。美国在二十世纪扮演了一个非常重要的角色，因此我一直有个想法，希望能去体验一下。很幸运地，有个机会降临，让我以客座研究员的身份，前往纽约的哥伦比亚大学留学。

——在哥伦比亚大学时，做了什么样的研究？

美国大学的客座研究员相当自由，有人告诉我说：『做自己喜欢的研究就好！』我写了《十宅论》和《再见，后现代主义》两本书。前者在留学中完成，后者是对话集，在留学时完成所有的访谈。制作对话集不是目的，真实目的是尽可能和美国的建筑师见面，听听他们第一手的谈话。有些人我是只闻其声，不见其人，当我说将出版对话集时，才挤出时间给我。

ACC（亚洲文化协会）给我奖学金，由于它与洛克菲勒财团有关系，所以通过该财团的介绍，才能够和菲利普·约翰逊、西

在美国的哥伦比亚大学客座研究员时代，在菲利普·强森的家里与之对话。

萨·佩里等著名建筑师见面。

现在回想起来，真是初生牛犊不怕虎啊！仿佛长了毛的学生似的年轻人，一手拿着录音机登门造访，当面说：『您的建筑，这里没有问题吗？』现在想想，自觉『还真敢讲呀』。

——对话后留下什么样的回忆呢？

和西萨·佩里谈话时，录音机竟然停止工作了。为了弄清楚原因，我们一起换电池，一起操作，他还努力地帮我想解决之道。虽然那么有名，却完全没有摆出自以为了不起的样子。这么和气的人，实在令我感动。当时我觉察到，他身为建筑师，那种『不摆架子』的态度让人非常感动。

因此，当年轻人想来访问我的时候，即使是晚上，我也会挤出时间，尽量和他们见面。我想报恩，因为在我年轻的时候，占用了许多著名建筑师的宝贵时间。

“不摆架子”的态度让人非常感动

——留学时期，日本的经济环境开始好转了吧？

在美国的一年，日本经济环境开始恢复，同班同学都开始了设计工作。只有我在美国悠哉悠哉的，有时心里也不免觉得不安。只过了一年，我便返回了日本。一九八六年回国，我很快地推出自己的第一件设计作品『伊豆之风吕小屋』。高中时代的美术老师总是这么说：『最初的作品意外地能够描绘出好东西来喔！』虽然设计过程中，不太有这种感觉，后来重新想想，原来他所说的是真的。即使是现在，我仍觉得这件作品是自己的原点。

——在完成时，被当作后现代主义的设计而受到瞩目、坐落于东京的『M2』，是在什么样的情况下接受委托的呢？

从美国回国不久之后的一九八六年，我出版了《十宅论》。博报堂的人读了这

“M2”（1991年）。爱奥尼亚式圆柱竖立在建筑物正中央。（摄影：小林研二）

本书后，向我探询说：『很有趣，让我们一起工作吧。』这个人现在与我仍然是朋友，我认为他是个很有勇气的人，因为没有见过实际的作品，只读了书，就想把工作交给我做。后来，我参加了马自达旗下子公司的公司大楼『M2』的竞标，结果就获选了。

——有关在『M2』的正中央竖起一根爱奥尼亚式巨柱的设计，您以何种心情来面对它？

梼原町地域交流设施的剪彩活动。右侧是隈研吾。

这栋建筑物，在某种意义上，是以反叛精神来设计的。建筑设计的潮流，有安藤忠雄先生的清水混凝土，也有伊东丰雄先生使用冲孔金属的轻建筑，整个设计正朝着这些方向发展。另外，日建设计和日本设计做的是一般性的建筑，而我的想法是，『我不属于任何一种，我就是我』。

我自己想建造的，不是观念性的东西，而是现实主义的建筑。所谓现实，也就是说，因为想把东京的混沌变成建筑物，而设计出了『M2』。连我本人也自认为很有勇气，因为事务所才开业数年就设计出那样大胆的东西。我也觉得，若非受制于混凝土，还要设计出更现实的东西。

——后来，泡沫经济崩溃，一下子状况全变了吧？

一九九一年『M2』完成后，工作突然中断。在东京无工可做的空白时代，约持续了十年。泡沫经济崩溃，而建筑界对于『M2』的评价也不怎么样。对我来说，虽然有两大失意之处，但是在那时拯救我的却是高知县的『梼原町地域交流设施』及爱媛县的『龟老山观景台』这两个地方性的小工程。

正是地方性的小工程拯救了我

梼原町有一栋叫作梼原座的木造戏剧小屋，有传言说，这栋小屋将被拆毁，因此高知的朋友请求我说：『这是一栋很好的建筑，希望你能说服町长，不要毁坏它。』于是我赶赴现场，和町长成了朋友，并获得了工作。至于龟老山，因为西濑户高速公路刚刚通过这里，町长委托我，希望以作为振兴本町的设施来进行设计。虽然町长想在山上建造纪念碑式建筑，但是我却提出完全相反的提案，即将建筑物隐藏为『看不到的建筑』。

在梼原町，我与和纸及竹工艺品的师傅合作，第一次实际体验到制作的感受。至于龟老山，让我邂逅了原本自己就深感兴趣且与自然环境面对面的工作。对我来说，这些工作为我日后打下了基础。

隈研吾著作编年史
——观察建筑作品背后的『思想变迁』

隈研吾先生的崭露头角，作为批评家来得比建筑师还早。早期的《十宅论》和《再见，后现代主义》，部分得益于书名取得好，让隈先生的名字广为人知。二〇〇四年发行的《负建筑》，现在也成为隈先生的代名词了。为了理解隈先生的建筑变迁，有必要了解那些时期所写的著作。除隈先生作品集以外的全部著作，均由对建筑书籍知之甚详的矶达雄先生为我们解说。

矶达雄：一九六三年生于琦玉县。一九八八年自名古屋大学工学院建筑系毕业。一九八八—一九九九年任职于日经建筑编辑部。二〇〇〇年自行创业。从二〇〇二年起共同主持flick studio编辑事务所。现任桑泽设计研究所及武藏野美术大学非专职讲师。

隈研吾的著作按发行顺序堆叠起来，这些书都是矶达雄先生的私人收藏，污损之处请见谅。

1986

让读者担心的处女作

《十宅论》——日本人居住的十种住宅

TOSO出版（筑摩文库版，一九九〇年）

《十宅论》是隈研吾最早的著作，按照建筑方法将住宅分类，并一一加以解说。

十个种类分别是，『单身公寓派』『清里食宿公寓派』『咖啡吧派』『哈比达派』『建筑师派』『住宅展示场派』『造屋出售派』『俱乐部派』『日式酒屋派』『历史家屋派』。有必要分得这么细吗？不过，那恐怕是为了呼应这个数字的发音吧。日本的住宅形式，确实几乎都被网罗了。

外观和隔间附有插图，同时住址、家族结构、地板面积、修饰等特征，也整理成表格。这样的书写方式，带着讽刺，而这个时期的手法，大约是受到二十世纪八十年代中叶渡边和博《金魂卷》一书的影响吧。

『建筑师派』住宅也是批评的对象

在建筑界，使用像奶油蛋卷住宅之类的措辞批评郊区的独栋住宅，虽然在以前就有了，但是，本书连建筑师经手的『建筑师派』住宅，也包含在射程之内。书里的文章，完全不留情面。根据隈研吾的说法，设计住宅的建筑师其自我期待的角色是，作为舶来文化的窗口，他说『这和百货店的外国商人并无不同』。

二十世纪七十年代的建筑界，最醒目的活动，来自于以住宅为中心而活跃的建筑师们。其中有石山修武、伊东丰雄等被称为野武士的前卫艺术派，也有宫胁檀等被称为现代生活派的文雅中坚人士。隈研吾的态度是，不但不想和他们混在一起，而且还一举与之敌对。

但高举过头的批判之箭，也会反弹到自身。身为建筑师作茧自缚的事情，也发生在本书中。事实上，在隈研吾之后的作品中，和其他的建筑师相比，住宅所占的比例明显偏低。这条道路，早在写书时就已经决定了。

评论家表现得非常好，然而 作为一名建筑师就没有问题吗？这是一本让许多读过它的人觉得担心的处女作。

部分目录

分类的前提

Ⅰ单身公寓派——二十世纪七十年代的空间发明
Ⅱ清里食宿公寓派——西式风格的私家住宅
Ⅲ咖啡吧派——排除了共同体的酒吧
Ⅳ哈比达派——婴儿潮世代的住宅
Ⅴ建筑师派——被当作『知识之窗』的建筑师
Ⅵ住宅展示场派——认同『住宅人生化』的折中主义者
Ⅶ造屋出售派——房产信仰的物象化
Ⅷ俱乐部派——门槛高的空间
Ⅸ日式酒屋派——跟俱乐部派是孪生兄弟
Ⅹ历史家屋派——为什么憧憬历史屋派

1989 从再见后开始吧

《再见，后现代主义》——十一位美国建筑师

鹿岛出版会

隈研吾从一九八五年起连续两年以公费研究生的身份，在美国哥伦比亚大学留学。本书是以当时所进行的访问为蓝本整理而成的。在日本的建筑界，有着冈田新一的《SD海外建筑情报》及石井和纮的《耶鲁建筑通勤留学》等留学体验类书籍，本书不免受此影响。

下面介绍的是美国的后现代主义者：麦可·葛瑞夫、罗伯特·A·M·斯特恩等二十世纪七十年代的『白与灰』的幸存者，赫尔穆特·杨、威廉·佩特森等后现代主义旗手，法兰克·欧文·盖瑞、彼得·艾森曼等解构主义者，他们的着眼点虽然有微妙差异，但无论如何都是二十世纪八十年代具有代表性的建筑师。

这个时期的美国，在里根政权之下，保守主义抬头，被称为雅痞且自我提升的都市居民的大量增加。能满足富豪们所需求的建筑风格的是历史主义的后现代主义，对此，建筑师们一方面娴熟地设计出若干摩天大楼和大型公寓大楼；一方面获得与摇滚明星相当的名声与财富。

看穿一流建筑师的『迷惑』

隈研吾访问了许多事务所，一边想亲眼看一看一流建筑师的成功之道，一边想看穿在他们心中的『迷惑』——建筑设计此后要往哪个方向发展呢？

为了获得答案，最后访问的是在本书中被称为『神祇』、八十岁的菲利普·强森。有关他的神谕，还需亲自拜读本书。

至于《再见，后现代主义》的书名，在该书出版之时，无疑十分震撼，因为日本的建筑界正值后现代主义的全盛时期。然而在美国，一九八七年在纽约市场股价暴跌的同时，后现代主义的隆盛也结束了。

即使如此，隈研吾并没有因而强硬地对后现代主义说『再见』。后现代主义本身便意味着巨大的『结束』，而那个『结束』则是『第二次的死亡』。初期的隈研吾的风格，也曾受到后现代主义的影响，这一点是不会错的。不过，那是『作为已经结束的后现代主义』。

部分目录

第一章　伟大的世代

麦可·葛瑞夫——青铜胸像的房间

罗伯特·A·M·斯特恩——黄金时代建筑师

彼得·艾森曼——我以中心为目标

法兰克·欧文·盖瑞——海之家的夫人

第二章　时代的天赐之子

KPF / 威廉·佩特森——笑容与体力

赫尔穆特·杨——黑与红

Arquitectonica / 勃那多·霍特·布雷西亚——迈阿密风云

伊安·修瑞格——雅痞是客人

Morphosis / 麦可·罗通蒂——解决不了的都市

第三章　神啊，请来电话

西萨·佩里——南美的距离

菲利普·约翰逊——神是轻的

1994 乔装成入门书籍，严厉地批判建筑

《新建筑入门》——思想与历史

筑摩新书

本书作为无论谁都能轻松理解的新书而发行。此书内容平易近人，即使与建筑无关的人也能顺利地读下去。

一方面，这意味着作为入门书是最合适的；另一方面，这本书从正面提出了何谓建筑这样的主题，然后明快地作出回答，它也是『披着羊皮的狼』，是一本乔装成入门书、从根源批判建筑的书籍。即使建筑专家阅读本书，也能恍然大悟，重新理解建筑究竟是什么。

隈研吾所进行的是『构筑批判』。话虽如此，却无意去说明在本书出版时正流行的解构主义建筑。他从构筑批判的观点重新观察，从新石器时代的环状巨石群起，经过希腊建筑、罗马建筑、歌德式和巴洛克，直到现代的现代主义、后现代主义，横跨长达一万年的建筑文明。对人类而言，构筑的意志与反构筑的意志，一直都存在着，然而两者的对峙，形成了建筑的历史。

永远一再重复的战斗

构筑批判并非始于后现代主义。最早出现的希腊建筑的柱头装饰、新艺术风格的栏杆装饰、法兰克·洛伊·莱特的有机建筑、对中庭的绿化等，全都是为构筑赎罪所实施的操作，就这件事来说是不变的。

至于现代主义，一边假装彻底排除构筑性，一边却又彻底把构筑性作为保命的最后手段。本书主张密斯·凡·德·罗的玻璃箱建筑应该被这样解读。

自本书出版之日起，隈研吾从过去的后现代主义风格，转向以运用玻璃、水、土等构筑批判为主题的阶段。这个理论的核心，可以说都已全部写在本书中。

永远一再重复的构筑与反构筑之战斗，正是建筑的历史。在这个意义上，以『反构筑』为主题所构筑的隈研吾作品，乍看之下像反主流，实际上却可以说是建筑的本流吧。

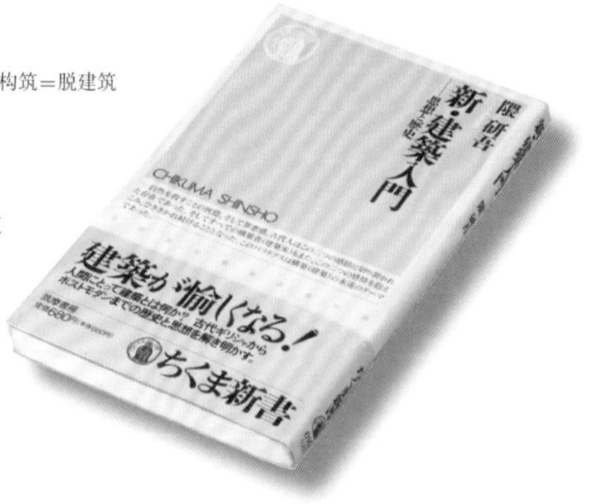

部分目录

1994 二十世纪的整理与二十一世纪的预言

《建筑欲望的末期》

新曜社

本书集结了一九八七年到一九九四年向各杂志、报纸投稿的文章。它设定了『欲望』这个关键词，再根据这个欲望的方向，分为『住宅的欲望』『历史的欲望』『建筑师的欲望』『都市的欲望』等篇章。在前言中提出的观点是，正是欲望使建筑得以成立，但或许这个欲望正走向末期吧。在本书最后，做出『如果今后在世上，仍然继续建造出所谓建筑之类的东西，这应该只是从对建筑辛苦的自我否定中勉强挤出来的东西吧』这样的结束语。

本书收录了隈研吾执笔的若干篇重要文章。

首先是发表于《中央公论》杂志的『住宅私有本位制资本主义的崩溃』。在文中，隈研吾认为，正是自有住宅的欲望，活络了二十世纪的资本主义，并形成了由美国支配世界的动力。也由此出现建筑式样的变化。然而在泡沫经济的时候，人们的欲望追不上高涨的住宅价格。『当察觉时，所残留的只是高腾不坠的地价、大幅的减价，或者附加价值这种不值钱的东西』。最后留给我们收拾烂摊子。

对二〇〇〇年以后漂亮的预言

『反转的世纪』一文，以『普遍性、固有性』与『不朽的、本土的』两个坐标轴，规范了二十世纪的建筑论述空间，利用从某个象限移到某个象限来解说建筑的趋势。从现代主义到解构主义的建筑样式，因为此种方法而产生了相对化。

在『建筑师的末期』之中，将日本的战后建筑师，依照时代进行了分类。隈研吾以建筑师十三年周期说为基础，将自己置于继丹下健三、白井晟一等第一代，槙文彦、矶崎新等第二代，伊东丰雄、安藤忠雄等第三代之后的第四代。

除这些文章以外，『稀稀落落的家』『住在办公大楼』『日本建筑的少女化』等，在二〇〇〇年以后建筑界所谈的话题，都写在这本书中了。隈研吾是位预言家。

部分目录

Ⅰ 二十世纪的欲望：『住宅私有本位制』资本主义的崩溃及其他

Ⅱ 住宅的欲望：作为阶级斗争的住宅及其他

Ⅲ 历史的欲望：凯恩斯/密斯的虚构之崩溃及其他

Ⅳ 建筑师的欲望：建筑师的末期及其他

Ⅴ 都市的欲望：建筑的捏造及其他

1995 隈研吾从最初开始就是隈研吾

《超越建筑的危机》

TOTO出版

本书是收集隈研吾连载在鹿岛出版会所发行的建筑月刊杂志《SD》中『国内建筑笔记』的文章而成。此连载文章，由隈研吾与小林克弘、竹山圣等人共同撰稿。刚开始的时候，隈研吾还是学生。

从结束语来看，据说当时引起了许多建筑界人士的厌恶。如果读到揶揄巨匠建筑师的追悼文之处，那更是理所当然了。我想，编辑也相当坚持啊。

虽说是年轻时代所写的只言片语，却非常锐利。由此可见，隈研吾从最初开始就是隈研吾啊！我们就试着随意介绍几则他不经意写出来的、了不起的文章吧！

在『建筑新闻界与清教主义』之中，引用艾瑞克・劳特利的侦探小说论，并将它与建筑新闻界论结合起来。正因为有平庸的警察组织，才显出私家侦探的活跃。同理，在建筑新闻界论中，由于大建筑公司及设计事务所的存在，使得工作室派的建筑师以英雄之姿发迹。因此，把支持侦探小说的中产阶级之清教主义传统，与建筑的现代主义之道德并列，安藤忠雄是日本建筑新闻界所打造出来的、最大的侦探小说英雄。

村野藤吾像松田圣子

在『雅典娜的海神』里，就时代来说，分为两个阶段。一是建造箱子的时代，另一个是在箱子上开孔的时代。密斯凡德罗造箱子，菲利普・约翰逊则在箱子上打洞。欲望从这个孔洞流了出来，而承接的是名为后现代主义的污水槽。

在『作家・教师・知识分子』中批判日本的建筑师，以作家的姿态起步，成为教师后安定下来，然后以知识分子终其一生。他们并不烦恼角色的分裂，只是在转变身份之中逐渐老去。

其他还有武器产业与城市设计、麻将及古典主义建筑、结婚和住宅设计、恋爱论和东京论等，将想都不会去想的东西和建筑及都市的术语并陈，将其同一性暴露于光天化日之下。意味深长的短句接二连三地出现。

其中最为了不起的是，『村野藤吾像松田圣子』。如果想知道原因，应该读一读本书。

部分目录

2000

执拗的批判与强烈的觉悟

《反标的物》——将建筑溶化、碎裂

筑摩书房（筑摩学艺文库，二〇〇九年）

有关『水／玻璃』『龟老山观景台』『森舞台』『威尼斯双年展』等，本书汇集有关二十世纪九十年代隈研吾经手的代表作，包括其设计与思考过程。

内容照例是对建筑的批判。在书中，称拥有独特的存在感与氛围的建筑为标的物，而以脱离此点为本书的主题。

首章是有关坐落于『水／玻璃』的建筑用地旁边的『日向邸』的文章。这个建筑是由布鲁诺·陶特设计，一九三六年竣工的小规模增建。这个并非作品本身的建筑物，在这本书中却占用最多的篇幅。在地下室里，不但没有外观，连室内设计的最精彩部分也没有。话虽如此，这个建筑物给予隈研吾极大的冲击。

作为反标的物的建筑，这个矛盾的存在如何能实现呢？第二章是状况研究。在『水／玻璃』中，使用水和玻璃将建筑物融入海的背景中；在『龟老山观景台』，将标的物埋进土里而使结构体消失；在『森舞台』，则去掉屋顶，将能乐堂向庭院开放；在『威尼斯双年展』，地板上覆盖一层水，而消除它的样子。在最后一章里，兼及『石头美术馆』，并以『粒子化』这样的字眼说明格栅的手法。

化为建筑批判之鬼

对标的物执拗的反抗，只要看这个时期隈研吾的工作便可了解。二十世纪八十年代风格从不同角度观察建筑，并加以批评的轻松姿态，已经不在了，本书的隈研吾化身为建筑批判之鬼。

此外，如果重读本书的前言，可以发现直率地写出批评标的物一事是如此困难。『建筑师像常人一样，在批判建筑形式这一点上，我不认为有人喜欢听那种话吧。』因此，这篇文章『在批判的同时，暴露了自己，也暴露了自己的界限』。在此叙述了一个身为打造建筑之人的强烈觉悟。

部分目录

2004

以退为进的奥秘

《负建筑》
岩波书店

本书收录了一九九五年以后发表的文章。其间，发生了阪神大地震、奥姆真理教事件、9·11恐怖袭击事件。不管怎样，隈研吾的领悟是，这些大事件震撼了建筑的存在。就在这些创伤中，完成了这些文章。

令人印象深刻的，首先是书名。尽管以往隈研吾表明了对鹤立鸡群的『强』建筑的不适感，但从此以后在建筑关键词上，他选择了『负建筑』。过去伊东丰雄说的是『短命的建筑』，藤本状介说的是『弱的建筑』，但隈研吾在此直截了当地说出『负建筑』。

建筑批判逐渐进化。在『场与物』一文中，并非有意扬弃地点与标的物的对立，而是探索从一开始就不将地点与标的物分割的思考方法。在这里可以拿来参考的是，以计算机操作系统所导入的标的物指向的思考方法。

也有论及建筑和建筑师的文章，介绍了符合『负建筑』风格却对后世没有发挥影响力的风格派之样式，以及失败的建筑师鲁道夫·辛德勒。这一点也是相当意味深长的。

『批评』是建筑师的保命术

然而对于追随隈研吾的建筑与著作的人来说，最富冲击性的文章，恐怕是『何谓批评性』一文吧。文中，隈研吾大胆指出，虽然批判性对二十世纪的建筑而言，成了最大的课题，但实际上，那不过是保命术而已，它蒙蔽了在将建筑作为必要的一方与打造建筑物的建筑师之间，有着决定性的分歧这一事实。由正好以批判性作为最大武器的隈研吾，写出这样的事情，总觉得好像被取走梯子似的，令人不安。接着在后面的一节，更是恐怖。『现在，已开始变成任何地方都不再需要建筑的时代了』。

不过，这也有将建筑从批判性解放出来的意思。『因为建筑师第一次回归建筑。』

因此，虽然有着『负建筑』这样的书名，本书的内容却是积极的。隈研吾体会到了以退为进的奥秘。

部分目录

2008

我们不是原理主义者

《自然的建筑》
岩波新书

这是本为广大读者群所写的新书，是将水、石、竹、土和纸这些自然素材用于建筑的经验之谈。

书中介绍的作品有『宝积寺车站直藏广场』和『安养寺木造阿弥陀如来坐像收藏设施』等，尽管以二〇〇〇年的作品为中心，但或许是久违的新书，所以也包括了二十世纪九十年代所经手的『水/玻璃』和『龟老山观景台』。

这些自然素材，大体上只能这样使用。例如大谷石与铁板组合起来。竹子则填充了混凝土，像混凝土填充管一样使用。泥土则做成石块，叠砌在混凝土结构框架的外侧，再以金属物连接起来。曾有人指责说，这是不纯粹的做法，对于这样的意见，隈研吾反驳说：『我们不是原理主义者。』

承认『无法挺起胸膛』的现实

延续以往的书，这本仍是构筑批判的建筑论，但令人挂心的是书名。相对于过去的书名，使用的不论『反』还是『负』，都是消极性的字眼，然而本书却是『自然的』。直接地反映出今天人们所希望的『好建筑』形象，这岂不是犯了批判性不足的毛病吗？然而对于早在先前的著作《负建筑》里写下『不需要什么批判性』的隈研吾而言，并没有什么可怕的。

在最后一章里，隈研吾阐明有关『自然的建筑』所包含的问题。书中解释了『自然的建筑是永存的吗？』这个问题，即使在冬天，如果在和纸建筑内使用电暖桌也可以过得很舒适，但断热性、气密性却不佳。此外，因作品的不同，采用了非自然素材的塑料。归根结底，能百分之百挺起胸膛来使用的素材是不存在的。『在承认不安的、无法挺起胸膛的现状之上，研究解决之道。不论是对现实的认识，还是谦虚，唯有这些才是建筑的希望。』

隈研吾所说的『自然的建筑』，并非解决环境问题的答案，而是对此事彻底思考的过程。

部分目录

1999 发现『让步也是一种技巧』

《隈研吾读本 I——一九九九》

A.D.A EDITA Tokyo

本书在作品解说与二川由夫的访问之外，夹杂着和矶崎新、广濑通孝、中泽新一的对话。这个时候的隈研吾，对虚拟现实及网络空间寄予莫大的兴趣，热心地述说关于替换建筑的可行性。在书中所介绍的二〇〇五年爱知县万国博览会的计划里，提出了参观者戴上护目镜型的显示器，在森林中行走的案子（未实现）。有趣的是，后来成为关键词的『负建筑』，其概念在此时已经出现。『在职业摔跤中发觉到，所谓让步也是一种技巧。』发想之源头竟然是职业摔跤。

2004 冷静地分析过去

《隈研吾读本 II——二〇〇四》

A.D.A EDITA Tokyo

这是《隈研吾读本 I——一九九九》发行五年后，以同样形式出版的一本书。这个时期的隈研吾，与大公司合作设计办公大楼、大学、美术馆等大规模的建筑。能够保持作品的特性吗？对此，他回答说：『所谓建筑原本就不是独立的，所以不存在这个问题。』有关泡沫经济时代的『M2』，虽然好像能够冷静地自我分析说『即使被划分为学院派也没办法』，但是，在卷末，收录了借用私小说风格写成的《东京小说》。有个小插曲是，在设计『M2』的时候，右手受重伤，手指无法动弹，所以无法画草图。

2005 如稻草般地死去

想告诉孩子们的有关家的书——《素材的实验》

INDEX COMMUNICATION

这是针对孩子们所写的、大开本的建筑系列的其中一卷。到此为止写出来的素材论，用的言词都很平易近人，也收录了许多隈研吾的草稿、彩色照片。不光只是和纸、石头、竹子、泥土和木材等自然素材，而且还采用塑料和形状记忆合金等新开发的素材。在后记中，提及『三只小猪』的故事，那个童话教给我们，所谓素材是哲学性的东西。『以稻草般建造房子，等于决定选择自己像稻草般地生活，像稻草般地思考，过着如稻草的人生，如稻草般地死去』。对孩子来说，这简直是对牛弹琴。

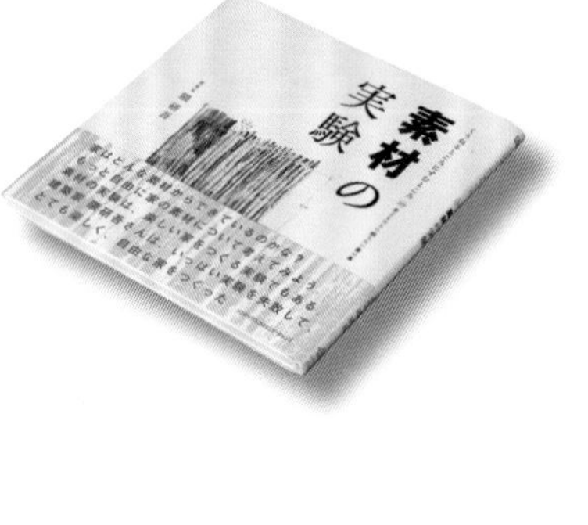

2007

即使是针对一般读者的介绍批评依旧锐利

《奇想遗产》——世界不可思议的建筑故事

铃木博之、藤森照信、隈研吾、松叶一清、山盛英司 著

新潮社

这本书汇集《朝日新闻》的连载而成。它以照片和文章介绍在世界上呈现出不可思议之形状的建筑物。铃木博之、藤森照信等人分别执笔，隈研吾负责的是『新凯旋门』『圣路易市大拱门』『太阳之塔』『雪梨歌剧院』『古根海姆美术馆』『熨斗大厦』『泰特现代艺术馆』『维也纳邮政局』『玫瑰屋』等。书中提出了技术史、社会思想史上的大事件。虽然是针对一般读者的介绍，但是在对照『柏林犹太博物馆』与『靖国神社』上，也不能放过那充满锐利的批评。续编的《奇想遗产二》也在二〇〇八年出版。

2007

谈作为建筑师的转机

《隈研吾：讲演/对话》

INAX出版

这本书汇集原载于各种杂志上的访谈记录，再加上新近谈起的内容而编辑成册。谈话的对象，从建筑师到评论家、社会学家和小说家等，涵盖面甚广。应该注意的是隈研吾是如何成为建筑师的。关于开始对混凝土建筑抱有疑问的契机，虽然在《读本II》也曾提及，但是在此则明确记载，那个对象就是『住吉的长屋』。之所以能致力于自然素材，是托藤森先生的福，而且对藤森照信果断地说出像『不论近代的材料，还是自然素材，结果都是等价的』这种意想不到的话。本书亦收录有关陶特的演讲内容。

2008

郊外才是都市

《新·都市论东京》

隈研吾、清野由美 著

集英社新书

这是与新闻记者清野由美合著的书。二人访问坐落于东京的若干地点，一边巡访，一边进行访谈。访问了进入二十一世纪后重新开发的汐留、丸之内、六本木文化都心这三个地方。还加入作为对照的代官山与町田。令隈研吾印象深刻的是六本木文化都心。虽然谈论东京的人，首先指责的就是这里，但隈研吾却不轻易地同意此种论调，反而给出好评，而且还说，只有森稔这样的天才，才能创造出如此难得的作品。至于唯一的郊外——町田，虽然刚开始走起来感觉不好，但是一走进小巷的风俗街，却又令人感动。『町田才是真正的都市。』

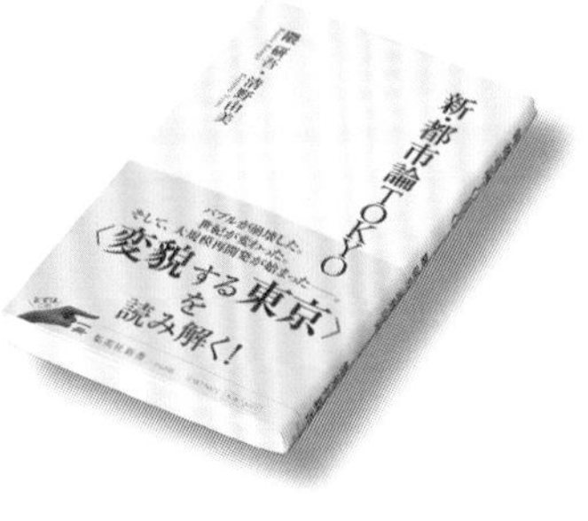

2009 出现活着的建筑

《有机方面的研究》

隈研吾建筑都市设计事务所 著

TOTO出版

这是配合『画廊·间』的展览会，作为隈研吾建筑都市设计事务所的著作而刊行的书籍。在卷头，刊登了隈研吾的散文。文中，隈研吾回顾道，自己的风格每隔十年改变一次。二十世纪八十年代以泡沫、形态、物质为主题。二十世纪九十年代追求建筑的隐去。接着二十一世纪从隐去走向出现。最后改变的契机则是海外竞标的连续败北。在本书里，收录了许多海外的规划案，说明现在作品的关键词乃是『有机的建筑』。隈研吾将法兰克·洛伊·莱特也使用的这个用语灌入新的意义，并构思活着的建筑。

2010 低层、低姿态、低碳

《三低主义》

隈研吾、三浦展 著

NTT出版

这是一本介绍与以《下流社会》等著作而闻名的消费社会研究者三浦展对话的书。『三低』是三浦的用语，它不是出自学历高、收入高、个子高的『三高』，而是变成低风险、低依赖、低姿态。建筑也不再像过去那样高压、高层、高尚，而被要求为低层、低姿态、低碳。有关以后的住宅和都市应有的模样，一边提出具体的建筑作品，一边谈论。隈研吾在对话中，说溜了嘴而道出『清家清的笑』『宫胁檀的长毛狮子狗的侧脸』『勒·柯布西耶是变态』。访谈显得轻松又有趣。

2010 度过光荣岁月后的智慧

《境界》——改变世界的日本空间操作术

主编：隈研吾　照片：高井洁

淡交社

本书汇集了板窗、门（窗）棂、篱笆、外走廊、写有商店字号的布帘、帘子、纸拉门等常见于日本传统建筑的、能提高境界的设计事例。本书由高井洁的照片构成，并加上隈研吾的序文。据该文说，『日本建筑，是境界之技术的宝库，同时，度过光荣岁月后所需的智慧，充满在日本的建筑中』。而且又说，『所谓现代建筑，是能自由控制境界的建筑』『现在，现代建筑这种东西总算开始了，不是吗？』等。在卷末，介绍了隈研吾的『根津美术馆』，同时也介绍了藤本壮介、石上纯也的作品，这些显示境界的手法，延续到了日本现代年轻的建筑师身上。

三十岁：隈研吾的战略
——何谓『新·样样皆可』论？

刊载于NA（1988年8月8日）

在才华横溢的第四代年轻建筑师当中，被评为『当代第一写手』的正是隈研吾。在著作《十宅论》里提出一个问题：大众社会中建筑师的任务是什么？在一九八八年，发表了名为『新·样样皆可』的新方法论。以古典主义为基础的手法，可以说是从设计的实务中，产生的新方向。然而也有一种『一不留神，我们这些年轻人就会被抛弃』的感觉。在大众社会留存下来的『媒体·建筑师』的战略是……

在彦坂裕、竹山圣、小林克弘、古谷诚章这些被称为第四代、生于二十世纪五十年代的年轻建筑师之中，擅长写文章的人不在少数。其中，被竹山圣评为『当代第一写手』的是三十四岁的隈研吾。一九八八年春，在《日经建筑》发行的特集『Next Phase』调查篇（一九八八年四月十八日）里，第四代建筑师中只有他一人被评为『评价高的建筑论、设计论的写手』。

东京大学建筑学系毕业后，隈研吾历经日本设计事务所、户田建设设计部，一九八五年到一九八六年间，以公费生身份留学于哥伦比亚大学建筑·都市计划学系。一九八六年底，与夫人筱原聪子共同成立空间研究所。一九八八年担任法政大学的兼职讲师。

指出建筑师的界限

通过向《SD》杂志投稿，隈研吾的名字早已为人所知，然而让他声名大噪的是著作《十宅论》。该书将现代日本住宅大胆地分为十类，以平易近人的言词，解说每个类型的文化背景和隐藏背后的意义。本书论旨的精湛程度，虽然比不上评论家，但风格通俗易懂，让人可以『轻松』阅读，做到这一点需要非凡的手腕。

在《十宅论》中，建筑师建造的住宅，乃是十个种类的其中之一，以建筑师派为名，与住宅展示场派及清里食宿公寓派并列介绍。若以过去的建筑师的价值观来说，将自己的『作品』与『低俗、低级趣味』、似是而非的建筑同等对待，毕竟是件意料之外的事。

然而隈研吾对这种事却不在意。『在现代大众社会里，除了建筑师以外，有谁拥有自我表现的欲望呢？将设计简单的清水混凝土当作知性的建筑师不认同喜欢「西洋房屋」这种赝品的女大学生的想法，这种现象岂不是很奇怪？』

说这些话的隈研吾，脸上没有一丝担心。虽然说的应该是非常严重的事情，但是却不让人感觉沉重。话虽如此，他并未岔开话题。

『拘泥于审美意识的、古典的、认真的建筑师的活动领域，是多么狭窄又封闭呢？』

《十宅论》也是一样。本以第三者的角度、轻松有趣的语气介绍建筑的多样性，在文章的结尾这样说道：『至于潮流将把建筑带往何处，这次是轮到每个人，包括我自己，都要思考的时候了。』形式上，向包括自己在内的建筑界，强硬地提出了课题。

1.筱原聪子（左）与隈研吾先生（右）。（摄影：安川千秋）
2.事务所内的作业实景。

在古典主义中找到表现的可能性

隈研吾在一九八八年的《新建筑》杂志上发表以『面向有如垃圾的古典主义』为题的论文。一方面以『垃圾』这样的篇名开始，并以『好坏不分』作为结论；另一方面将后现代主义试着比作结发髻、围兜裆布的相扑力士，其风格一如往昔。不过，它的内容，可以当作针对两年前在《十宅论》里所提出的问题的回答，或者当作以终极目标为方向的宣言。

在这篇文章里，从建筑师的立场重新整理课题：1.建筑师必须是表现者。2.近代的表现分为两个方向，一是把『我』表现在前面（表现主义），二是借着几何学和抽象学将『我』隐去（形式主义）。3.在自我主张的大众社会里，即使表现出『我』，也当作一个小『自我』来处理。4.密斯凡德罗彻底追求隐去『我』的方向，但全部追随他的话，在今天已感觉不到新意了。

对于这个两难的回答，隈研吾在采用古典主义的后现代主义之中寻找线索。『古典

『新·样样皆可』的三个阶段与各种素材的使用

吸收	**片断化**	**构思**
从广泛的对象中无限制地收集要素的阶段。 像杂食动物一般，吸取多次元的要素，是很重要的。但如果只是这样，在现代很难形成像『在手术台上，雨伞与缝纫机偶然相遇』（洛特-加龙省曼）一般的超现实主义的时代冲击。	将元素从原本所在的文脉中取走，剥夺国籍的阶段。 为了将各种要素作为新的故事整理起来，预先将它们暂时从被赋予的文化背景中抽离，当作可以操作的元素，这是不可欠缺的作业。	将经片断化的元素转变为新故事的阶段。作品（不拘是否采取建筑这样的形式）将广泛的要素组合，被赋予新的构想。这其实也可以视为将古典主义的态度广泛运用于现代。

	素材	操作	作品
现代的住宅	大众社会的住宅 采取建屋自售、商品住宅等一向被轻视的设计	以各式各样的住宅，作为与某个价值观相一致的显著象征，进行分析、对比	《十宅论》（1986年） 以文章的形式， 定位现代建筑（住宅）
商品	电灯泡 消费社会中典型的商品	从电灯泡 剥夺照明器具这种既成的框架	《电灯铺》（1985年） 在铁丝网这种均等的格子上 加入电灯泡这种元素 《B29》（1985年） 电灯泡所在的铁丝网 表现了片断化的对象
	餐具 家庭的代表性物品	《十宅论》的餐具分析与对比	《日本桥高岛屋餐桌杂谈》（1987年）
西洋建筑	西洋古典、各国本土的建筑	融合多种建筑方式	《白马艺术城邦》（1987年） 收集大自然中"别有天地"的形象， 构筑快乐的故事
	建筑史上风格的变化	从每个时代的形态 形成时间系列的秩序	《建筑史再考》（1988年） 将《再看美术史》（马克·谭塞）中对通史的批判精神导入建筑中
日式风格	日本的传统设计 亚洲的建筑	波形镀锌钢板、粒片板、 竹制集雨管等 将材料、构成方法 "无国籍化"	《清里阁》（1988年） 日本独特的数奇屋的故事 对现代的适应
	美式殖民地建筑样式		《伊豆之风吕小屋》（1988年）
几何学	纯粹且抽象的几何形态	追求分段、非连续的几何学	《经堂格栅板》（1987年） 使用乍看起来有如结构一般的格状形态 追求分段化的战略 《群马丰田》（1988年） 利用分段的几何学来表现"运动"

主义因为采用轴、对称、等比例的几何学原理，坚持认为『哥林多式的柱头是女性的』，所以能够得到大家的认可，同时还提供了空间，让人可以在组合它们的同时，留下表现的余地。另外，此种风格不会让属于个人化的东西陷入立刻被消费掉的状况，使「我们」的表现成为可能。』

提倡开放的『新・样样皆可』建筑

同时也有人认为古典主义太过狭窄。『随着后现代主义以惊人的步调量产化之后，连作为表现者的「我们」也被消费，完全失去了存在意义。』所以，他提倡的是，从古典主义的被限定的要素中解放出来，不论好坏都可作为元素加入的垃圾方法。

隈研吾现在重新把这个方法命名为『新・样样皆可』的方法论。『样样皆可』源于法语bricolage，意思是不受限于个别领域，把手伸向各种领域。

因此，素材不再只从檐口和三角楣饰等西洋古典主义建筑中收集。就连确实与古典主义脱离的、密斯凡德罗的均质空间，也成为一个独立的词汇，被当作构成要素来处理。不论日本建筑的独具匠心，还是碎片理论的几何学形态，都成为组合的材料。

隈研吾说：『不过，绝不会做出将这些联系起来，制造出新形态的事情。借着要素的选择及组合，所表现出的古典主义构造，是不会崩溃的。』古今东西方的建筑样式，不论日式风格的幽闲恬静、现代住宅的建筑师派的几何学，还是寄宿公寓派的巧思，都被拿来当作要素，并且一视同仁地处理，这或许会获得更大范围的认可。

根据隈研吾的说法，在『新・样样皆可』之中，就理论来说，分为三个阶段。第一阶段，从广泛的对象中不加区别地收集元素的『吸收』阶段。第二阶段，从它们原本所在的文章脉络剥下，剥除国籍，将元素『片断化』的阶段。第三阶段，把片断化的元素转变为新故事的『构思』阶段。在现代，片断化的元素冲突，虽是家常便饭，但在进一步构筑故事这件事上，可谓『新・样样皆可』的精髓。为此，必要的是博爱的态度，亦即不拘泥于微不足道之事的态度，而这个博爱把建筑师从自我封闭的牢笼中解放出来。

通过规划案探索方法论

从写《十宅论》起到宣布『新・样样皆可』为止的两年内，在建筑设计方面，也接手了各种工作。隈研吾回忆往事说：『继续做文字工作也不错，在展开这些规划案设计时，新・样样皆可的想法也逐渐被确立下来。』

契机是在写『面向有如垃圾的古典主义』一文前后所进行的东京・青山承租大楼的设计工作。

委托人是拥有丰富大楼开发经验的开发商。启用有名的建筑师，这是头一遭，加上在不知道隈研吾是谁的情况下，就决定采用他的设计。『工作的进展方式也都几乎按照委托人的要求。所谓房地产的设计，就是一边学习应该怎么做，一边实践的过程』。

从南侧眺望东京·青山承租大楼。
屋顶上的列柱是希腊神殿，拱门表现了罗马风格。（摄影：斋部功）

那位委托人的要求，具体地说，一楼以圆柱围绕四周并装上玻璃，而上层张贴石面。由于最上层当作委托人的住家来使用，所以在质量上比他拥有的其他大楼要高。容积方面，则采取最大限度的『经济性』建筑——如实反映斜线，而且上层采用梯形递缩的形态。

『一楼虽然是现代的均质空间，但上层张贴石面则似是从古典主义借来的巧思。』这样的提案，从后现代主义的角度看起来，似乎不像是出自隈研吾之手。委托人也以能够呈现高级感为由，很快就答应了。隈研吾也笑说：『这次的建筑有如商业与流行的交叉点。』

虽然想过这里是否会变成一栋没有特色的大楼，但是，在探讨置于屋顶上的广告牌时，突然灵机一动，隈研吾继续说：『既然借助古典主义而显示出了高级感，那么屋顶就采用希腊神殿的造型吧。因此呈梯形递缩的各层，按罗马、文艺复兴、巴洛克往下移动，最后是二十世纪的均质空间。一旦有了这样的想法，往后设计的速度就快了。』

日式风格也被纳入

隈研吾进一步解说道：『之所以想起这件事，我想是因为在脑海的深处，总想着现代艺术家马克·坦西的《再看美术史》中的画面。从古代美术起，经中世纪、文艺复兴、巴洛克、罗可可，从印象派到抽象派为止，绘画史上的名作构成了一个个画面。如果分开看，也不过是复制的东西，可是当结合成一个架构时，便成为批判主义的精髓了。』

就建筑而言，从他人过去的作品中借来设计点子，并非只限于后现代主义与古典主义。甚至连大街上的大众社会建筑，也全都是出处不明、拷贝而来的产物。隈研吾想说的是，『新·样样皆可』就是有意识地抱着批判精神去做。在这期间，『新·样样皆可』的想法，几乎固定下来了。

对大众社会带着讽刺的态度

关于『新·样样皆可』，『即使是知性的，但终究仅是游戏的世界，只有隈研吾一人在里面游戏。』这样的看法也未必不成立。然而，即使遭到如此批判，隈研吾也一边笑，一边回答说：『确实如此。』

隈研吾说：『正面与大众所支配的现代社会挑战的人，不能保住生命是当然的。所有古典的、正当的、认真的建筑师，伴随其个性的彰显，一瞬间就被消费掉了。大众就是那样易于厌烦。』

那么，怎样的建筑师不会被消费掉呢？隈研吾毫不犹豫地提到菲利普·强森的名字。『他从正统建筑师的立足点跳脱出来，所以在二十世纪的大众眼里，只有他一人始终跑在大家的前面。』有关跳脱的具体做法，在隈研吾所写的『强森论——对大众社会的恶意』（《A+U杂志》一九八八年四月临时增刊《美国构想建筑》）中有所介绍。

『完全看不到他所追求的原创性。』『他所有的建筑作品，都好像是某人的拷贝，而且是微妙地脱离原创的拷贝。』『露骨的拷贝，几近玩笑的最大讽刺，使得他的摩天大楼显得光怪陆离。更准确地说，这是

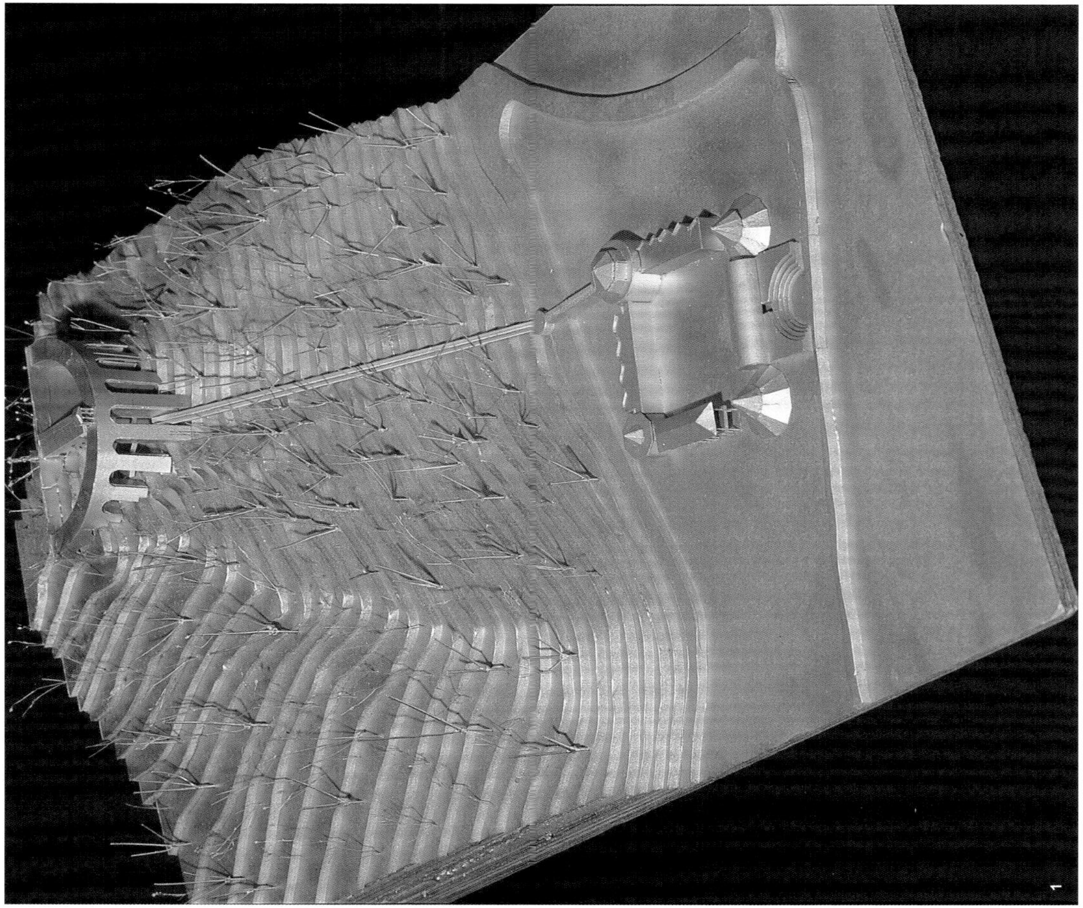

1. 白马艺术城邦。计划建于长野县白马高原的大型游览胜地。山丘上的住宿设施与山脚下的艺术文化设施，以斜行的电梯互相连接。组合世界各国的建筑样式及碎形理论的几何学形态的设计，在『新・样样皆可』方法论的确立上，扮演了重要角色。（摄影：安川千秋，下张同） 2. 清里阁。计划建造在山梨县的别墅。展现以日式风格为元素的『新・样样皆可』。 3. 伊豆之风吕小屋。静冈县东伊豆町的别墅。将美国初期的建筑样式与日式风格加以片断化来使用的『新・样样皆可』。（摄影：空间研究所）

他在投射大众社会的恶意。』

隈研吾继续说：『强森离开立足点，跳脱了建筑师的界限。』如果自称建筑师，照理应该透过建筑作品，和社会产生关联。然而就他来说，不以这种方式和社会产生关联的比例，实在太高了。例如，主动地举办一九三二年的国际样式展，也和其他建筑师一起工作。更不用说作为记者的活动了。』

隈研吾总结说：『结果，强森对于大众社会抱有讽刺的态度。那是因为强森亲身体验过一九二〇年繁荣的经济和一九二九年的大恐慌吧。他并不过时，他也观察着目前的繁荣景象。强森比任何人都更了解大众，在此之上，决定了他的立足点。结果，这让他从在建筑以外的领域也很活跃的「媒体·建筑师」之中逃脱，因此也没有被消费掉。』

新类型的建筑师

在现代的日本建筑界，最近两三年，有许多工作机会给予了被称为第四代的年轻建筑师。其中之一的隈研吾，本身也明确地感受到『如果没有年轻人的感性……』之类的社会趋势。不过，这与朝气蓬勃的年轻女子受到奉承是一样的。

『由于既年轻又漂亮，如果以「可爱」这种单纯的作家性格去做事的话，当更年轻的建筑师出现时，一定会被抛弃。在上述作品中，我有意完全不同于过去的日本建筑师。』

当体会到在大众眼里建筑师的个人风格是如此脆弱之后，隈研吾的『新·样样皆可』开始了。样样皆可意味着『把手伸向各种工作』。『新·样样皆可』这种方法，与其只把它当作有关建筑形态的操作方式，不如作为『媒体·建筑师』的一部分活动。

曾经请教过隈研吾，第四代建筑师的伙伴关系。他笑着回答说：『只是建筑师聚集在一起，终究是封闭的圈子吧。我觉得稍微再通风一些，会更有趣。』为此，隈研吾和音乐家坂本龙一等人一起前往纽约。

3

1991年

建筑作品
01

M2

东京都世田谷区

刊载于NA（1992年2月17日）

仿若汽车在高速公路行驶的特殊空间

从隔着道路的正面所见到的外观。中央是巨大的爱奥尼亚式巨柱。左侧是帷幕墙。右侧是破旧的历史残壁。（摄影：小林研二）

高约三十米的爱奥尼亚式柱子，玻璃帷幕墙及破损、老旧的墙壁，仿佛重叠其上包覆了建筑物。这栋建筑物具有前所未见的独特外观，乃是汽车制造商马自达子公司『M2』的办公大楼。面对东京・世田谷的环状八号线，通称『环八』大道，以彰示其威容。

在建筑的内部，除工作空间外，还设置了活动大厅、餐厅、展示间等。感觉上，与其说是公司大楼，不如说更接近于商业大楼。『M2』的资深规划人水落正典评价它是为该公司定制的大楼。

『以往的汽车设计人员，在研究所等闭锁的环境中从事企划、开发等工作。但是，将来在汽车制造上，我认为直接与使用者的交流，是非常重要的。在这样的想法下，能使设计者和使用者得以交流乃是公司大楼的主要功能。设计者将这栋大楼视为沟通的空间，在这里开展全部的商品企划、开发、售卖的工作。让使用者的心声，不经过滤器，照原样反映在汽车的制造上。』

在四个候选者中选择了隈研吾

对于这家追求前所未有的新设计的公司而言，公司大楼是重要的据点。在这个意义上，设计者的选定是非常重要的。在提出包含了建筑物使用法在内的企划案，募得博报堂、电通、宽斋公司（代表：山本宽斋）、LUMAX（代表：川添一巳）等四家的案子。之后，最终选择了启用隈研吾为设计者的博报堂。

『就其他案子来说，也有建造舞厅等独特的东西。不过，最后采用了博报堂的提案，因为它与我们的想法最接近。听说设计者隈研吾，对于后现代建筑以后的建筑界，产生巨大的影响，同时也是前途光明的年轻建筑师。他具有

1. 面向都内屈指可数的干线道路的环状八号线而建。**2.** 以象征性的柱子为设计主体的外观，最后在清水混凝土上喷上石粉。隈研吾评价道：“以清水混凝土来建造这些形状复杂的柱子，光从技术上来看，便已相当困难。这一点，我认为此次施工的鹿岛建设做得很好。

打破既有框架的态度，这一点也和我们不谋而合。』水落正典如此说道。

另外，隈研吾是如何进行设计的呢？『M2新鲜的地方，在于首先要打造出一个建筑物，作为设计者与使用者接触的地方，并且以在此处沟通的结果为基础，进行汽车的制造。这个想法，和以大众为对象的营销，在本质上是完全不同的。这样的结构，启发了以后建筑的建造方法。思考着这些，在功能上，既非办公室，亦非住宅；在设计上，既非现代，亦非后现代。在都市与住宅地区的界限上，设计一栋不同于以往的建筑物。』

公司内部的反对声音

至于充分发挥隈研吾个性的外观，委托方并非没有表示反对。『公司内部的设计者和评论家之类以设计为专业的人，表现出非常强烈的拒绝。特别是柱子，不但成了大问题，而且还要求我提出若干建议来。例如，我提出将柱子简单化，柱头不弄成爱奥尼亚样式，或者只建起一个四方形箱子等建议。』隈研吾回忆道。

然而这样的案子，在某种意

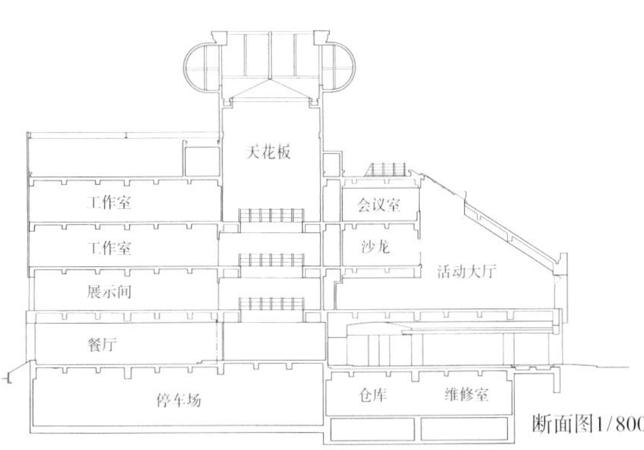

断面图1/800

1. 东南侧工作室部分的外观。隈研吾说：“尽可能地利用高科技做成薄薄的玻璃盒子，在帷幕墙上则使用日本首见的透明填充物。” **2.** 爱奥尼亚的柱子内部的天花板。在这次的规划案中，隈研吾说：“采用了将建筑领域以外的技术移转至建筑的特殊手法。”代表性的例子，正是这个天花板的壁面所采用的高速公路的隔音板及护栏。把电梯当作汽车，乃是以汽车纵向移动时的空间体验为目的。

2

义上，是一个妥协下的产物。最后，因为业主说：『综合考虑后，仍然觉得不足』，所以就照当初的提案通过了爱奥尼亚巨柱的设计。

完成后的反应如何呢？『实际上，建筑物完成之后，批评性的意见意外地变少了。』水落正典说。而且，『有关内部空间，评价相当好，像工作室很棒，或者比想象的更具功能性等评价纷纷出现。』他很满意地说。

M2被取了一个别名叫作『东京软件开发实验室』。虽然被定位为思考『该来的汽车』的实验室，但是这样的设计能够复制吗？今后的课题，应着手于能否增加建筑物刺激性的设计，以继续提供新鲜的话题。

委托方的声音 | VOICE

隈研吾保证这是十年内不会被淘汰的建筑

水落正典（M2资深规划人）

“M2”以和过去制造汽车完全不同的营销系统为基础。在以往的流通形态中，汽车的制造商和使用者之间，夹着一个经销商。不过，使用者真正的表情，只有现场的营业人员能够看见。作为制造者的我们所获得的是抽象的使用者的形象。

因此，我们希望在与使用者拥有接点的建筑空间中，经营商品企划、开发、简报，直到实现最终的销售。借着直接与使用者接触，思考真正被需要的汽车。

重点是必须发挥建筑物的空间功能。在经营上安全又具有魅力的软件，以及可追踪广告效果的硬件。这样的探讨，在公司内部，以及和企划者、设计者之间，举行过若干次。

至于软件，要能应付各种情况，特别是举办大型活动的大厅。此外，餐厅等也让使用者有宾至如归之感。

至于硬件，由于隈研吾向我们提出前所未有、富于刺激性的设计方案，所以事先已产生广告效果，因而很快取得公司内部一致的同意。

听说，近年来的建筑设计很快就会被社会淘汰。这一次的设计并非没有这样的担心。因此几度询问隈研吾：“即使经过10年，也不会落后于时代吧？”对此，隈研吾自信而肯定地说：“绝对没问题。”

3

1. 眺望天花板上方的天窗。为了采光，电梯的机械室设置于挑高部分的侧边。**2.** 位于二楼的“M2大厅”。在此可以举行演讲会。左侧的楼梯，借用了飞机的舷梯，紧急时可以移动。**3.**“M2大厅”挑高部分的旁边设置了沙龙。隔壁是有关汽车的图书的图书馆。柱子粗大，以白色为基调的空间，意外地有种沉稳之感，不会让人觉得像纸糊的东西。

1. 从事企划、开发设计活动的工作空间。由于是工作室性质，内部装修成Loft风格。2. 位于天花板下方的服务台。在右手边的远处可以见到位于入口处展示M2试制车的橱窗。3. 天花板的下部。在电梯旁的远处，可以见到沿着一楼道路设置的自助餐厅。4. 一楼上下车处。正面远处是“M2大厅”的玄关。

建筑项目数据

所在地——东京都世田谷区砧2-4-27
占地面积——1435平方米
建筑面积——1035平方米
总楼地板面积——4482平方米

结构、层数——RC结构、地下一层·地上五层
委托方——MAZDA
设计方——隈研吾建筑都市设计事务所
监理——结构·设备：鹿岛

施工方——鹿岛
施工期——1990年6月－1991年10月
总工程费——约25亿日元

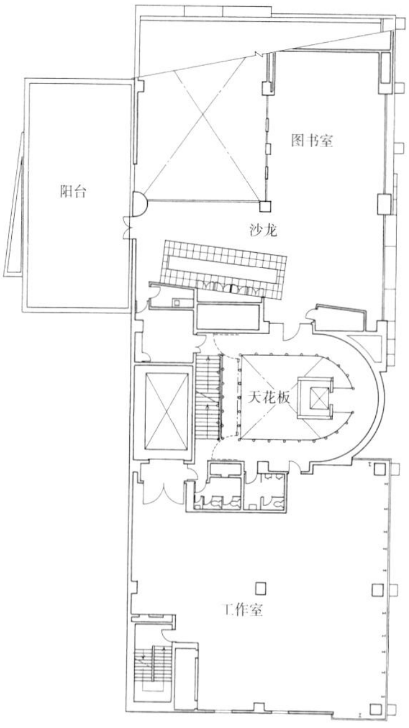

三层平面图 1/600

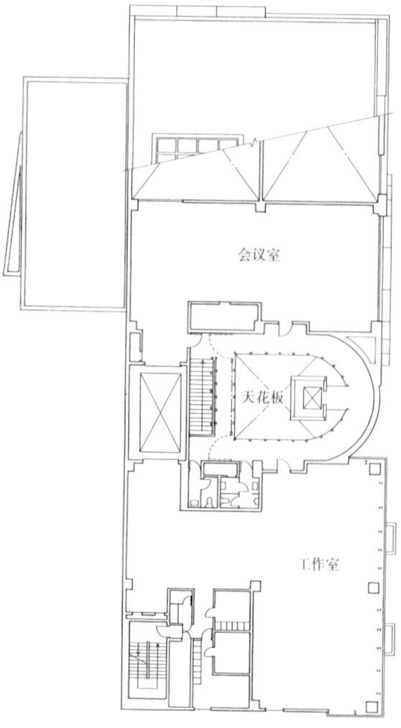

四层平面图 1/600

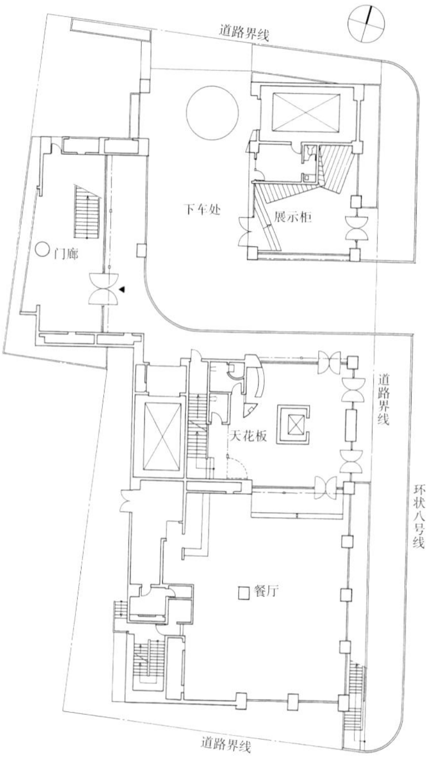

一层平面图 1/600

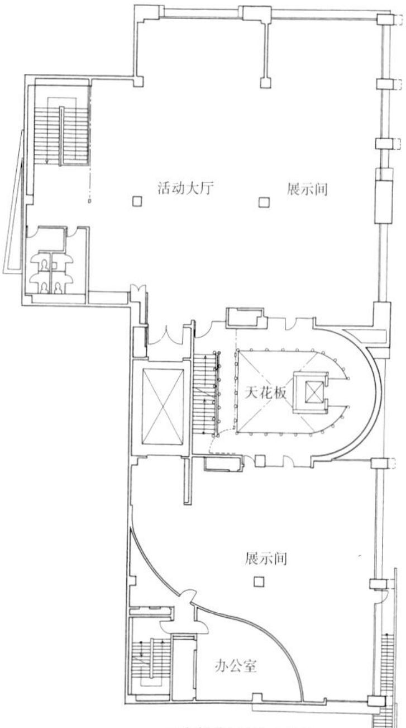

二层平面图 1/600

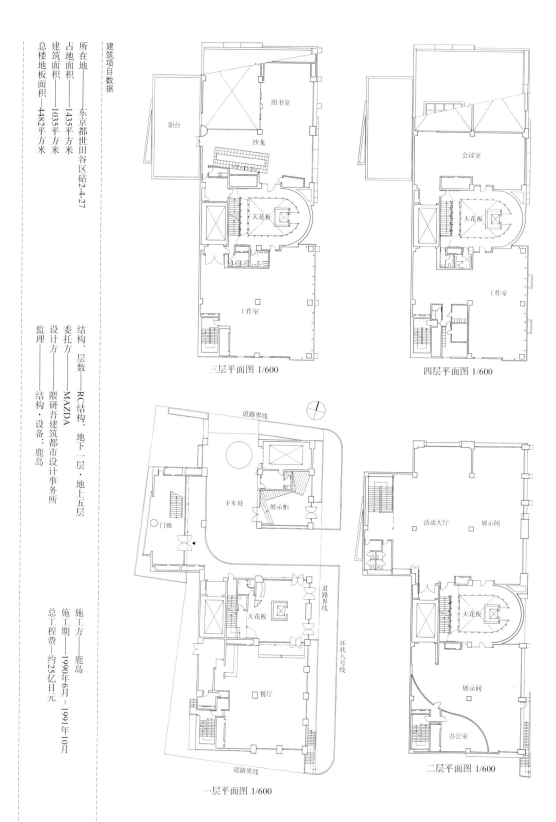

1992年

访谈 02

『在挑战性的设计背景下，也有针对整顿风气的反抗』

——凭借『M2』打开局面的年轻评论家

刊载于NA（1992年2月17日）

究竟是泡沫经济时代开花不结果的花种，还是泡沫经济崩溃后才开出的新花种？像这种招人物议、带着刺激性设计的建筑，正是出自年轻的建筑师隈研吾之手。他将这个作品定位为『不只是自己的标记，也成为时代的标记』。并大胆地宣称将成为世人议论的对象。接下来我们向以评论家身份而为人所知的隈研吾，请教他在作品中所倾注的心血。

——泡沫经济崩溃后，现在在建筑界，对于营利主义的设计加以重新审视的趋势出现。在这样的情况下，隈先生完成了『M2』。这个建筑物的设计，相当富有刺激性，但说句不中听的话，未尝不被认为，这个登场方式，仿佛违背潮流。在这个时期，特意建造争议性的建筑，是为什么呢？首先，可以从那个时候的意图讲起吗？

——我在一九八六年从美国回来，正在写《再见，后现代主义》一书的时候，觉得那几年日本的状况和二十世纪二十年代的美国非常相似。而且我也觉得这样的状况，已经不会延续下去，不论后现代主义，还是泡沫经济，都是该结束的时候了。

就时代的气氛而言，泡沫经济崩溃的今天，需要重新认识后现代主义的设计。我想，后现代主义的东西的确是泡沫，这是错不了的，而且在泡沫经济崩溃的同时，建筑界对于后现代主义的事务所产生的怀疑瞬间涌现了出来。

不过，在这里我想提出的问题是，这种状况是『整顿风气』，同时，或许会变得不合理。原因是，如果拿泡沫经济作比喻，『土地价格如此高涨，是不合理的。如果使土地降价，便能使建材革新』，话虽如此，但实际上，谁也没有表示出具体的、新的经济背景下有关住宅问题的解决方法。

不过，即使在泡沫经济崩溃之后，大家只异口同声地说：『很奇怪。』理性又否定了泡沫经济，却依然看不到新的方向。结果只是一个反省的时代罢了。

正因为这样，我在那个时候真正地思考今后的建筑到底会是个怎样的东西，而且还打算继续思考下去。『M2』正是在那样的背景下，向社会寻求答案的一个作品。

——虽然对于后现代主义有着重新的认识，却也是一个迷惘的时代，这是隈先生的感觉。为了向迷惘的建筑界投下一颗石子，而创造出这一次的作品吗？

——是的。因此，在这个意义上，我想，它未能在泡沫经济时代完成，反倒是好的。如果是在泡沫经济时代完成，那么追问『后现代主义之后』的这个作品，在效果上不就比较差了吗？因为在外观上也有被认为全然是『泡沫经济的产物』的地方。

『这个东西可以比得上菲利普·史塔克的金色便便（朝日啤酒吾妻桥大厦）。』『那个时代完成这样的东西太好了啊』或者『说起那个时代，是个奇怪的时代』，我认为，『M2』有可能就在上述的看法下被否决掉了。

不过，即使在当今时代仍然有人追问此事，认为『这家伙在搞什么呀』因此，稍微推迟一点推出『M2』比较好吧。

通过“M2”向社会寻求答案

——隈先生没有畏怯，反而带着自信发表了这个作品……

——且谈些历史的事情吧，有关二十世纪现代主义的建筑，我的看法是，它是在产业资本主义结构中，根据两大彼此对立的基本社会结构形成的。

一个是拥有庞大资金背景的大规模工厂或者都市里的大办公室；另一个则是郊外的住宅。

它们不但在地理上以区域划分法加以区别，而且在建筑设计上，办公室所呈现的，是表现功能和技术的、单纯的大盒子，而与此相对的住宅，则采取童话或者怀旧的表现形式，亦即一边采用完全相反的构造，一边却又相互补足。女性禁锢在住宅这种资本主义外部，男性则在资本主义内部机械性地工作，这两种对立是最基本的，也可以这么说，它们是被空间化的。

何谓后现代主义呢？那正是一种行动，把原用于住宅的、人类的怀旧设计语汇，覆盖在办公室等原本单纯的大盒子上。因为人类的语汇只被使用于住宅这种女性和小孩的世界中，不管怎样，这都是很奇怪的，所以从这样的反省中，涌出了这股潮流。

在一段时间里，那是非常成功的，我

想，他们的理论也是正确的。这样的设计，对人类来说，是不可或缺的要素，然而当它只被加诸于郊外的住宅上时，无论如何都是不平衡的。我认为，从时代的必然性看来，也有其深意吧。

然而，仅仅覆盖上一层表皮，是会有问题的。在这种情况下，它仍然无法从现代脱离出来，也不能成为一种设计，足以符合具有真正意义的新社会结构。

在这样的潮流中形成的问题，是建筑师的制度，还是建筑师的形象呢？

基本上，在现代主义的时代中，建筑师所担当的角色，就是在设计办公室等资本主义内部的盒子。同时，建筑师并不染指童话、怀旧这种设计领域。有种看法是，使用在资本主义外部的设计词汇，不能代表建筑师的职业水平。

不过，后现代主义将以往置于建筑师领域外的设计词汇带入了内部。建筑师逐渐把不曾染指的领域里的东西展示了出来。

此事从建筑业界看来，会变成一件非常危险的事情。『岂不让过去传下来的建筑师这种制度要崩溃了吗？』或者『后现代主义好像是将建筑彻底商业化的东西。』大家都感受到了这样的危机感。

目前对后现代主义的批判，基本上就是这些了。针对和历来建筑师的伦理本质相抵触的后现代主义的整顿……我认为这与时代的氛围有关。

追问过去的伦理观

——因此说起来，这次的作品也有追问建筑师伦理观的这种定位吗？

是的。将过去建筑师所持有的伦理观，或者任意布满四周的界限打破了。总之，在某个意义上，这个设计有一部分是挑战建筑师的原有制度。同时，加入了新的想象。这两方面可以说是最大的目标。

二元对立已经不存在了

——可以简单地为我们说一说您对未来建筑的畅想吗？

首先，在现在的社会里，二元对立已经逐渐混乱、崩溃了。劳动形态、劳动场所变得和过去二十世纪的产业资本主义社会完全不同。

因此，理所当然，人们对于空间的需求也发生了变化。工作空间应该是功能性的，这种现代主义时代的审美观已经消失，而功能性不再是人们对于空间的唯一要求。

例如，我目前的事务所，虽然是独门独户的普通木造房子，但是在这里有信息传输的机器，而且如果论及高科技设备，这里比大办公室更具功能性，这或许是一个办公效率非常高的办公室。但是，在巨大又简单的盒子里工作，是十分无聊的。

其次，即使在郊外的家里，如果配有信息终端显示器，人们就可以在家办公了。事实上，如果去美国一

趟，就知道在新泽西郊外的普通住宅中，就有许多设计计算机软件的公司。我想，这好像正暗示着以后人们的工作模式。

——在『M2』之中，以何种形式具体地将它反映出来呢？

这次所做的，简单地说当然是现代主义，同时也让历来的后现代主义手法发生质变。

有关用途，基本上虽然是企业的公司大楼，但首先破坏了现代大而简单的盒子的象征。因此，在建筑物的构成上，运用了若干元素。

在规划上，也与过去现代主义时代那种不让外人进入的封闭性办公室不同。一方面，备有工作空间给从事汽车的企划和设计的制作者；另一方面，也有使用者能够自由进出的活动大厅和餐厅。

结果，变成了设计者和使用者这种具有异质文化的人，能够经常接触、沟通的场所。

有关后现代主义，是以规模的游戏、片断化以及脱色化三种手法，将原来的语汇转换成完全不同的意义。

首先，在中央巨大的爱奥尼亚样式的柱子上，采用大胆的设计。柱子，如果是平常的规模，虽然有引人怀旧之感，一旦规模扩大至平常的数百倍、数千倍时，便开始具有全然不同的意义。这是阿道夫·卢斯在『芝加哥论坛报』竞标案中使用的手法。

其次是片断化。这也可以说是废墟化的做法，将仿佛破坏了的东西，运用到各地方。这也使原来的语汇所具有的形象发生质变。

最后是色彩计划。尽量控制在单调的色阶上，例如，与麦可·葛瑞夫或者KPF所使用的、所谓后现代主义的色调相区别。故意排除了诉诸人类怀旧的温暖色调，而转为更无机质且脱去颜色的世界。内部只使用了白色，企图完全脱色化。

——可以说是把历来后现代主义的语汇加以变质吧。然而使其发生质变的手法，无论如何必然是根据某个基础而来的。在这种状况下，依然让人觉得它是引用后现代主义样式的后现代主义，很不容易察觉出和历来的后现代主义有何差别。就隈先生来说，虽然也意识到后现代主义的批判，但乍看之下仍然有被当作变向的后现代主义来处理的可能性……

后现代主义像一个永远追赶不上的潮流

的确，后现代主义就像是个永远追赶不上的潮流，但如何从这个『诡计』中逃脱出来，却是个重大的课题，至于现状则是继续摸索下去。也许结果会变成建筑师以一种青黄不接的表现方式打造建筑物，而它并不属于现代主义时代的二元对立中的任意一项，可以说是介于两者之间的、更适合现代社会结构的建筑风格。

——许多人指责隈先生的时代与上一个时代根本无法相提并论，或者批判您理念的一贯性、对细节的关注不够，对此，您怎么看呢？

如果作为一般评论来说，我生活的时代在锻炼方式上，的确有不足之处。设计密度自不用说，我想有必要倾注理念，尤其在建造小建筑的时候，仅仅照顾到小细节而不倾注理念是不可以的。

虽然大东西能自动地拥有某种冲击力，但是不思考如何让小东西也具有冲击力，却是行不通的。的确，在我们一群人之中，也有几乎不考虑这些而继续搞建筑的建筑师。对那些人来说，我希望他们多作思考、学习。

然而如果让我说说自己的话，我本身不论是理念上，还是在设计密度上，估计并未输给上一个时代的前辈。

并未输给上一个时代的前辈

——这次的作品，是将目前为止的『样样皆可』的手法中，其中一项予以具体化的东西，我想这是错不了的。不过，如果从其他观点来看，『样样皆可』这样的手法似乎也被认为走向完结。因此，对今后的展望，您的看法如何？朝着更为洗练的方向前进吗？请让我们听听您的想法。

首先，就『样样皆可』这种手法本身，我想洗练是没用的。因为原本希腊、罗马样式的姿态，可以说就是描写废墟的姿态，至少就『东西』来说，并无意使之洗练化。我想，这是全然没有意义的。

——所以设计手法还会不断改变吧？

是的。例如，这一次，虽然使用了聚合或者废墟化的手法，但接下来也不限于同样的手法。比如我对社会、经济、文化的看法，如何将它化为建筑，我想我会继续做下去，然而手法就像媒介，所以会不断改变也说不定。

——这叫作对细节、素材的拘泥吗？或者不太去考虑作为『东西』的洗练化吗？

如果仅仅是追求工匠般在细节上的洗练，我是没有兴趣的。我想创造出现代性的细节，因此做了许多在这种意义上的实验。

譬如，以这次的建筑物来说，我们做了一项工作，将建筑以外的其他领域里的

各种技术，转移到建筑之中。在电梯的部分，使用了高速公路用的隔音板，同时在活动大厅的阶梯，采用了飞机的舷梯。我的想法是，尽量一面以未加工的形态，将目前世间的技术连接起来，一面打造建筑物。

—

——这么一来，和以往建筑师心目中的方向便大大不同……一般建筑师一旦确立自己的风格之后，便以纯熟或洗练作为目标，对此您的看法如何？

—

就建筑师来说，虽然有各式各样纯熟的做法，但大体上都逐渐手艺人化了。所谓手艺人，就是民艺作家之类的。

这种民艺作家，我想是共同体里面的一个工匠。由于不到共同体的外面去，于是在共同体的保护下，制作些工艺品。而到共同体外面去的，则是商人。在共同体之外，边喊着『有好东西哟』，边做起生意来，将这些工艺品换成了金钱。

我不要掉进手艺人的陷阱

对于以建筑师为首的所有的艺术家而言，成为手艺人是一个陷阱。例如，理查德·塞拉的『铁之锈』。当初非常暴力的『铁之锈』砰一声被放在都市当中，大家都想：『什么，这也算雕刻吗？这不就是生锈的铁吗？』然而他也不断地制作那种『理查德·塞拉风格的铁之锈』的民艺品，最后，他进入了一个世界，不管谁看都知道『啊，理查德·塞拉又做出这样的民艺品了。』结果，甚至无法从其中摆脱出来。

不过，依我的看法，留在历史上的建筑并非民艺品。一个共同体与其他的共同体，如果换成一种文化和另一种文化也说得通，而建立在这两种文化之间的建筑，我想才可以留在历史上。因此可以说，建筑师像在两者之间架起的一座桥，肩负让两者相互交流的任务。我认为这才是建筑师应有的样子。

因此，我想尽可能不要成为手艺人，同时不断地从那样的陷阱中逃脱，不断地创造出新的建筑物。

「M2」，以柱子为象征所设计的建筑。（摄影：小林研二）

1. 从东侧看到的改造后的外观。“M2”是以直接连接汽车开发部门与用户的实验性汽车制造为目的而设立的。1995年3月解散，此后由马自达的销售公司使用至2001年为止。（摄影：日经建筑） **2.** 改造后预想图的传单。保留位于倾斜屋顶上部的“M2”的标志的原因是，对于业主Memolead而言，它相当于进入东京的第二家店。（摄影：Memolead）

后续采访 | AFTER

M2大楼成为殡仪馆

刊载于NA（2005年11月25日）

沿着东京·世田谷区环状八号线建起来的“M2”大楼，改造成为殡仪馆。大楼完成于泡沫经济的末期，即1991年12月，作为马自达子公司“M2”的办公大楼兼实验工房。爱奥尼亚式的巨大柱头立于中心的设计，出自隈研吾之手。

购买大楼的Memolead，以前桥市为中心，在全国开发了约40间殡仪馆。选择这里的理由是“内部宽敞，天花板高，大厅容易改装”“象征性的建筑，作为东京地区的据点，能见度高”。

大末建设负责这里的改建工作，以2003年3月3日开幕为目标。外观上，除了加上大厅的名字，几乎没有什么改变。原设计者隈研吾说：“改变用途很有趣。我指的是，即使业主改变，仍然具有很强的空间对应能力。”

第二章

与地方性都市面对面

准备妥当后问世的“M2”，因泡沫经济崩溃，
而没能得到良好的评价。
此后将近10年，规划案的中心移往地方性都市。
这也都只是些没有特点的建筑……
隈研吾通过那些看起来不起眼的工作，
从委托方的问题意识和自然环境中，
学习解决问题的方法。

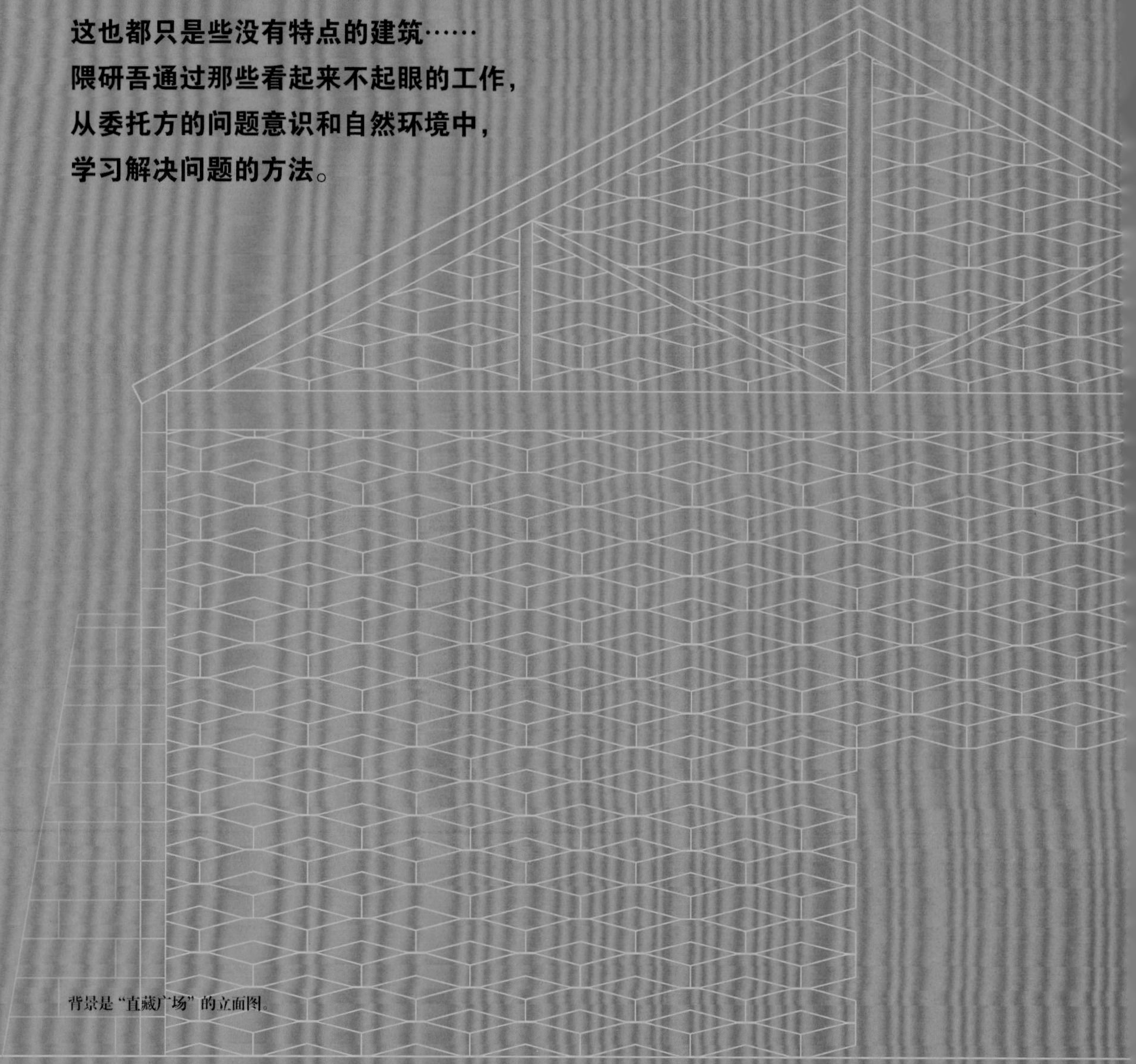

背景是“直藏广场”的立面图。

1994年

建筑作品
02

梼原町地域交流设施

高知县高冈郡梼原町

刊载于NA（1994年6月20日）

四万十川源流的“新文化据点”

正面外观。“从云上之町这个昵称，想到浮游形状的屋顶。”隈研吾说。（摄影：安川千秋）

有关地区的交流，各式各样的形式都被思考过。最常见的做法是，自治体建造了展示地区历史和文化的博物馆、美术馆、个性化的音乐厅，以促进地区内外人士的交流。

然而那样的设计手法，能够实现真正的交流吗？潜藏在这些手法背后的是对于地区文化的偏执，换言之，唯有美术、音乐、戏剧才能表达文化这种贫乏的想象。访问坐落于大自然当中『漂亮』的美术馆之后，宿于冒牌的欧风民舍里，吃冒牌的法国料理，人们满足于那种赝品文化，错以为那就是交流。

所谓文化，应该存在于日常的行为里。住什么样的家，吃什么样的食物，过什么样的生活，在这些理所当然的行为中，才能显示真正的地区文化。只在美术馆和音乐厅这样的建筑中，一个劲地追求个性和地域性的浅薄文化论者未免太多。

所谓文化是日常生活中的东西

『梼原町地域交流设施』是和拥有相同的问题意识的高知县高冈郡梼原町共同完成的。整个作业由公共部门执行。就真正的地区交流来说，需要的是锲而不舍的努力，以及不计较短期核算盈亏的长期计划。

这个城镇位于四万十川源头，自然资源丰富，是各种食材的宝库。在设施内的餐厅里，陈列着那些素材的料理，朴实无华却十分美味。住宿设施大量利用当地产的杉木，而且形态简单，呈现出与自然一体的感觉。此外，以该町特有的手漉技术所制造的和纸，也被用于住宿设施。在餐厅前面的水上舞台，有时演出该町所流传下来的神乐，以娱嘉宾。

所谓文化，不是装饰在展示柜里的，而是存在于日常生活里毫不造作的东西。从这个意义看来，我确信，这个设施不光只是地区交流设施，甚至是新的文化设施，或者新的公共建筑的模范。

1

2

1. 建筑物全貌。从前方起依次为餐厅栋、饭店栋、浴室栋。在设立于池中的舞台上，有时也演出该町流传下来的神乐。**2.** 餐厅栋的外观夜景。**3.** 餐厅栋的外观。从池中浮起的列柱，是以梼原町出产的杉木夹入钢片制成，再以钢螺丝加固。**4.** 一层楼的餐厅。二层设置椭圆形的和室。左上悬浮的是当地出产的竹编照明器具。**5.** 客房（洋式）。照明方面使用的是住在当地的荷兰人洛基尔·奥添普加尔特手漉的和纸。**6.** 二层的餐厅。以梼原町出产的杉木材构成横梁。

3

6

4

5

为了让视线自然地移向水面，将走廊开口部的上半部用纸屏遮住。

建筑项目数据

所在地——高知县高冈郡梼原町太郎川3799-3
所在区域——未指定
建蔽率70%、容积率400%
委托方——梼原町
占地面积——8363平方米
建筑面积——1330平方米

地板面积——1273平方米
结构、层数——钢骨结构+木结构·一部分木造·RC结构、地上二层
设计者——建筑·设备：隈研吾建筑都市设计事务所；执行设计
协助：小谷设计、Plaza Design Consultant；结构：
中田捷夫研究室

监理——隈研吾建筑都市设计事务所
施工方——竹中工务店·须崎工业JV；电力：日产电机
施工期——1993年10月—1994年3月
总工程费——4亿9800万日元

断面图 1/1000

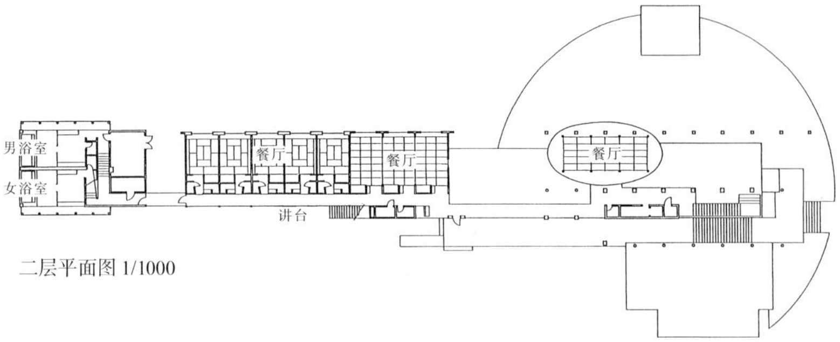

二层平面图 1/1000

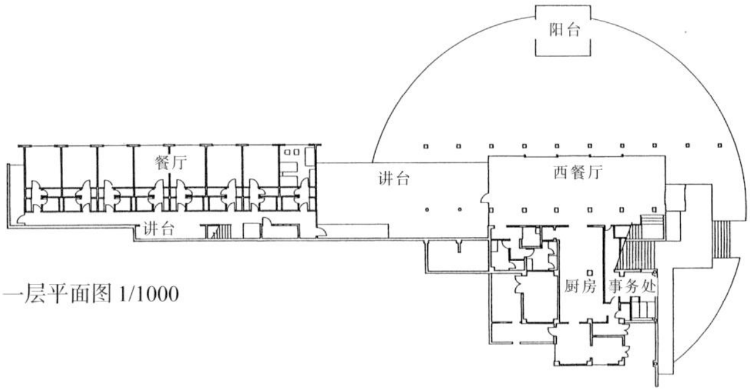

一层平面图 1/1000

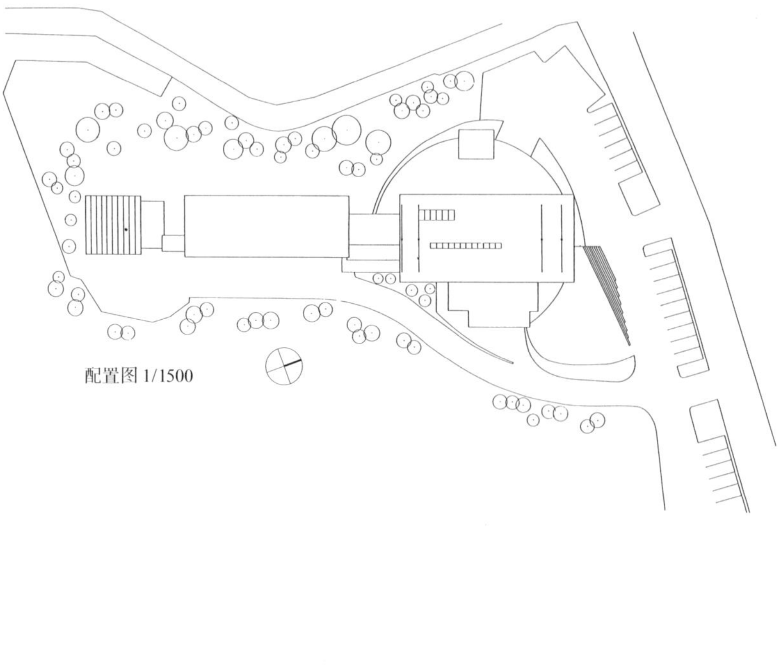
配置图 1/1500

1994年

建筑作品
03

龟老山观景台
爱媛县今治市

刊载于（NA 1994年11月7日）

隐藏在山内的建筑，从与自然共生走向复原

观景台全景，以埋入山顶的形式，建造观景台。
两座观景台的台面和五座平台，以阶梯连接，分散各处。照片上方是海的方向。（摄影：藤冢光正）

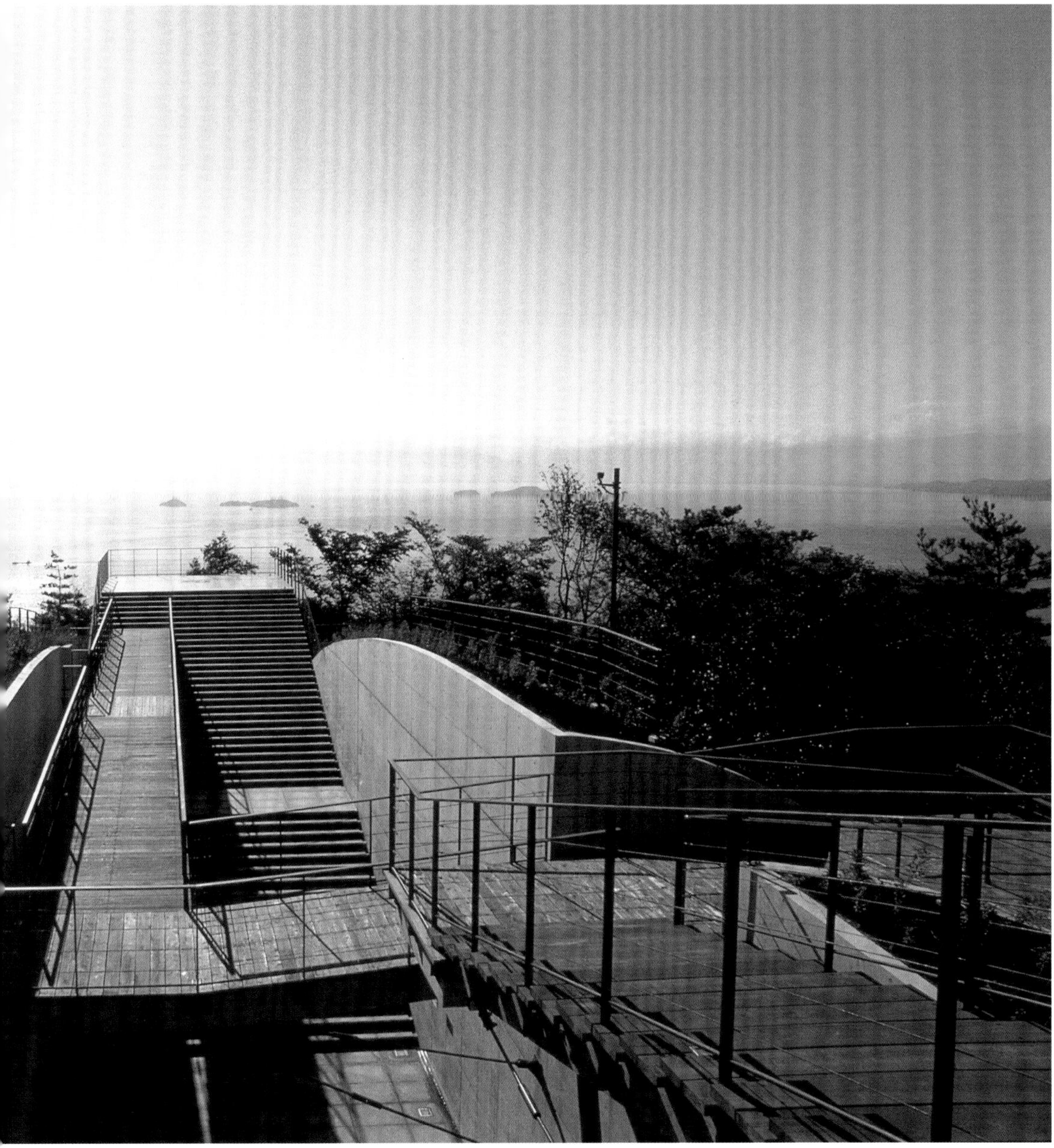

从爱媛县的今治市搭乘渡船，二十五分钟就可以到达这里。在户内海平静的海上，有座大岛。这附近被称为芸予诸岛，据传此处景色之美，称雄于濑户内海。

在大岛的中央坐落着名为龟老山的小山。赋予我们的任务是，改建山顶上原有的观景台并整顿公园。

原有的观景台，是以非常普通的做法设计出来的。将山顶部分以水平的方式切除，然后在其上建造观景台公园。把观景台公园当作一个『台座』，而后在这个台座上建造了观景台。

作为一种『龟裂』的存在

我们的提案是，将观景台现有的『形式』整个推翻。也就是说，在构想上，并不采用将观景台突显出来的形式，而是让观景

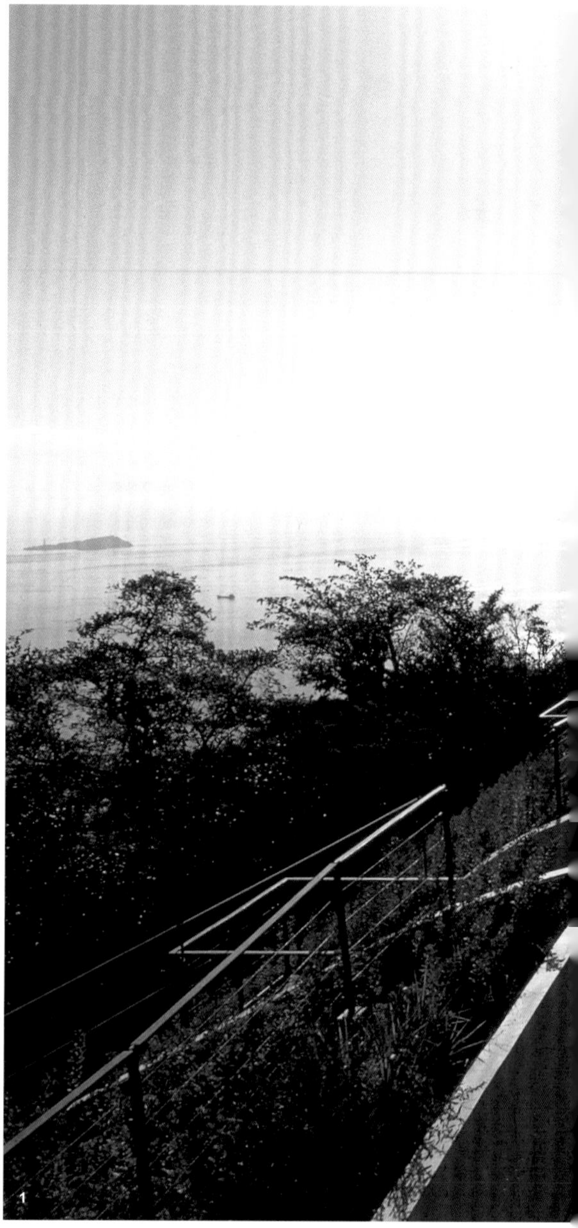

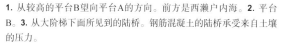

1. 从较高的平台B望向平台A的方向。前方是西濑户内海。2. 平台B。3. 从大阶梯下面所见到的陆桥。钢筋混凝土的陆桥承受来自土壤的压力。

台在地面上以龟裂形式存在。观景台是个『为了观景而存在的设施』，所以它本身应该被隐藏在自然中，而这样的想法，正是这个构想的前提。

首先在原有的台座上，以混凝土造出一个龟裂，在其两侧堆上泥土，把山顶复原。尽管不可能将观景台完全隐去，但如果从远方望去，在龟老山山顶上已经看不出什么了，几乎无法察觉有座观景台在那里。

过去，建筑在破坏自然，使自身突出于自然之中。此后，人们认为建筑应该与自然共生。然而，如此脆弱又遭受摧残的大自然，我想，不是连共生也无法承担吗？当自然与建筑力相抗衡时，共生可以获得最大的成果。但脆弱的自然所需要的，不是共生，而是复原。龟老山观景台，是一个为了『复原』自然所做的尝试。

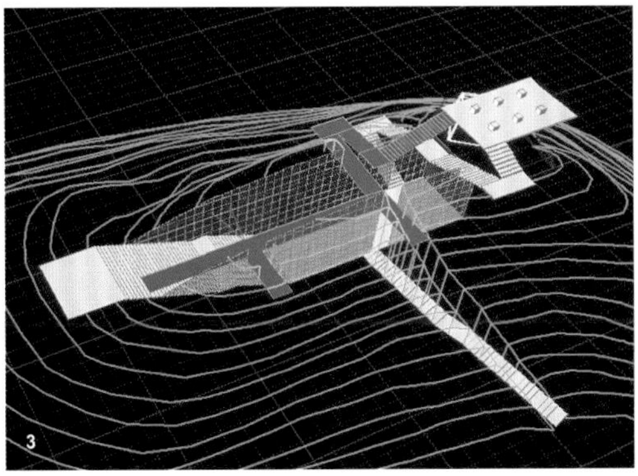

1. 黄昏景色。楼梯交会之处的前方是最高的平台B。2. 观景台的入口。3. 等角投影图。

建筑项目数据

所在地——爱媛县今治市吉海町龟老山
所在区域——国立公园第二特种地域
委托方——吉海町
占地面积——4193平方米
建筑面积——473平方米（水平投影面积）

结构——RC结构
设计者——建筑：隈研吾建筑都市设计事务所；
结构：安芸结构计划事务所；卫生：环境计划；
电力：GEAR设计；
标示牌：广村设计事务所、A-WORKS；
照明：EPK

监理——隈研吾建筑都市设计事务所
施工方——建筑：二神组；电力·卫生：四电工
施工期——1993年6月－1994年3月

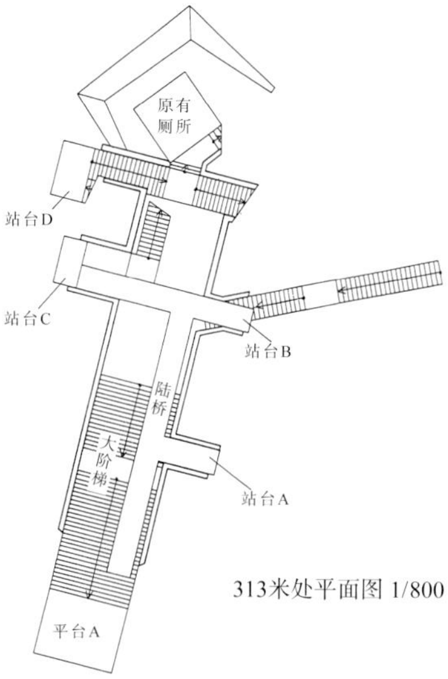

313米处平面图 1/800

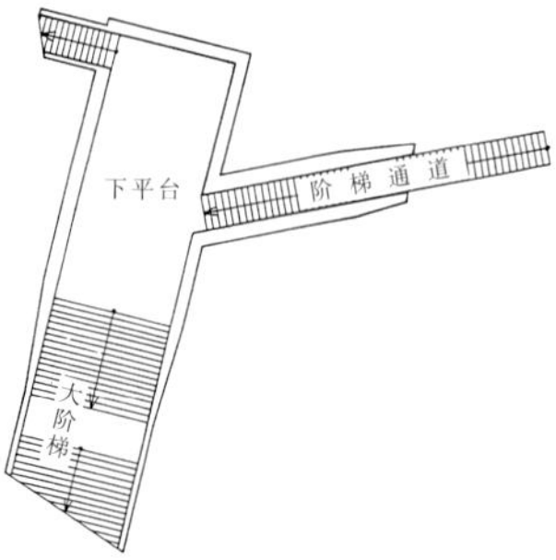

307.5米处平面图 1/800

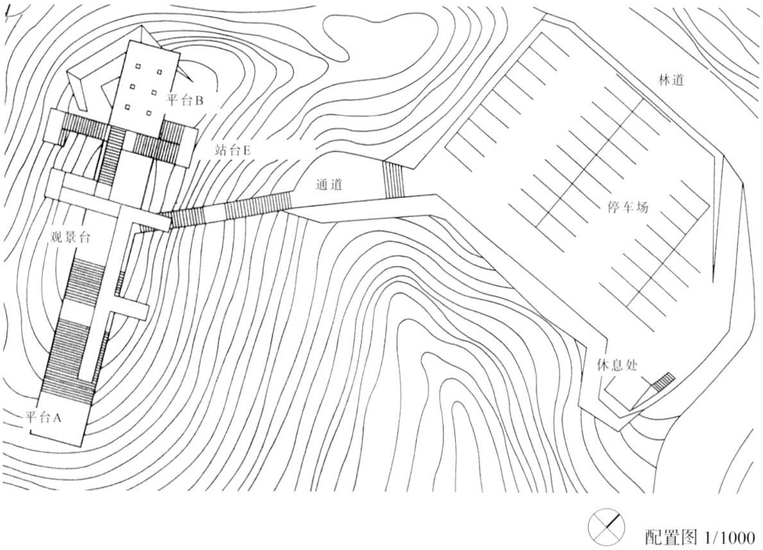

配置图 1/1000

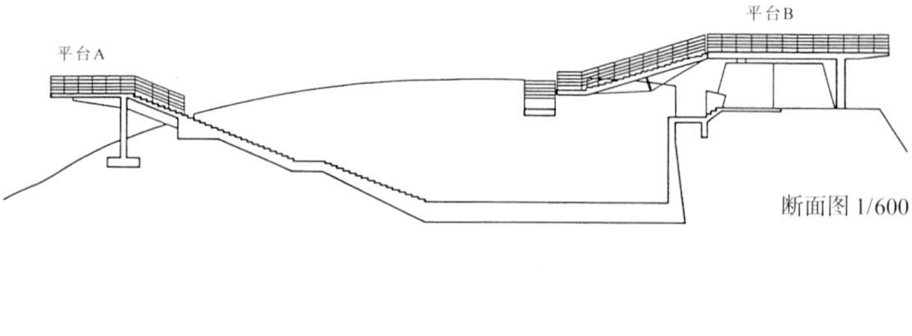

断面图 1/600

1996年

建筑作品 04

森舞台

宫城县登米市

刊载于NA（1996年8月12日）

以自然森林为道具，风吹日晒下的能剧舞台

从东北方看，右边是舞台，左边是正面看台。正面看台可容纳120人，外走廊可容纳90人，屋外的侧看台可容纳340人，合计550人。（摄影：木田胜久）

宫城县登米町从前就是一个能剧兴盛的地区，『登米能』是在这个地方传承了二百三十年的传统技艺。一九九六年六月开幕的『森舞台——登米町传统艺能传承馆』正是专为登米能设计的舞台。

这座能剧舞台不是一般的能乐堂，正如『森舞台』的名字一样，在森林中有座舞台。设计者隈研吾造访建筑用地时说：『在美丽的森林中有座舞台，而在它前面只有轻盈的屋顶飘浮着，就是这一幕风景，突然浮上了心头。』

不演出能剧时也不会闲置

在人口约七千人的小镇登米町，公共事业的预算有限，建造能乐堂的话，建设费用一般会超过七亿日元。即使只是舞台，也要两亿。然而森舞台全部经费不到两亿日元。

最根本的原因是，省掉了最花钱的『混凝土的道具』。舞台的材料也不用高价格的直纹桧木，而使用有节的青森扁柏。由于青森扁柏

耐久性强，对风吹日晒的舞台来说，比桧木更适用。舞台的屋顶则使用当地出产的石板瓦。

森舞台，以自然的森林为道具，由带有屋顶的正面看台、铺上小石子的阶梯状侧看台、展示室等构成。同时，展示室也被当作后台、练习场使用。

作为观众席的看台，在没有演出能剧的时候，也可以当作小区设施使用。因为整体都是开放的，所以町民可以自由进出使用。『开放的文化设施』是隈研吾的提案。

2

1

有志之士的声音 | VOICE

能舞台是连接各世代的桥梁

林望（东京艺术大学副教授）

能乐堂的历史从明治14年（1881年）东京・芝的红叶馆开始。那段历史意外的短。能剧原本在神社的拜殿和草坪上、野外的临时舞台演出。在这一点上，像“森舞台”一般在室外设置能剧舞台是非常普遍的。

舞台上的老松，一般都画两株，并将它漂亮地纳入框内。在这个能剧舞台上，千住博画的老松只有一株，感觉很粗壮。因为构图的缘故，看起来舞台好像浮在半空中。我认为能剧舞台是连接各世代人们的桥梁。

1. 在舞台的保养上，为了在青森扁柏的表面上形成适度的薄膜，只用蘸了以水稀释的牛奶溶液的抹布擦拭。
2. 在开幕时，由村民组成的登米谣曲会表演的登米能剧。（摄影：惠藤・爱迪生・宏一）

1. 舞台画是日本画画家千住博先生的作品。为了在500年，甚至1000年后也能修复，而使用削取岩石制作的天然颜料。底层用粉红色，上面涂上红色，最后再覆盖上绿色。**2.** 正面夜景。**3.** 建筑正面的围墙（照片左侧）所使用的杉材是二级杉材。弯曲的部分，既锐利又和缓。

3

委托人的声音 | VOICE

年青一代的助力

中泽弘（登米町町长）

为了建造这个设施，成立了以信息·空间设计董事代表残间里江子为中心的理事会，在两年的时间里，反复地调查、检讨，仔细地倾听町民的心声，直到完成为止，耗去非常多的时间。可以说是“不变比改变还困难的时代”。在地方，高龄化问题日益突出，栽培传统文化的继承者也很困难。如果要解决这个问题，年青一代的助力不可欠缺。

这一次，委托年轻的制作者，凭着和专家不同的态度，建造出能剧舞台。但愿这个设施能够抓住年轻人的心。

1. 展览室既是后台，也是练习场。因此地板材料使用与舞台相同的青森扁柏。2. 入口。

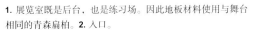

建筑项目数据

所在地——宫城县登米市登米町寺池上町42

所在区域——未指定

建蔽率70%、容积率400%

委托人——登米町

占地面积——1700.77平方米

建筑面积——537.06平方米

总楼地板面积——498.21平方米

结构、层数——舞台栋：木结构；看台栋：钢骨结构；

展览室栋：RC结构、地下一层·地上一层

设计方——建筑：隈研吾建筑都市设计事务所；

结构：青木繁研究室；

标示牌·展示：日本设计中心原设计研究所；

壁画：千住博

施工方——佐久田·及川JV

施工期——1995年10月－1996年5月

总工程费——1亿9500万日元

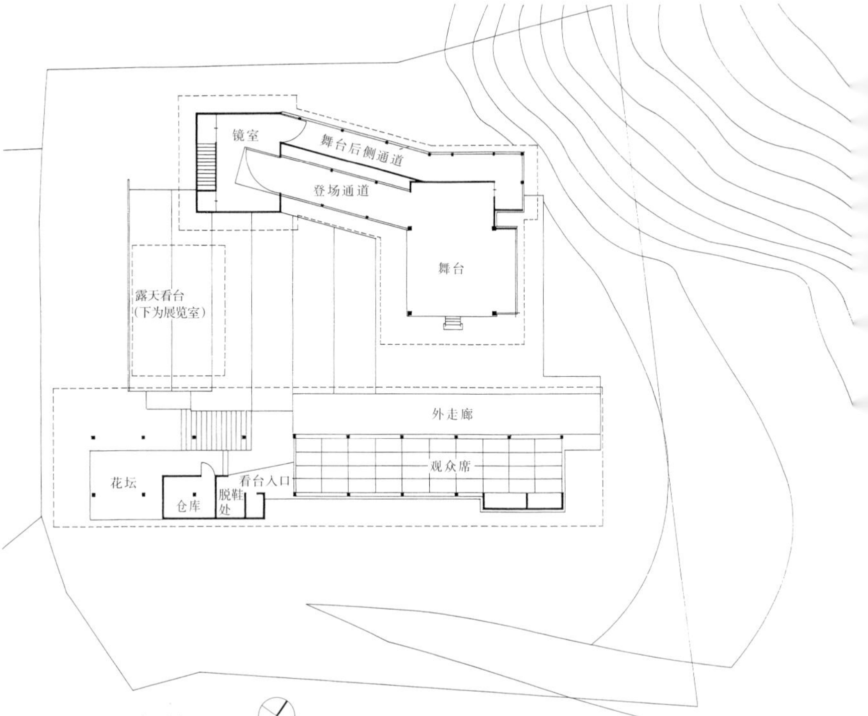

平面图 1/500

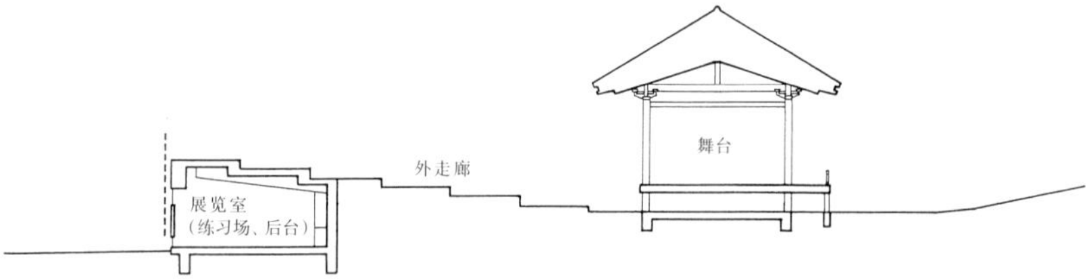

东西断面图 1/400

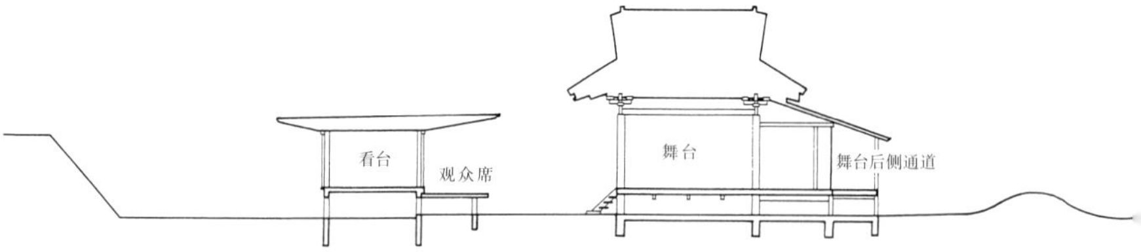

南北断面图 1/400

1999年

建筑作品
05

北上川·运河交流馆
水之洞窟

宫城县石卷市

刊载于NA（1999年8月23日）

穿越沿河道路、与堤坝一体化的建筑物

能见到旧北上川雄伟风景的内部广场（上层）。
作为散步途中也可顺道进来的免费休息处，此外也是守护河川及运河的NPO活动的据点。（写真：吉田誠）

北上运河全长约十四米，连接了宫城县的鸣濑町和石巻市。在目前不使用的这条运河与旧北上川合流之处，建成了一个结合有导水调节、展示、瞭望功能三合一的建筑。面对河川，一般人也能享受到美景，这也呼应了大肆宣传环境整顿的一九九七年《河川法》修正之潮流。

从外面看起来，杜鹃花一直栽种到屋顶的建筑物上，只不过是与旧北上川的堤坝连接在一起的一个小土丘而已。从沿河的步道分出的道路，走在隆起地面的内外，其中的一条成为进入建筑物的通道。不过，这条通道呈圆滑的U字形，很快又通往外面去了。

与环境完全融合的建筑

为了参观建筑物而到访的人，或许会感到吃惊也说不定。因为见不到那种可以让人站着眺望风景的地方。

1. 全景。可以看见它与旧北上川的堤坝融为一体。从旅游步道分出的道路通过建筑物之上。2. 屋上覆盖了紫色杜鹃花，将天窗隐藏起来。

不过，这正是设计者的初衷。『环境与建筑的二分法不成立，以两者完全融合的状态为目标。』

内部分为两层。上层是放置长椅和桌子的休息空间，展开在眼前的，是壮阔的河川全景。下层虽然是展示用的空间，但没有模型和照片嵌板之类的『物品』，只在壁面的液晶显示器上，播放运河的影像而已。来自计算机画面的光晃动不已，形成一个仿佛水底的场所，让孩子们在这里高兴地玩着游戏。

北上川·運河交流館 水の洞窟

委托人的声音 | VOICE

反映居民意见的整顿

竹村公太郎（建设省河川局长）

《河川法》是配合时代的要求而制订的。1896年，以守护国土免于洪水袭击的“治水”为目的而产生，1964年，为了产业发展增添了“利水”工程。接着在1997年的修正案中，又加入“环境”的整顿。更为划时代的是，使居民的意见得以反映出来。河川不是属于管理者的东西，而应该开放给居民。这个设施累积并提供了大量的河川信息，在使人们了解河川方面扮演着非常重要的角色。北上川的例子，不也可以说是这种设施的开路先锋吗？

2

3

4

1. 面向旧北上川的外侧广场。椅子和屋檐都以不锈钢条制作。玻璃内侧是广场。**2.** 从旧北上川的对岸看过来。**3.** 成为来自西侧通道的附属广场。**4.** 外侧广场的地板使用采自当地、经water burner加工的井内石。

1

1. 内部。走上右边的阶梯即是内侧广场，走下左边的坡道，则是地下外侧广场。2. 地下外侧广场。借着装在右手边远处的墙壁上的计算机画面，以猜谜形式的游戏学习有关运河的知识。坡道的墙上并列的液晶显示器上播放着北上运河的实际景象。地板上也埋着显示器。

设计者的声音 | VOICE

消除环境与建筑的二分法

隈研吾（隈研吾建筑都市设计事务所代表）

沿着堤坝的步道迂回进入建筑物内，转一圈又回到步道来。在这里，道路和公园融为一体。环境与建筑的二分法并不成立，反而彼此完全融合，如果以融合为目标，我想在一定程度上已经实现了，不是吗？

委托方是与河川有关的土木专家，平常就对建筑师过度拘泥于建筑物的形态感到疑问。当然，我对于制造建筑物的形态也感到厌烦。我们的意见不谋而合。

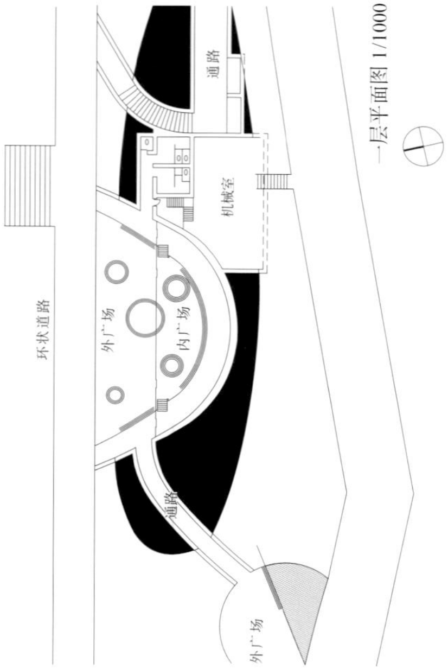

一层平面图 1/1000

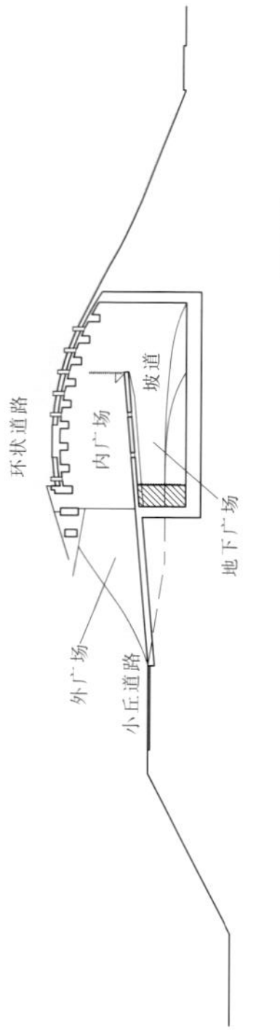

断面图 1/500

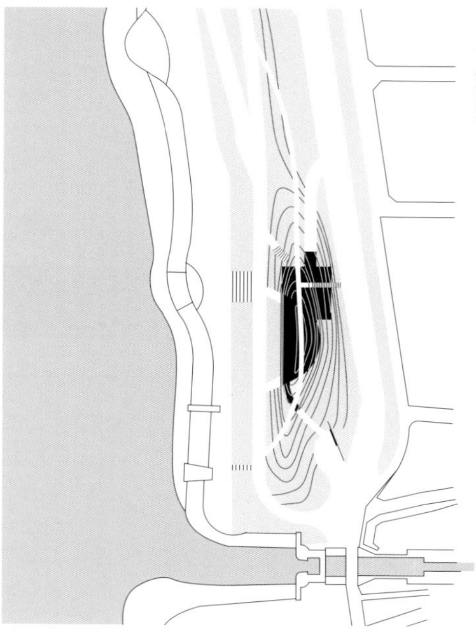
配置图 1/2500

建筑项目数据

所在地——宫城县石卷市水押
主要用途——资料馆、运河净化设施
所在区域——都市计划区域、未指定地域
建蔽率27.79%（允许范围70%）
容积率32.54%（允许范围400%）
前方道路——北5.0米
占地面积——1883.6平方米
建筑面积——523.44平方米
总楼地板面积—613.07平方米
各层面积——地下一层206.14平方米、
一层125.31平方米、二层281.62平方米

结构、层数——RC结构・一部分钢骨结构、地下一层・地上二层
地基、桩基础——桩基
高度——最高5.7米、屋檐高5.4米
楼层、屋顶高度—（地下一层）高6.0米、天花板高5.8米
（一层）高2.8米、天花板高2.4米
（二层）高3.9米、天花板高3.4米
委托方——建设省东北地方建设局北上川下游工事事务所
设计方——建筑：隈研吾建筑都市设计事务所；建筑协力：复建技术顾问；结构：青木繁研究室；设备：川口设备研究所；电力：山崎设备设计事务所；展示计划：情报・空间设计；标示牌：日本设计中心原设计研究所；照明计划：松下电工；家具：隈研吾建筑都市设计事务所
监理——建设省东北地方建设局北上川下游工事事务所
施工方——建筑：菱中建设；设备・空调：佐藤工业所
设计期——1996年8月—1997年7月
施工期——1998年1月—1999年6月
总工程费—4亿4000万日元

2008年
建筑作品
06

宝积寺车站
直藏广场

枥木县盐谷郡高根泽町

刊载于NA（2008年8月11日）

宝积寺车站的东西向自由通道。车站建筑物的陆桥化与东口的开发，是该町一直以来的期待。
天花板令人印象深刻的装饰引用了直藏广场所使用的大谷石的菱形样式。
在菱形相互辉映的部分，希望照明能营造出阳光从树叶间隙照射进来的感觉。（摄影：吉田诚）

以菱形强调连续性，再现旧车站建筑物的规模

在JR宇都宫车站搭乘向北的东北线电车。当沿铁道两侧可见的住宅变得稀疏的时候，电车驶进了一个叫作宝积寺的小车站。

从站台通向检票口的楼梯一看，天花板上菱形组成的装饰，吸引了人们的目光。在这令人印象深刻的木梁之中，嵌入照明设备。从间隙中透出来的光线，仿佛从树叶间隙照射进来的阳光。

二〇〇八年三月，枥木县高根泽町的宝积寺的新车站建设完成。负责设计的是隈研吾先生。对于近代车站建筑有所不满的隈研吾，将旧时车站建筑的分量感，以及具有亲近感的素材放入设计里，赋予地区性的特征。

使车站留给人们深刻印象的木梁设计，是为了使车站建筑和周边的开发计划能够联系在一起。在这里运用的菱形主题，取自高根泽町『直藏广场』的仓库。

除直藏广场之外，位于车站附近，以植物覆盖的『绿遮棚』，也由该町委托隈研吾设计。这些是以高根泽町为中心，开发宝积寺东口的一系列规划。

—以大谷石的旧仓库为线索—

开发之前，宝积寺车站的西侧已有检票口，站前也设置了回转道。然而东侧却一如往昔，并未开发，只有一栋已废弃、用于贮存稻米的石头仓库。负责东口开发的丝井铁夫先生说：『东侧的居民在进入车站的时候，必须从车站先迂回二百米才能跨过道口。』

为了解决这个问题，该町在二〇〇〇年，制订了基本计划，开始着手开发宝积寺的东口，并将车站建筑陆桥化。

在计划阶段，委托方提出：『为了显现地方的特色，可以重新利用留置在东侧的旧石头仓库吗？』换言之，由于这个建筑物与

1. 从铁路的西侧看直藏广场及车站。车站采用不妨碍视野的开放性设计。**2.** 东口的阶梯。从直藏广场到天花板的建造，延续了菱形的设计主题。为了不妨碍视线，采用细柱子和强化玻璃。

该町的历史有紧密的联系，所以希望能将对它的这份情感，融入到开发案中。

最后从众多设计者当中选出了隈研吾。因为他在栃木县那须町完成的『石头美术馆』就获得了好评。

接受了高根泽町的设计工作，隈研吾着手设计。二〇〇六年三月，这个旧石头仓库摇身一变成为宝积寺车站东口的中心设施『直藏广场』。

连续的菱形

具体来说，将两栋仓库的其中之一整个移到别处。经过增筑、改建之后，以多功能活动大厅的身份，重新开幕，供当地居民聚会之用。

为了再利用大谷石，将另一栋仔细地拆解。解体后的大谷石，再切割成令人印象深刻的菱形，用六毫米厚的钢板将它们夹住，然后交互堆积起来。用这种方式完成的正是直藏广场的多功能展示场。换言之，这个建筑物借助钢材和大谷石在结构上发挥其功能，而以全新的姿态重生。由于饮食店等店家进驻，车站前面成了热闹的地方。

同一时期，沿车站北侧铁路所建成的绿遮棚是由不锈钢的凉棚组成，同时也将用于广场的菱形设计主题纳入其中。

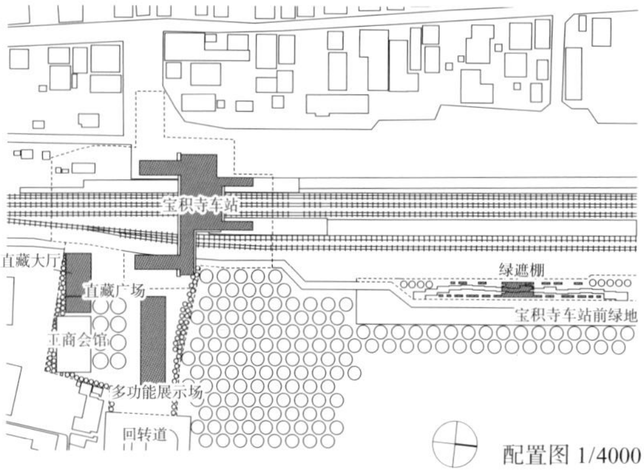

配置图 1/4000

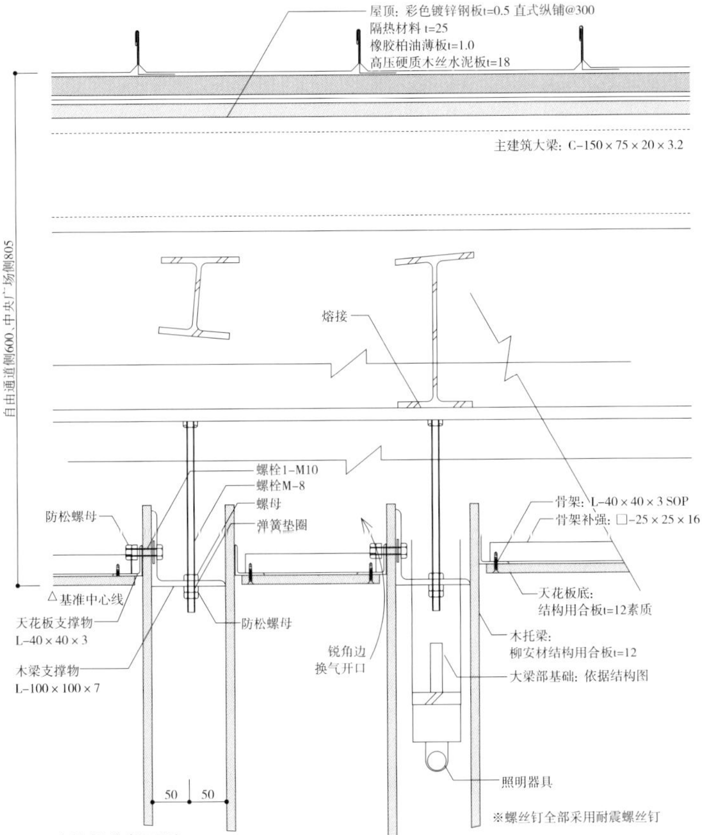
屋顶：彩色镀锌钢板t=0.5 直式纵铺@300
隔热材料 t=25
橡胶柏油薄板t=1.0
高压硬质木丝水泥板t=18
主建筑大梁：C−150 × 75 × 20 × 3.2
自由通道侧600、中央广场侧805
熔接
螺栓1−M10
螺栓M−8
螺母
弹簧垫圈
防松螺母
骨架：L−40 × 40 × 3 SOP
骨架补强：□−25 × 25 × 16
基准中心线
天花板底：
结构用合板t=12素质
天花板支撑物
L−40 × 40 × 3
防松螺母
木托梁：
柳安材结构用合板t=12
锐角边
换气开口
木梁支撑物
L−100 × 100 × 7
大梁部基础：依据结构图
照明器具
50
50
※螺丝钉全部采用耐震螺丝钉

木梁部分断面图 1/10

出口
Exit
西口
West Exit
1

2

3

探讨耐震的细节设计

令人印象深刻的菱形木梁，之所以被用来装饰车站的天花板，是因为这可以和2006年完成的直藏广场所使用的菱形设计相呼应。在初期探讨的阶段，曾提出使用大谷石的想法，但因为它强度差且重量大，所以后来决定使用12毫米厚的柳安木合板。

“经由木头的使用，可以表现旧时的车站带给人们的那种温暖和轻盈之感”，这句话出自隈研吾建筑都市设计事务所主任技师大庭晋之口。据说，菱形的木梁使用了约4000块柳安木合板。

天花板表面，仿佛波浪起伏一般，木梁的高度有着极为复杂的变化，因此使用三度空间的计算机辅助设计。先制作模型，再经多次探讨，才完成设计。针对铁制方管的位置、指示牌的识别性、JR东日本所规定的天花板高度、眺望的视野等相关事宜，作通盘考虑，再根据现场状况决定。

设计的初期，探讨了将木梁在工厂内聚合，直接用螺丝把柳安木合板锁在L形支撑板上的方案。然而，JR东日本指出，因列车震动导致螺丝松弛，可能造成木梁落下。由于考虑到安全性，所以只希望它设置在自由通道上。

对此，隈研吾坚持自己的想法。通过彻底研讨有关防止木梁落下的对策，并进行细节设计的探讨，这个方案终于通过了。最后整个车站都采用木梁设计。

最后决定的细节设计，先从斜交错的横梁用悬吊螺栓吊住支撑板，再以螺栓和防松螺母将柳安木合板锁在支撑板上（参照右页图）。当列车车厢通过时，虽然车站产生震动，但因木梁吊在主材的上面，并以弹性螺丝垫片产生吸震效果，所以能将细微的震动变成摇晃，从而避免螺栓和螺丝的松动。

此外，有关天花板结构，我们制作出原尺寸的模型，事务所内通过实体实验以确认安全性。

在设计的时候，大庭晋一再重复的话是：“细节设计的累积，关联到整个建筑的成败。”

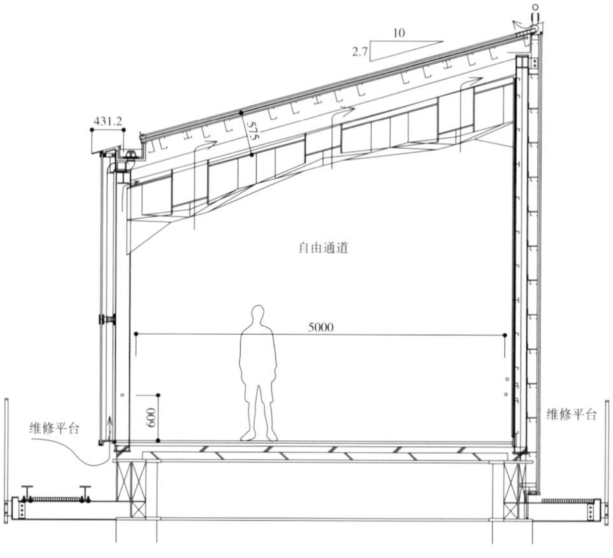

车站自由通道断面图 1/100

1. 宝积寺车站的检票口。天花板上装置了不间断的菱形装饰。**2.** 地板是涂上湿色防护剂的花岗岩。与JR东日本协议过安全性。**3.** 车站的设计以不妨碍投向铁路和站台的视线为前提。**4.** 钢骨结构施工中的自由通路。**5.** 为了防止天花板坠落，制作原尺寸的模型，进行实体试验。（摄影：隈研吾建筑都市设计事务所）

1

2

3

4

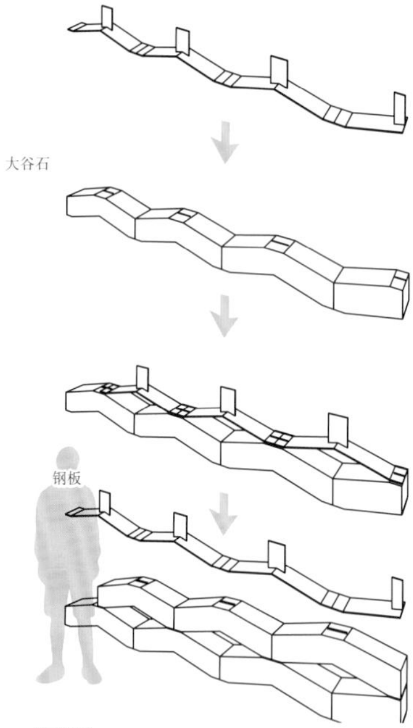

结构图

1. 建于直藏广场的多功能展示场的北侧。3个店铺的进驻，让东口车站热闹起来。2006年完成的这个建筑物的菱形造型，成为整个开发的主题。**2.** 从南侧看多功能展示场。至于周边的地面铺设，以橡胶碎片和树脂把该町收获的稻米外壳固定，制作成稻壳垫子。这基本上采用了町长的点子。**3.** 移动整个旧仓库进行改建的直藏大厅外观。（摄影：隈研吾建筑都市设计事务所）**4.** 多功能展示场的施工情况。钢材组成骨架，不断将大谷石累积上去。

设计者的声音 | VOICE

保持车站原有的魅力

隈研吾（隈研吾建筑都市设计事务所）

对于建筑素材呈现均一化的现代车站，隈研吾有着深深的不满。在乡村的车站可以见到过去的车站，感受到从前的魅力。例如，支撑屋顶的钢筋，像是折弯的轨道，而且车站中到处有木头的触感，然而就像这样充满情趣的车站，却慢慢地消失了，实在令人感到惋惜。

塑造出旧时车站情趣的，我想是分量感。许多近代的车站，我觉得脱离了利用者的身体感觉和地区的分量感，但就城镇而言，却拥有和其规模相称的分量。宝积寺的车站，打算建造出既能捕捉过去的车站所呈现出的情趣与分量感，又能回应比现代建筑的便利性要求更高的建筑。

对于从现代的车站建筑所感受到的“从地面漂浮起来的感觉”，我也觉得不对劲。一旦整顿交通时，就把功能全集中在地面与漂浮起来的地方。对于这一点，我也考虑做些改变。

宝积寺的车站，虽然是现代的陆桥型建筑物，但将通往检票口的阶梯与通道的柱子细小化，墙壁装上玻璃，这是一种对外围环境开放的设计。正因为这样，整个车站看起来比较轻盈。此外，由于视野开阔，所以从外侧及高架道路也可以看见在站台上等候的人与来往的车辆。也就是说，我们考虑到有如旧时的车站那样可以感受到在地面上活动的感觉。

在直藏广场使用的大谷石，似乎是从前就使用的素材。接受高桥町长的委托，他带我去参观旧石头仓库时，自己所希望的素材不是正在眼前，而这次的相遇似乎早就注定好了。

大谷石并不是被当作装饰材料的，而是想作为结构材料来使用。它与钢材组合的新方法，取得了巨大的成果。

1

2

1. 直藏广场成为町的中心设施。2. 多功能展示场的内观。3. 沿宝积寺车站的北侧铁路建造的“绿遮棚”。

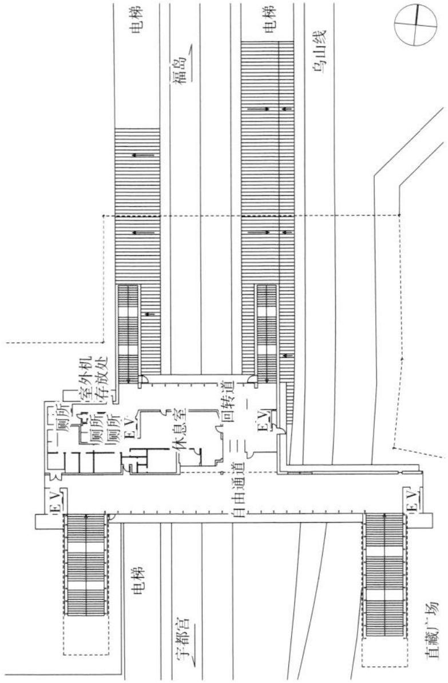

车站二层平面图 1/1200

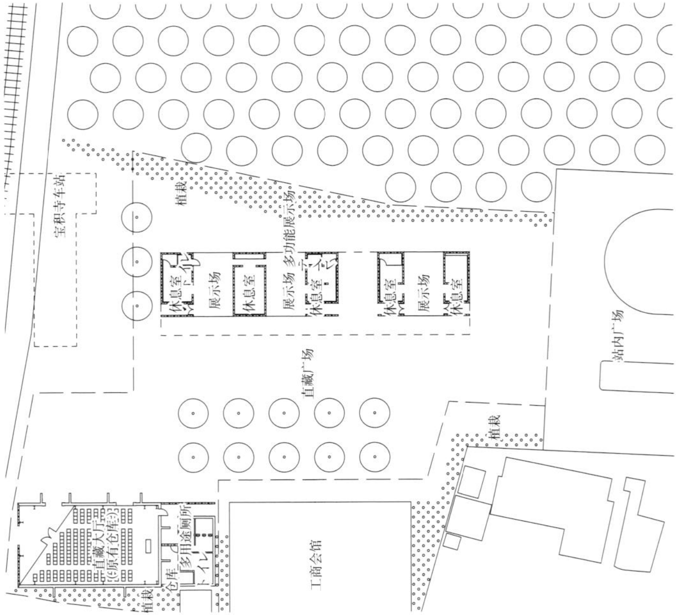

广场平面图 1/1000

3

建筑项目数据

宝积寺车站
所在地——栃木县盐谷郡高根泽町大字宝积寺2374-1
所在区域——住居地域·近邻商业地域·法22条地域
建蔽率15.53%（允许范围75.70%）、
容积率16.61%（允许范围200%）
占地面积——5528.61平方米（既存建筑物56.10平方米）
建筑面积——802.89平方米（既存建筑物56.10平方米）
总楼地板面积—862.06平方米
结构、层数—钢骨结构、地上二层
高度——最高12.75米、屋檐高度12.5米
委托方——栃木县高根泽町、JR东日本
设计方——JR东日本、JR东日本建筑设计事务所
监理——建筑：隈研吾建筑都市设计事务所；结构：栎木结构设计
施工方——建筑：东帖工业；空调：JR东日本；卫生：小山水道工业所；电力：日本电设工业
设计期——2005年8月—2006年3月
施工期——2006年9月—2008年3月

直藏广场
所在区域—近邻商业地域·法22条地域
建蔽率27.30%（允许范围60%）
容积率22.80%（允许范围200%）
占地面积——2668.52平方米
建筑面积——728.18平方米
结构、层数—钢骨结构·一部分叠砌结构、地上一层
委托方——栃木县高根泽町
监理——隈研吾建筑都市设计事务所
设计协助——结构：栎木结构设计；设备：森村设计
施工——建筑：渡边建设
施工协助——石：见目石材工业；内装：他喜龙公司；空调·卫生·电力：仙波工业
设计期——2004年3月—2005年3月
施工期——2005年7月—2006年3月

2010年

建筑作品
07

下关市川棚温泉交流中心

山口县下关市

刊载于NA（2010年2月22日）

连接温泉町与山脚的“文化洞窟”

从西侧往入口方向看，配合和缓的倾斜，建筑物起起伏伏，建筑用地的纵深延展至山脚。以三角形构成的多面体形态，表现出从山脚向海延伸的缓坡地形。（摄影：细谷阳二郎）

一边迎着温泉上升的热气，一边爬上坡道，便逐渐靠近山脚了。出现在山脚下的是沿着道路起伏的『混凝土的小山』。这里就是在提案中，由隈研吾建筑都市设计事务所拔得头筹的设计——『下关市川棚温泉交流中心』。

隈研吾说：『第一次与混凝土这种素材正面相遇。我一直思考的问题是如何把与经常使用的自然素材不同的素材，做成让人感觉舒服的东西。不只素材的力量，还有地点本身所具有的力量，两者所产生出的有机作用，也是我想找寻的。』

至于设施，则由承袭旧下关市乌山民俗数据馆功能的展示空间、能够举办音乐活动的多功能大厅，以及兼做咖啡店的小交流空间三部分构成。它是利用财政拨款建成的公共事业。经过与『川棚温泉商业街建设委员会』——一个为了在具有八百年历史的温泉町找回热闹气氛而设立的组织反复研究，最终完成设计工作。

结构是钢骨，建筑物外侧覆

2

3

1

1. 远景。藤原彻平先生在最初看到这块土地时，重复地说：“拥有卓越的观光资源，同时作为城镇发展的脉络尚未确立。”（摄影：广成建设）**2.** 从多功能大厅的舞台上望向山脚的风景。远处正在建设能用于夏令庆典等地区性活动的广场。舞台的背景以玻璃为之，为的是将大厅也对广场这一边开放。**3.** 兼做咖啡厅的小交流室。不仅是观光客，当地人也能轻松走动的交流场所。

盖上由三角形组合而成的混凝土多面体。『不过并不打算做出有趣的形状。考虑到与城镇的关系和往来的人流，而选择这样的形状』。

在成本的限制下，确保大厅的空间

建筑的形态满足了委员会所提出的两个条件：具有与山脉和谐的外形；接近足以举办音乐活动的规格。在成本的限制之下，优先确保大厅的空间越大越好，因为将来若要变更是很困难的。多面体的大空间也是一个可以防止音频颤动产生共鸣的形状。

展示空间与多功能大厅虽然用途不同，但内部空间特意以同样的方式装修完成。『我们的想法是将它们做成近似住宅中的空地的感觉，而且能够相互融通使用。如果企划跨区域的活动，应该能够让地区更为活跃且变得更有趣。』藤原彻平充满期待地说。

1

1. 展示空间。采用让·努维尔设计的巴黎原始艺术博物馆的手法。**2.** 冠上法国钢琴家阿尔弗雷德·科尔托的名字的多功能大厅（大交流室）。有个历史性的原因是，科尔托曾滞留在川棚温泉，希望永远住在厚岛。川棚温泉与科尔托设立的巴黎高等师范学院缔结合作协议。为了能举办音乐活动，并防止音频颤动产生共鸣，在形态上尽量使空间越大越好。

大厅营运者的声音 | VOICE

新颖中的怀旧气氛

冈本浩明（川棚温泉町建设监察人）

拥有800年历史的川棚温泉，由于过去有二十几家旅馆和围绕它们的商店，非常热闹。现在旅馆减至9家，变得很落寞。对于那样的商店街，有着“设法做些什么”的想法，当地的自治会与川棚温泉观光协会，一起设立了“川棚温泉商业街建设委员会”。山脚、平野和海三者平缓连接的自然环境是川棚温泉的特色。因此，在商业街建设时，也想有效地利用大自然。

造访位于丰浦地区、同样是隈先生的作品“安养寺木造阿弥陀如来坐像收藏设施”时，感受到“新颖中的怀旧气氛”。此时，我们的目标是有效利用地区特色来建设商业街，因此决定借助隈先生的力量。至于行政上，则诉求地区设计的必要性及市民从事商业街建设的重要性。

从现在开始最重大的课题，便是如何将“川棚森林”这一关键词变成人们对于商业街的共有愿望。以此为中心，官民一同着手商业街的建设。

隈研吾设计的安养寺木造阿弥陀如来坐像收藏设施。（摄影：阿野太一）

结构 | CONSTRUCTION

解析软件的开发

佐藤淳（佐藤淳结构设计事务所代表）

为了能够造出拥有大空间的形状，而采用由三角形平面组成的多面体结构。重点是如何塑造多面体“多变的”形状。以小三角形构成的设计，或以大三角形大胆地拼凑都可以。而且三角形的大小和形状都不同。在同一时间，一边调整形状，一边寻求与整体设计之间的平衡。

一般而言，当形状凹陷、膨胀时，每次都必须计算其结构。在这个规划案中，为了缩短时间而开发专用的解析软件。一面看着个人计算机屏幕，一面只用鼠标改变骨架，便能知道应力的情况。最后决定使用的三角形的尺寸，约在12米左右，最大的一边约在15米左右。

基于成本与可行性的考虑，多面体结构采用钢管和“H”形钢的组合。对室内可见的结构加以思考，就可以将角色明确划分。三角形的边以钢管为之，“H”形钢则当作小梁，以确保面内的刚性。

1. 施工中的钢架。为了紧密连接钢架与混凝土，竖立许多钢栓。钢架由新日铁工程公司负责，使用CAD制作。（照片：隈研吾建筑都市设计事务所）**2.** 施工中的全景。**3.** 屋檐下的细节。钢管在球体部分接合。混凝土的厚度为120毫米（双配筋）。“结果，虽然成为要求高施工精度的东西，但从技术累积的观点来看，也有其意义吧，这一点只有日本可以做到。”藤原先生说。（摄影：日经建筑）**4.** 内部空间。与结构体同样以三角形构成的底座，由隈研吾建筑都市设计事务所与三协立山铝业共同开发。

2

4

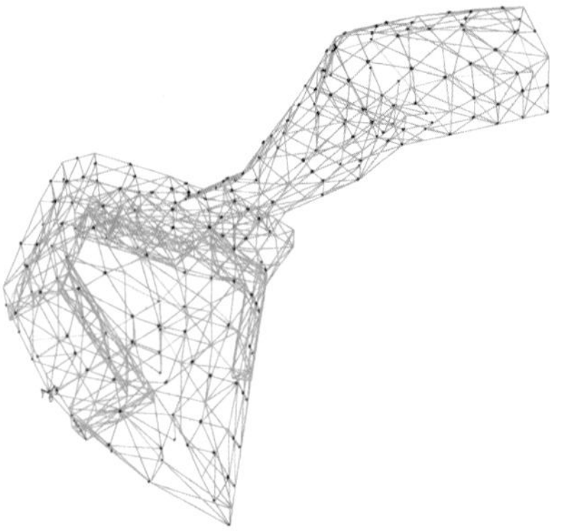

3

建筑项目数据

所在地——山口县下关市丰浦町大字川棚51810
主要用途——博物馆
所在区域——都市计划区域、防火地域
建蔽率47.16%（允许范围90%）
容积率52.91%（允许范围400%）
前方道路——南8.5米
占地面积——2349.06平方米
建筑面积——1107.81平方米
总楼地板面积——1242.85平方米

结构、层数——钢骨结构、地下一层·地上二层
各层面积——地下一层133.36平方米
地上一层1049.48平方米
地上二层42.93平方米、塔屋层17.08平方米
地基、桩基础——布基础
高度——最高9.16米、屋檐高8.88米、楼高3.65米
委托方——下关市
监理——限研吾建筑都市设计事务所
设计协助——结构：佐藤淳结构设计事务所；设备：森村设计；钢骨：新日铁工程技术；布幕：NUNO
施工方——广成建设
施工协助——空调·卫生·电力：中电工
营运单位——川棚温泉商业街建设委员会
设计期——2005年12月—2006年5月
施工期——2008年3月—2009年11月
开业日——2010年1月16日
总事业费——4亿9400万日元
总工程费——4亿6834万4000日元

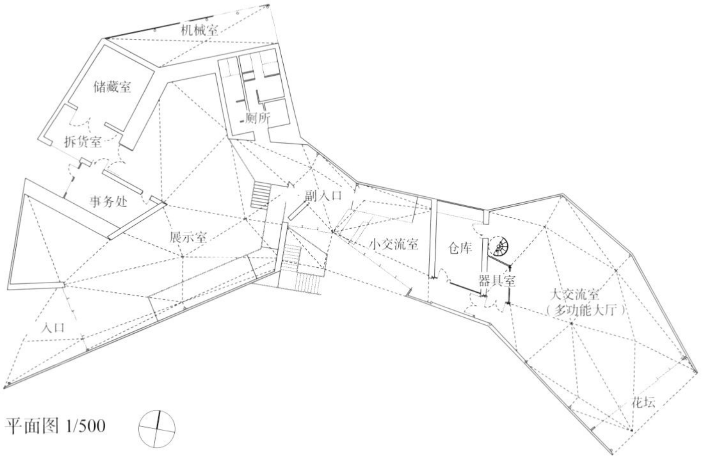

平面图 1/500

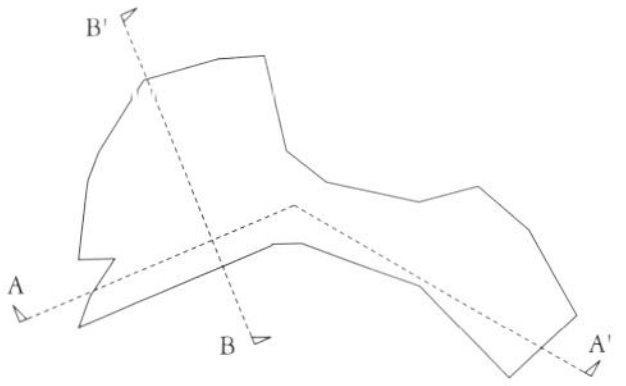

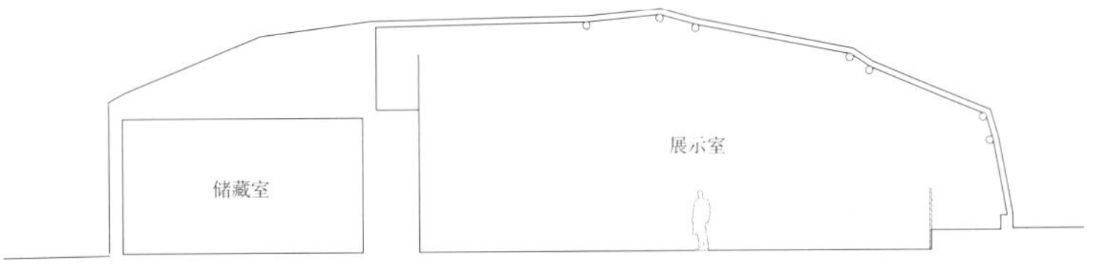

B-B' 断面图 1/200

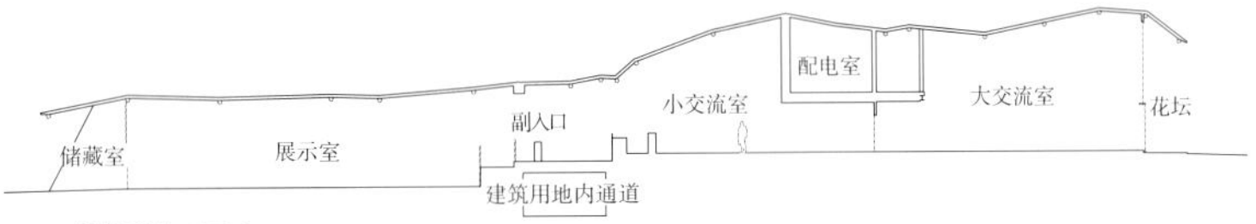

A-A' 断面图 1/500

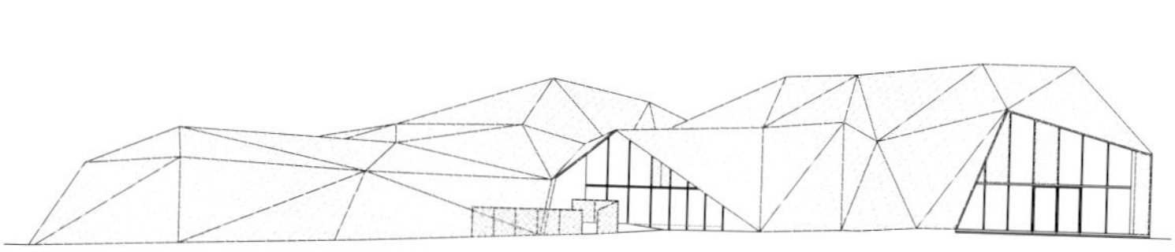
立面图 1/600

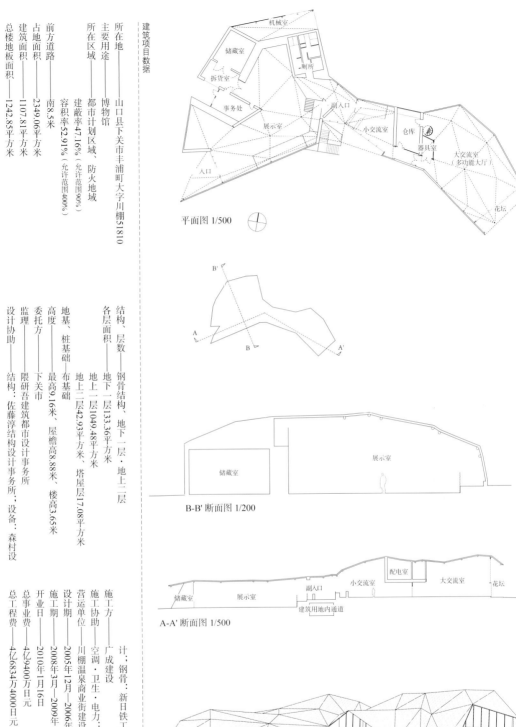

第三章

素材的再发现

在没有特征的地方性都市里持续工作时，
隈研吾与“素材”正面相对。
找出常见材料新的一面，
例如，在石头美术馆中，让人见识了将石头这种“重得令人讨厌”的素材轻盈地叠砌起来。
被认为“理论领先”的隈研吾，其“纤细”的一面，在此开花结果。

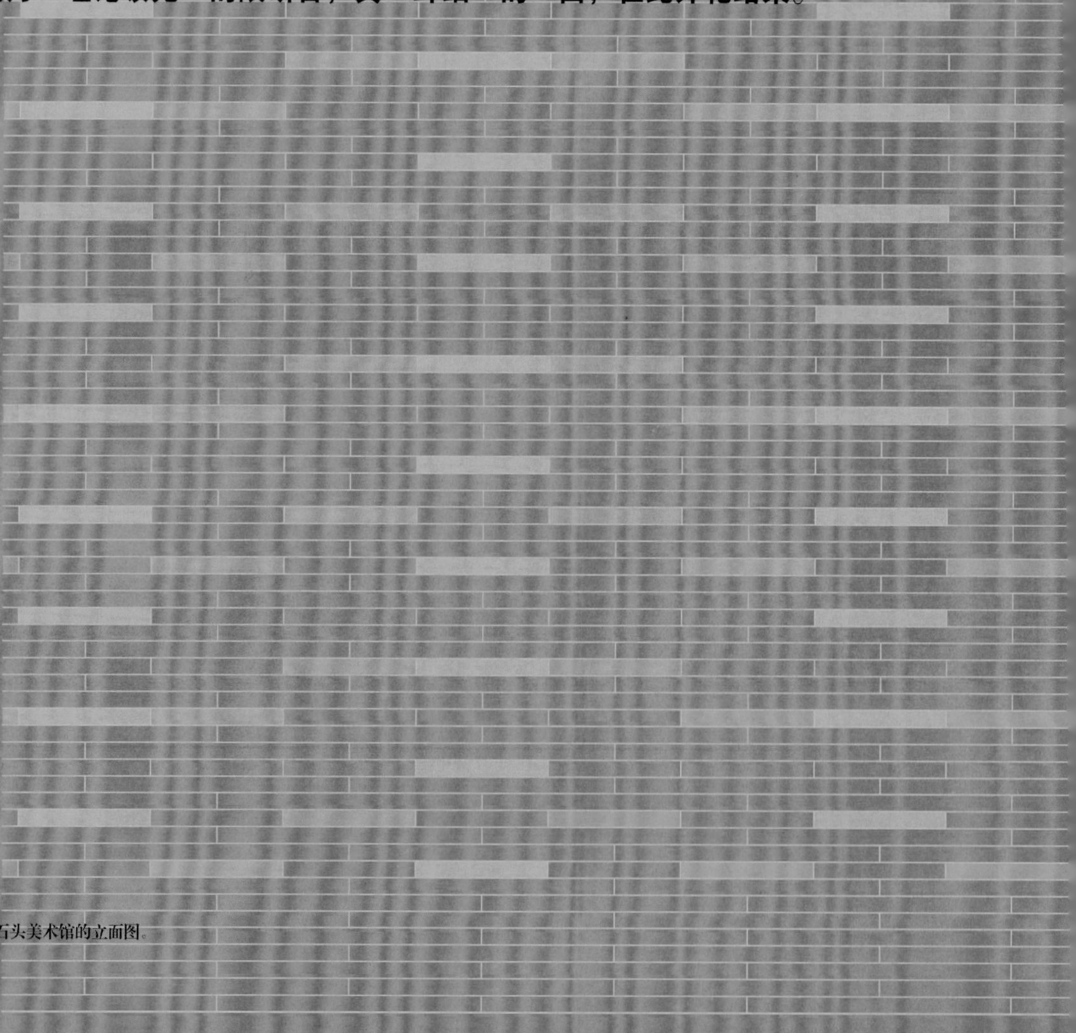

背景是石头美术馆的立面图。

1995年

建筑作品 08

水／玻璃

静冈县热海市

刊载于NA（1995年7月3日）

以“透明的素材”剪下风景

家具也是玻璃制的三层休息室。四周配上水池，看起来宛如漂浮在海面上。（摄影：安川千秋）

被隈研吾命名为『水/玻璃』的这栋建筑，是某制造商的高级招待所，其总公司设在东京。

建筑地点位于静冈县热海市。位置绝佳，下方是一百八十度的海面。建筑用地位于陡坡之上，几乎看不见建筑物的外观，隈研吾说：『针对如何从建筑物内部看见外部的风景，进行了彻底的研究。』

完成后的建筑物，正如它的名字一样，大半都由玻璃和水以及支撑这些东西的各种石材构成。『在日本，自古就有「剪下风景」这样的概念。然而如果只是重现日本的东西，也没有意思。因此，尝试以水、玻璃和格栅等透明的素材将风景剪下来。』

从大胆到纤细

特别强调这种概念的是三层的部分。面海之处设置一个『く』字

1. 从三层客房看休息室（右）。不锈钢制的格栅在水池和客房投下带状的影子。
2. 从北侧看三层的水池。**3.** 三层的浴室。

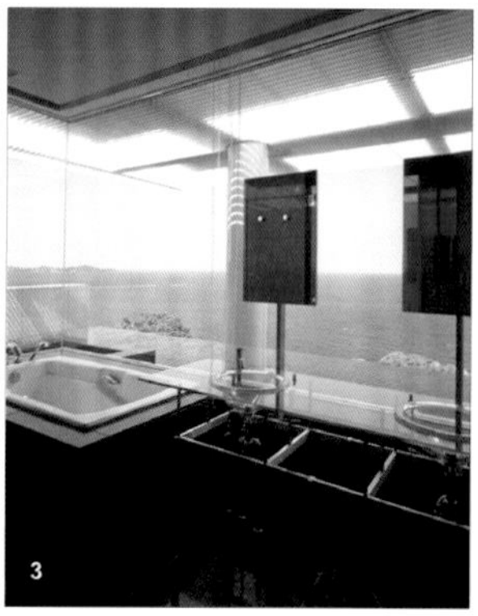

形的水池，中央漂浮着一座椭圆形的玻璃休息室。在水池与休息室的上方，架上不锈钢的格栅，透过光线，借着水面波动和玻璃反射，在柱子及墙上描绘出复杂的模样。

室内设计也多采用玻璃。玻璃桥、玻璃阶梯以及在休息室与客房中，摆设着限研吾新设计的玻璃家具。

说起限研吾的建筑，过去多属于追求造型趣味的大胆建筑，但是从这个招待所却可以看到和限研吾以往风格完全不同的『纤细的一面』。

1

细节设计 | DETAIL

用橡胶联结玻璃与钢架

玻璃阶梯是这个招待所的特色之一。面向入口的挑高部分所设置的玻璃阶梯，看起来有如雕刻作品。

踏板部分，虽然看起来像一片玻璃，实际上，在15毫米厚的强化玻璃之下，另外铺了一层厚10毫米的聚碳酸酯。这是为了减轻踏板承受的重量，同时防止玻璃破裂时，碎玻璃四处飞散。

支撑阶梯的钢骨结构，如下图所示。重点在于玻璃与钢架的接点加入了橡胶。玻璃与钢架并未牢牢固定，借着松弛的联结，可以吸收人们踩踏时的冲击力度。

挑高部分的二层所架设的玻璃桥，几乎也采用了同样的组装方式。这些结构设计由中田捷夫负责。

1. 抬头看挑高部分。**2.** 从玻璃的楼梯往下看。钢索与结构无关，只是设计上的装饰。

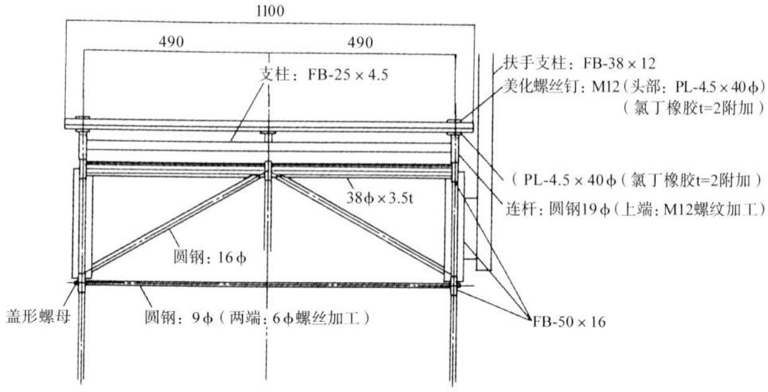

阶梯详细图1 / 20

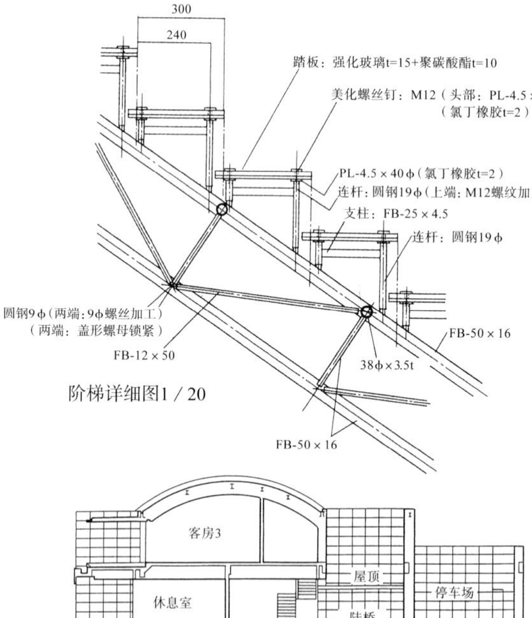

阶梯详细图1 / 20

南北断面图 1/500

1. 三层休息室的黄昏景色。**2.** 挑高的二层所架的陆桥。**3.** 三层客房的寝室。 **4.** 一层和室。

5. 从东侧看过来的外观。在左上所看见的玻璃部分是休息室。**6.** 从北侧看过来的外观，中央是入口。

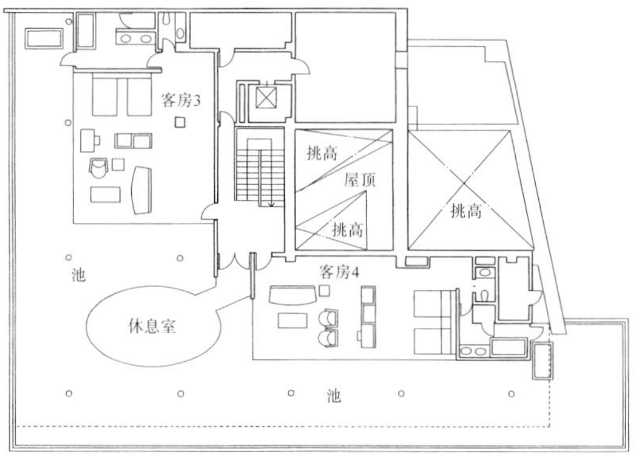

三层平面图 1/500

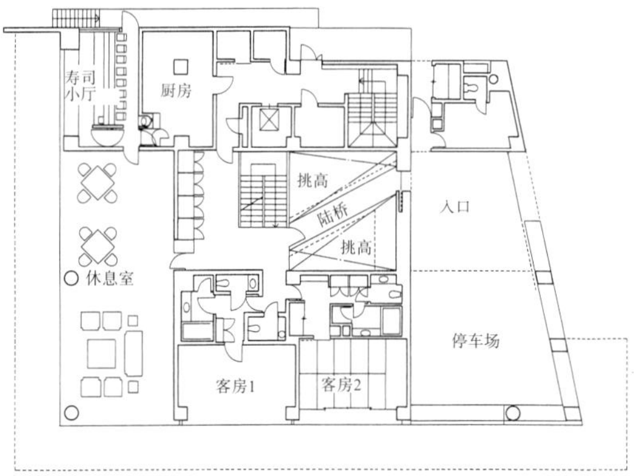

二层平面图 1/500

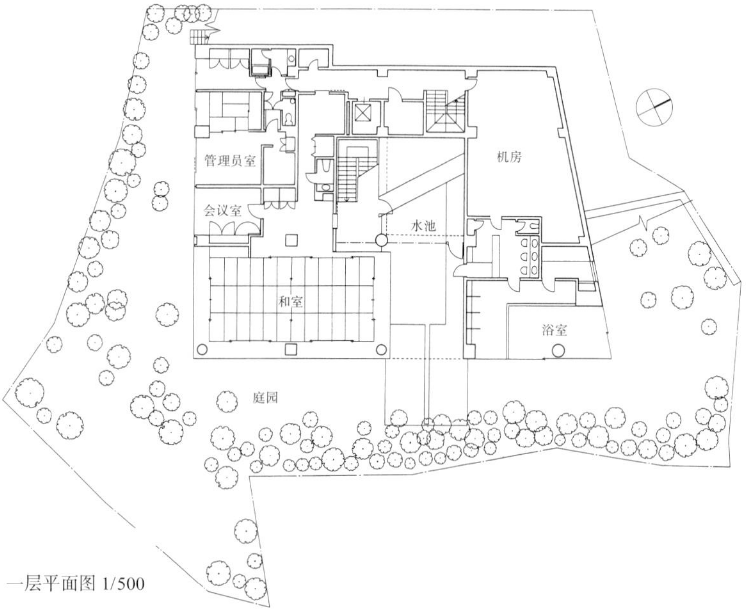

一层平面图 1/500

建筑项目数据

所在地——静冈县热海市
所在区域——住居地域
建蔽率60%、容积率160%
占地面积——1281平方米
建筑面积——568平方米
总楼地板面积——1125平方米
结构、层数——RC结构（一、二层）、钢骨结构（三层）
设计方——建筑：限研吾建筑都市设计事务所；结构：中田捷夫研究室；设备：川口设备研究室；电力：山崎设备设计事务所；照明：EPK
监理——限研吾建筑都市设计事务所
施工方——建筑：竹中工务店；空调：高沙热学工业
施工期——1994年3月—1995年3月

1997年

建筑作品
09

川/滤光板

福岛县石川郡玉川村

刊载于NA（1997年2月24日）

从阿武隈川看过来的夜景。客席面向河川，呈细长条状。
采用杉木间伐材所做成的格栅，因其间隙大小不同而引起外观的变化。（摄影：吉田诚）

抑制分量感，木格栅面向河川

建筑物仿佛朝着阿武隈川延伸出去的方向耸立着。越过木格栅和玻璃，展现在客人眼前的是河川的流动与对岸的绿意，人们可以一边欣赏水的景观，一边吃着荞麦面或是乌冬面……一九九七年一月十五日在福岛县玉川村建成的川/滤光板，正是这样的一间店铺。

江户时代以后，在邻近的须贺川市，经营制面厂的老店安积屋，第一次开分店做路边餐厅的生意。经营顾问船井综合研究所、建筑设计者隈研吾都参与了策划。由于坐落在从须贺川市街接棚仓町的国道上，所以主要的销售对象是当地的回头客以及开车经过的客人。

在相当于入口的二层，设置售卖中心和榻榻米房间的座位，走下楼梯则是餐桌座位和木地板的房间座位。面向河川呈细长形配置的客席，共有一百一十个。客席直通到底的地方是厨房和制面工厂。潜藏在邻接道路的停车场底下，面积很大的制面工厂，是本建筑物的特征之一。

——如何抑制分量感呢？——

『一般路旁的店铺，总是强调建筑的分量感与醒目。此处却从相反的观点出发，设法将建筑物表现在外的部分变小。』隈研吾说。做法是将单侧屋顶的倾斜度做小一些，壁面也以木制格栅覆盖，尽可能地抑制建筑物的分量感。

『在形式上，并非只是加入民家风格而已，更希望这栋建筑是一个将和式风格经过现代化设计的作品。』（业主星明·安积屋常务董事）。木材及拉门纸之类的素材，按照原样展现出来，同时不赋予重量和结块的感觉，这样的陈设，充分满足了业主的要求。

1. 从二层入口的平台往下看。在入口平台和与此邻接的厕所，铺上聚氯乙烯浪板。在寻求低成本的同时，也试图使其底下的木材看起来像格栅一般。**2.** 入口面的全景。在停车场的下面，设置制面工厂，抑制了建筑物的分量感。入口处位于二层。**3.** 从二层售卖中心往远处的饮食中心方向看。在天花板上排列了呈格栅状与外墙相同的杉木间伐材。**4.** 一层的木板坐席。铺木板的平台向河川延伸。**5.** 从楼梯看到的一层客席。在天花板上，连续排列着细长形的纸屏。在左侧的开口部，阿武隈川的景色，尽收眼底。客席的右侧是毗邻而居的厨房与制面工厂。

2

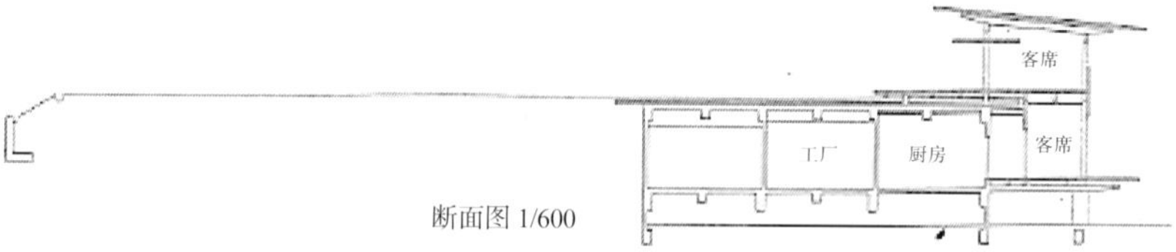

断面图 1/600

建筑项目数据

所在地——福岛县石川郡玉川村大字竜崎字滝山12-26
所在区域——都市计划区域外
占地面积——1961平方米
建筑面积——768平方米
总楼地板面积——925平方米
结构、层数——RC结构·木结构、地上二层
委托方——安积屋制面
设计方——建筑·设备：隈研吾建筑都市设计事务所；结构：青木繁研究室
设计协助——标示计划：原研哉；食器制作：寺田康雄
监理——隈研吾建筑都市设计事务所
施工方——建筑：安藤建设；空调·卫生：高砂热学工业；家具：丸三
施工期——1996年5月—1996年12月

3

5

4

2000年

建筑作品
10

那珂川町
马头广重美术馆

栃木县那须郡那珂川町

刊载于NA（2000年10月16日）

对当地的杉木进行不燃处理，全面实现木格栅化

展示浮世绘画家安藤广重作品的美术馆。
屋顶和外墙用当地八沟山所产的杉木格栅覆盖。在屋顶的格栅之下，还有铺着钢板的屋顶。
2000年获得村野藤吾奖（摄影：三岛叡）

『想打造一栋建筑，通过它重新发现自古传下来、当地独有的素材之魅力。』隈研吾这一番话，明确显示出了他对于最近着手的建筑的想法。

建造在枥木县那须郡马头町（现在的那珂川町）的马头广重美术馆，大量采用当地八沟山所产的杉木。这栋建筑被杉木的格栅围住，虽然远看是个单纯的设计，但是朝着入口前行，可以看见格栅的重复变化，从缝隙中透入的光线，因彼此交错，而不断变幻出各种表情。为了展现空间的开放感，入口和画廊外侧的玻璃面，不使用格栅，只是整齐地装上波浪状的玻璃。

—**不只起『装饰』作用**—

观察这栋建筑的时候，有许多人会认为，屋顶应该使用不燃材料。作为承受雨水的屋顶，压力是由它下面所铺的钢板承担的，格栅只不过是装饰而已。虽然那么说，可是设计者隈研吾说：『最近，人们的看法变得严格，装饰这样的说法行不通了。』

在此采用的是远红外线熏烟热处理技术，可以使药剂容易渗透到杉木里面。杉木经过这种处理之后，再浸入药剂中，使其不燃化。在日本建筑中心所做的实验中，它被视为『等同不燃』，因而取得《建筑基准法》第三十八条的认定。

—**偶然被发现的广重作品**—

马头广重美术馆是展示浮世绘画家安藤广重作品的美术馆。

一九九五年，因阪神·淡路大地震，青木家的仓库倒塌，因而发现生于明治时期的实业家青木藤作收藏的广重作品。青木家的主人，将这些作品赠给和他工作上有来往的马头町，而这也成为建造美术馆的契机。发现的广重作品，达到一百七十件以上。这种程度的收藏量，无人能及，对于浮世绘的研究者而言，更是极珍贵的资料，所以受到广泛的关注。

该美术馆事务长郡司正幸反复说：『感觉目前为止，一切都太过顺利了。』说起建造的契机，是意外得到的幸运。筹划期间，依然是经济景气的时候，总工程费高达十二亿日元，其中六亿日元来自县政府的补助金。

『办公厅似乎有点轻浮冒进，现在町民的兴趣还不够大。今后的课题是将这个美术馆推广给本地区的每个人。』郡司正幸说。

（当初虽然叫『马头町广重美术馆』，但二〇〇五年因合并之故，随着马头町成为那珂川町，名称也跟着改变了。）

1

1. 从北侧通道观之。**2.** 南侧外观。格栅采用当地八沟山的杉材。60毫米×30毫米的角材以120毫米的间隔并列。**3.** 贯穿南北的通路部分。左边有餐厅，右边有入口大厅。光线从浪板玻璃的屋顶通过格栅射进来。

1. 从朝向开放式画廊的通道往入口大厅的方向看。左手边是乌山和纸的隔间板。里侧采用和隆纸这种和纸风格的树脂加以固定。2. 从入口大厅往防风室看。眼前的格栅上，贴上当地生产的手漉乌山和纸，展现出与杉材完全不同的风格。

素材 | MATERIAL

浸透难燃剂，实现不燃的杉木

在杉木格栅上，采用远红外线熏烟热处理的技术。这是由宇都宫大学农学部的吉泽伸夫教授与安藤实讲师的研究团队所开发出来的，借着它可以破坏存在于杉木内部的“壁孔壁”这种细微的东西。

经过这项处理会产生两种效果。一是不易产生断裂和歪斜。杉木的水分原本不容易消除，在不够干燥的情况下，施工后容易产生歪斜，这是它的缺点。当壁孔壁遭到破坏，则易于消除水分，所以可以避免干燥不足。二是可施以难燃化处理。一旦经过前述处理，药剂（难燃剂）变得极易浸透，产生出难燃的木材。

将广重美术馆使用的杉材作难燃处理的是从事木材加工、贩卖的WOOD TECH公司（枥木县宇都宫市）。经由这项技术处理的木材，在2000年5月，取得《建筑基准法》施行令所规定的难燃材料的认定。之后，该同公司开始贩卖以“非燃一号”和“防火板材三号”为名的商品。前者只用一种药剂浸透，后者则使用两种药剂，依次浸透，在木材内部形成结晶。与后者不同的是，前者会有药剂渗出之虞。广重美术馆采用的是后者。

使用于屋顶和外墙的杉木格栅，经远红外线熏烟热处理后，再浸泡于难燃剂之中，实现不燃化。

2

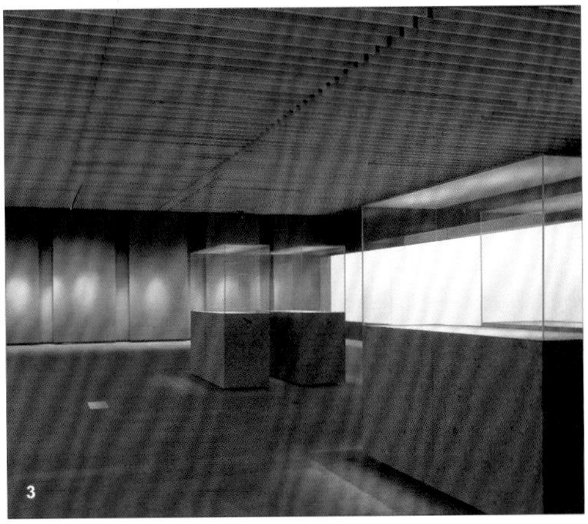

1. 自入口大厅隔着通道往餐厅方向看。2. 格栅的细节。3. 展示室2。展示箱内采用卤素灯泡的光源透过塑料管照射的方式，据说比美术馆用的荧光灯更能提高颜色和质感的再现性。4. 北侧的屋檐。

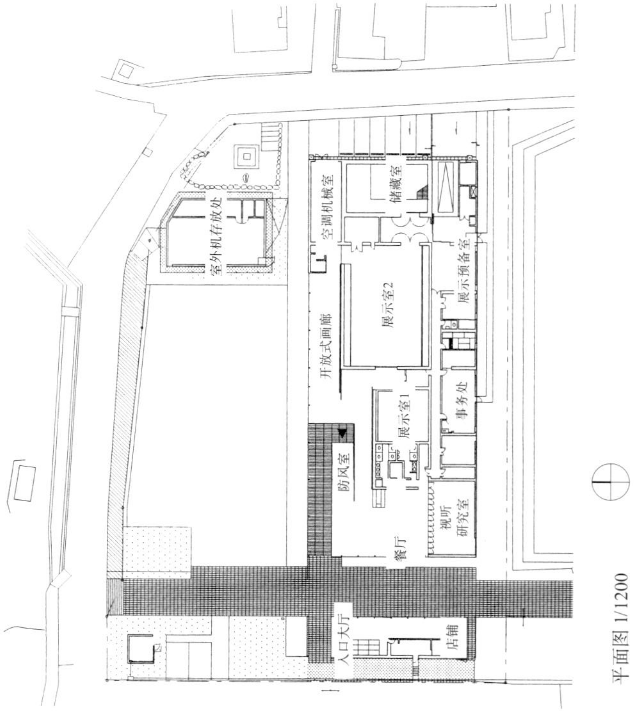

平面图 1/1200

建筑项目数据

所在地——————栃木县那须郡那珂川町马头116-9
所在区域————都市计划区域
建蔽率39.18%（允许范围40%）
容积率35.13%（允许范围200%）
前方道路————东6米、南15米
占地面积————5586.84平方米
建筑面积————2188.65平方米
总楼地板面积—1962.43平方米
各层面积————41.08平方米（地下一层）、1921.35平方米（一层）
结构、层数——RC结构・一部分钢骨结构、地下一层・地上一层
地基、桩基础—杭基础

高度——————最高6.5米、屋檐高3.2米
楼层天花板高—地下一层高度2.3米・天花板高2.1米
一楼高6.55米・天花板高5.6米
主要开口部——6.1米×5.4米
委托方————马头町
设计方————建筑：隈研吾建筑都市设计事务所；结构：青木繁研究室；设备・电力：森村设计；标示牌：日本设计中心；照明计划：松下电工；演出照明：儿玉由美子
监理——————隈研吾建筑都市设计事务所

施工方————建筑：大林组；空调・卫生：朝日工业社；电力：六兴电气；展示柜：冈村制作所；手漉和纸：乌山和纸会馆；不燃处理：安藤实、WOOD TECH公司
设计期————1998年5月—1998年11月
施工期————1998年12月—2000年3月
设计费————5092万5000日元
监理费用———2278万5000日元
总工程费——10亿2977万3000日元

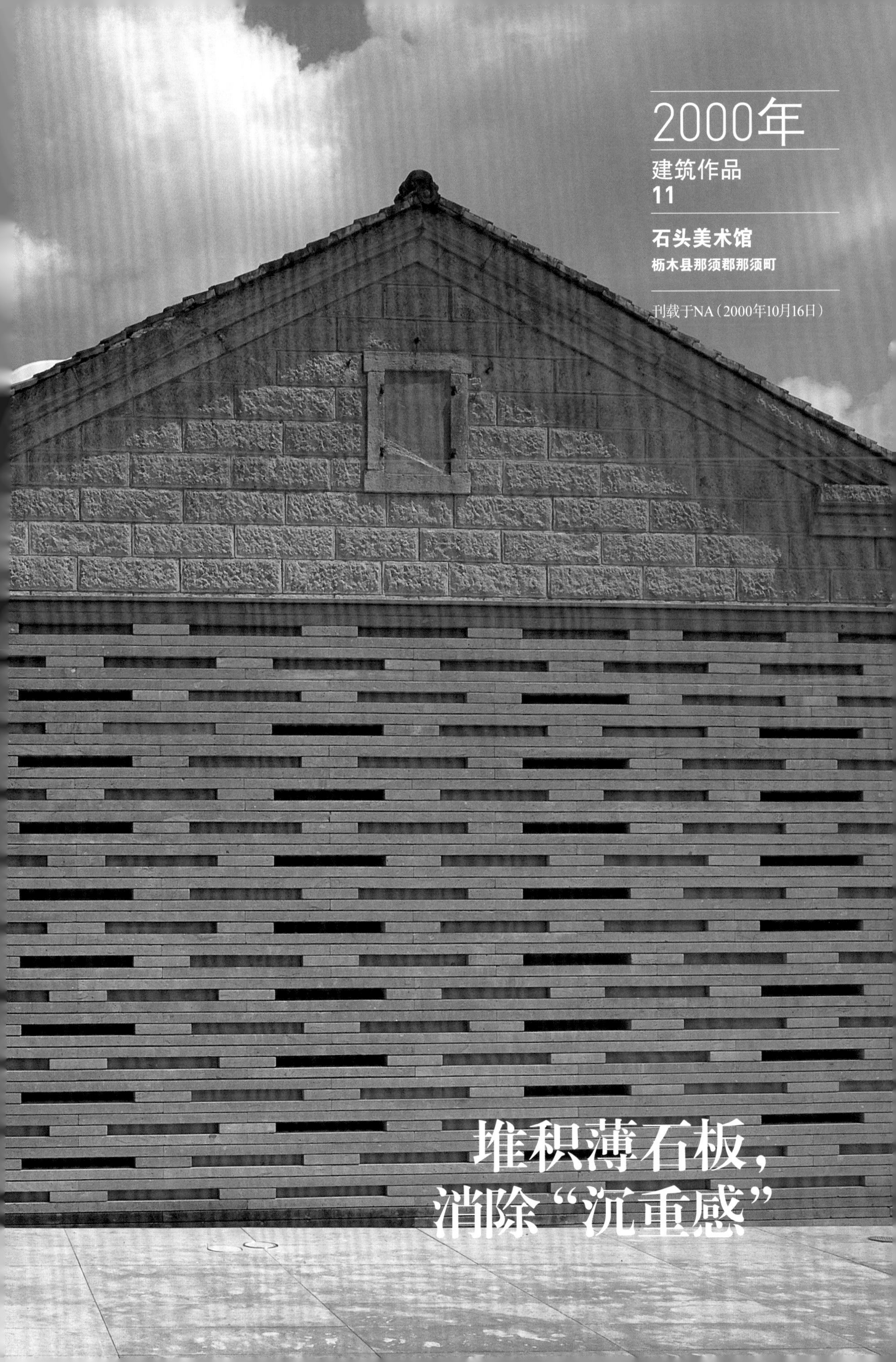

2000年

建筑作品
11

石头美术馆

枥木县那须郡那须町

刊载于NA（2000年10月16日）

堆积薄石板，消除“沉重感”

修补战前保存下来的石头仓库，同时堆积薄石板增设展示空间。（摄影：三岛叡）

1. 画廊2。墙壁内侧架起来的木框，是为了防止地震时仓库崩坏、倒塌，并非仓库的加固材料。**2.** 陈列室2的入口。**3.** 画廊1。在各处嵌入的厚10毫米的大理石，外部的光可以照射进来。**4.** 南侧的图书馆入口。

美术馆是石材店为了表现石头的魅力而建造的。这里不仅展示石头的样品及工艺品，并举办绘画和摄影的展示会，作为供地方人士使用的文化设施。业主将农协的米仓买下来，重新打造成美术馆。

说起作为建材的『石头』，厚重感是它的特色。然而我们追求的是推翻这种感觉，营造出拥有轻量感的外观。

轻量感的重点在于石头的厚度。就建筑物来说，分为叠砌结构与钢骨结构两种，所谓叠砌结构，乃是采用产自当地的芦野石（安山岩的一种），将它切成五十毫米与一百毫米两种厚度，然后堆叠起来。结构上，在安全的范围内，开出扁平而有规律性的孔洞，借此呈现轻量之感。设计者隈研吾把它称为『多孔性的叠砌结构』。

厚重的石头呈现出轻量感

钢骨结构的这栋建筑，运用石头来挑战半透明格栅的轻量表现。在窗子的外侧，厚四十毫米的

3

4

石棒，以八十毫米为间隔，水平并列。隈研吾说：『想在表现轻量感的同时，显现出石头的本质。』

美术馆的业主、石头的提供者白井石材的白井伸雄社长说：『石头这种东西，越加工看起来越轻。能够发现石头新的一面，我感到很惊讶。』

将一块块石头叠砌起来，要花费大量的时间。因此，施工期大幅度地延长到两年半。

1

建筑项目数据

所在地——栃木县那须郡那须町芦野仲町2717-5
主要用途——美术馆
所在区域——都市计划区外
前方道路——东12.45米
占地面积——1382.60平方米
建筑面积——532.91平方米
总楼地板面积——527.57平方米
结构、层数——叠砌结构·钢骨结构、地上一层

地基、桩基础——布基础
高度——最高7.87米、屋檐高5.5米
楼层、天花板高度——楼高3.0米（画廊1）
楼高7.04米（画廊2）
委托方——白井石材
设计方——建筑：隈研吾建筑都市设计事务所；结构：
中田捷夫研究所；设备：M.I.设备；
电力：本田电气；照明计划：小泉产业

设计协助——茂木贞一
监理——隈研吾建筑都市设计事务所
施工方——建筑：石原工务店；石工事：白井石材；
设备：M.I.设备；电力：本田电气
设计期——1996年5月－1999年12月
施工期——1997年12月－2000年7月

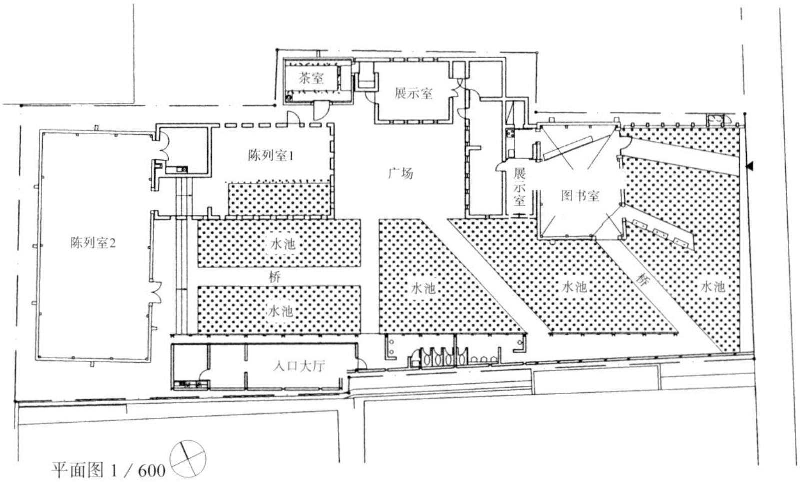

平面图 1 / 600

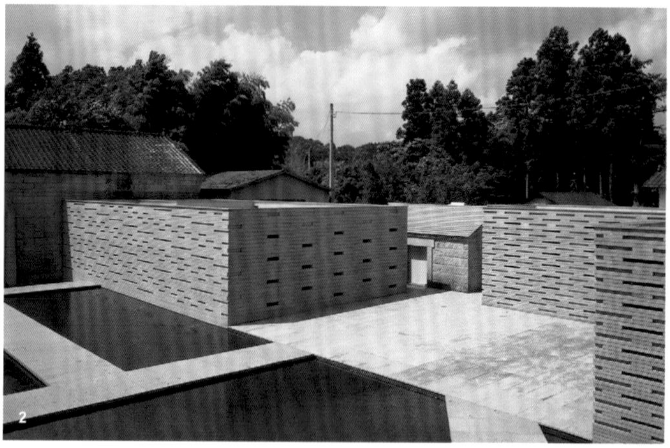
2

3

1. 将厚50毫米的芦野石以灰泥为黏着剂叠砌起来的多孔性建筑。壁厚达300毫米。各壁面的天花板部分的边缘以钢筋连接。远处是作为入口大厅而重修的米仓。**2.** 从南侧看到的广场。在中央的远处是原有的仓库重修而成的茶室。用福岛县所产的8毫米厚的白河石修葺成屋顶。白河石虽然也是安山岩的一种，但与当地的芦野石比起来，颜色稍黑些。**3.** 从东侧望去的夜景。

『选择一种素材，可以使之在地产业重生』

——在地方的十年带来设计手法的改变

刊载于NA（2001年6月25日）

集十年之大成的那珂町马头广重美术馆，获得二〇〇一年的村野藤吾奖。最近，隈研吾积极进军海外，同时也专注于新闻连载的执笔工作。在地方的体验支持着隈研吾以多种渠道参与社会活动。在本次访问中，我们询问了有关现代社会与建筑的关系，以及他所希望的建筑方向。

——从二十世纪九十年代起经济、社会的变革对建筑界产生了哪些影响？

— 简单地说，建筑的时代好像还在继续。二十世纪九十年代，对于建筑有三种负面的影响。其中之一是IT（信息技术）革命。有一种看法是，今后网络空间将成为人们的住所，并让人经历有趣的体验，或者就人们的沟通空间来说，它会逐渐成为中心；还有一个说法是，对环境而言，建筑岂不是具有破坏性吗？再加上经济不景气，这三股逆风，吹向了建筑。即使这样，对一般人来说，毕竟建筑是不可或缺的，甚至还扮演了更重要的角色，我认为，类似这样的想法，逐渐增多起来。

——这些是建筑界内部人士的说法吗？

— 一般人对此事更为敏感。近几年来，一般杂志在介绍建筑方面，以住宅为中心的倾向，变得愈加明显。其程度足以和二十世纪八十年代泡沫经济时期相匹敌。『建筑还是丢不掉的东西吧』，所以仍提心吊胆地尾随其后。

——由于连一般杂志也接纳建筑，信息不断涌进来。这件事如何影响建筑师的生存方式呢？

— 想要在信息密度大的地域团体中生存，那就得各凭本事。由于媒体非常多，信息要素一旦多元化，连采取反应的方式也和以往有所不同。建筑师和社会发生关系的方式，我认为会更具多样性。既然有建筑公司一边做着『造屋出售住宅』的生意，一边还开设

网站销售建材，那么，今后也会出现专门做翻新的公司吧。

如此的多样性，在以往的建筑界里，是无法想象的。过去，建筑师通过杂志来吸引众人的目光，但现在想成为这种建筑师的途径，受到了限制，唯一的方法就是把参加某个竞标的作品提供给杂志社，这条途径正在逐渐扩散开来。从杂志方面看来，杂志的影响力降低，好像处于窘境之中。

——隈先生本身对媒体的距离感如何？

我在《日经新闻》的连载专栏中，撰写建筑的文章。例如，某条马路改铺为石板，像这样的事情，以过去的标准，根本就不是个值得发表的东西。不过，对我而言，这个工作是有趣的，所以写了出来。我和像《CASA BRUTUS》这样的杂志，或许也能培养出感情来吧。以这样的形式，通过媒体，能够和大众接触。或许因为我注重那样的接触，而与过去的建筑师不同也说不定。

安藤忠雄先生虽然与媒体交往，但是安藤先生的情况是，让安藤品牌的作品在各媒体上露脸。假如通过建立某个品牌的『作品』和社会发生关系，是安藤先生及以前时代的做法，我想，我能够和媒体培养出各种接触点。因此，没有确立品牌的必要。过去的建筑师，一旦没有自己的品牌，所做的事情就什么也不是了，如果和社会不能拥有接触点，甚至还有成为无用之存在的危险。

任其荒废的杉林不能拿来做些什么吗？

——据说广重美术馆是集十年之大成……

之所以会有现在这种说法，过去十年间在地方上体验了各式各样的接触点，是个大契机。在地方城镇的振兴及商业街再造时，很少打造新的建筑。当然也有些情况，能够把建筑本身展示出来，像广重美术馆，就是能把最终形态展现出来的例子。即使在这样的情况下，也并非只是为了单纯地打造建筑本身。例如，开发杉木不燃、不腐的技术这样的提案，便是为了设法利用当地无处可用、任其荒废的杉林。

总之，除了最终形态以外，我想选择一种素材，它既可以重新提升当地的某个产业，又可以改善从事素材工作者的生活。这其实是很重要的。由于和地方人士有了接触，所以不但可以从中学习，同时还了解到，通过建筑使日本残存的、有趣的素材及

（摄影：寺尾丰）

产业获得重生是有可能的。

——为了利用当地的材料，大量采用格栅或格子，这符合设计的初衷吗？

——从形态上看来，像格栅的东西不少，那是因为想用有如『栅』的东西来打造建筑。我并不想制造一个像雕刻的东西，而是想做出内部空间与外部空间多一点流通的、具有围墙性质的建筑。我认为格栅和格子是达成此目的的最有效手段。二十世纪的建筑，无论混凝土，还是玻璃，制造出来的都是一个密闭的物体。对此，我想将更小的要素稀稀落落地分布，以此和混凝土、玻璃有所区别。

——您在《反标的物》和最近的演讲中也提到『建筑融入环境之中』。

——格栅或者围墙，正好有『融入』的感觉。我喜欢格栅或围墙，是因为它们有种谦虚感，在现在所处的环境下，自己仅仅是在

在所处的环境下，仅动手做些修改

它上面动手修改而已，此外，酝酿出那种气氛的格栅，也是非常有趣的。

——村野藤吾奖的颁奖典礼的贺词中，马头町町长提到曾有村民问：『屋顶是什么时候盖上瓦片的？』一方面建筑需要融入环境，另一方面委托方不是希望把建筑造得醒目些吗？

——不限于广重美术馆，即使建筑物完成后，还经常被问道：『接着还要贴上什么吧？』作为标的物，如果看起来不漂亮，委托方总觉得无法安心，这一点确实是存在的，但实际上使用者要求的却不是那样的物体，而是更易于使用的舒适空间。

在我的作品中最典型的是龟老山观景台。虽然被委托在山顶上建造一座町的象征，但实际上却是相反的结果。由于恢复山原有的样子，又让观景台不见了，所以变成人们钻进山里的形态。不过，却是一个木来打算钻进去，不知不觉又出来的空间。

开发不燃技术后，使用杉木格栅的那珂川町马头广重美术馆。（摄影：三岛叡）

在这个意义上，标的物这种有如二十世纪的惰性之物，就只剩惰性而已。我想大可不必如此。瞧瞧主题公园，人们不是因为对某个标的物感兴趣而去看它，而是从连续性的变化，以及层次性中寻找出价值。

深咖啡色格栅的高崎停车场。（摄影：吉田诚）

委托方的要求几乎都会得到满足

——民间的委托方也一样吗？

他们经常说：『建筑物看上去很漂亮。』暗中又说：『请不要建造像模型一样好看的东西。』实际在建筑物里面走一遭，那样的东西意外地令人感到无聊，民间的委托方已经了解到这一点了。建筑师被认为是在杂志上追求照片看起来美丽之物的人。委托方严格地区别建筑师，他们对建造标的物没有兴趣，倒是希望找出以使用者的观点来思考的人，不是吗？

现在，委托方的要求是使用的便利性等，一大半都是建筑内部的事情。这些要求，我几乎都会满足。如果不这样做，社会与建筑的关系将不会改变，而建筑师依然不过是个特殊的雕刻家而已。

——今后，您想朝怎样的方向打造建筑呢？

有关社会的制度，我想思考看看。例如，有时候制度的东西，它决定了都市集合住宅的单位。也有像《建筑基准法》一样的法律，连税制的问题也牵连在一起。切断若干这种制度复合体的丝线，通过建筑，提出建立新制度的契机。我想最终这也不会归结到形态的问题上。虽然或许和过去的公寓并无不同，但却是一边提出新的生活样式，一边有机会建立无法定义是居住空间还是劳动空间的自由空间。

真正有趣的都市建筑，如果不涉猎到制度的部分是行不通的。对于制度，最能够予以批判的正是造『东西』的建筑师。至于实体的议论，建筑师应该也是能够参与的。

2002年

建筑作品

12

塑料屋

东京都

刊载于NA（2002年7月22日）

半透明FRP打造的和式空间

1. 从西侧看到的外观。如四方形的部分是不锈钢，这个部分使用FRP的角管作为结构材料。原本的树脂虽然带点褐色，加上微量的颜料而带点绿色。（摄影：斋部功） 2. 傍晚7时左右。往上看二层东侧的壁面。3. 西侧外观。

黄昏过后，从建筑物的内部向外透出模模糊糊的光线。不论是透过毛玻璃还是聚碳酸酯的感觉，就像从厚和纸透出的光线似的。

二〇〇二年春天，在都内完成的这栋住宅，以FRP板覆盖外围的主要部分。FRP在白天带着微绿的乳白色，同时结构体的钢骨及防水用的丁基橡胶，隐约可见。一到夜里，这里就变成了『纸灯笼』，发出淡淡的光线。

以丁基橡胶做双重防水

FRP质轻，耐蚀性高，适合细致的造型。因此在建筑领域中，经常被当作拟木的装饰材料来使用。近年来，它具有的半透明质感，受到了关注。用FRP折板及FRP栅栏做成半透明围墙的作品，逐渐增加。即使如此，像这栋住宅一样被用于全部墙壁的例子，还是极为稀少。

业主是摄影师桐岛・罗兰德。设计由限研吾负责。限研吾说：『业主的要求是「虽然让人感觉到日本味道，但希望是个现代的家」，因而想到FRP。』当初，也曾考虑把FRP当作结构材料来使用，但基于法规和色调的问题而放弃，后来改作为壁材来使用。

辛苦的部分在于安装。接合部分不使用窗框之类的东西，而是将两片FRP以紧挨的状态来安装。FRP的制造商旭硝子MATEX及鹿岛建设的技术研究所交叉进行防水性能检测后，最终，想出使用丁基橡胶做双重防水的办法。

1. 二层东侧的房间。白天，自然光从FRP的墙壁微微地透进来。玻璃纤维产生出如和纸一样的趣味。两片FRP板之间夹着10毫米厚的透光性隔热材料。**2.** 从二层室内看向阳台。**3.** 隔着一层的起居室看东侧的庭院。在庭院里有像凳子的东西，是由FRP角管并列而成的格栅，供给地下采光井所需光线。

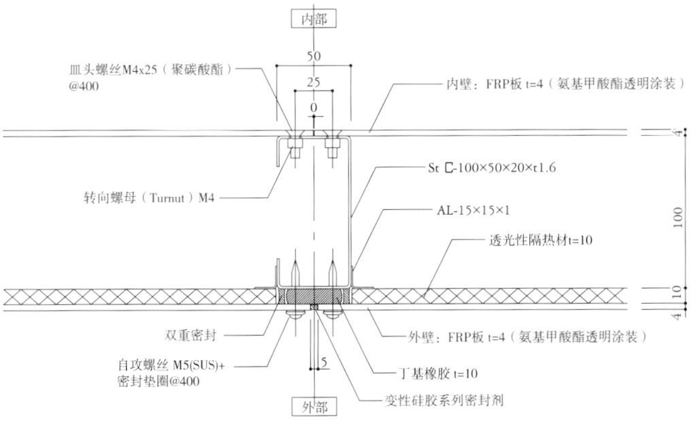

外壁平面图 1/8

建筑项目数据

所在地——东京

主要用途——住宅

所在区域——第一种低层住居专用地域、准防火地域、第一种高度地区

建筑用地面积——151平方米

建筑面积——83平方米

总建筑面积——259平方米（面积172平方米）

结构、层数——钢骨结构、地下一层・地上二层

设计方——建筑：隈研吾建筑都市设计事务所，结构・设备：KAJIMA DESIGN

监理——隈研吾建筑都市设计事务所

施工方——鹿岛建设

施工期——2001年10月—2002年5月

“船到桥头自然直”，积极投身海外项目

（隈研吾×妹岛和世）

Kengo Kuma×Kazuyo Sejima

作为本书的特别企划的一部分，隈研吾与三位最想采访的人，分别进行了对话。针对『三人之中有一位是建筑设计者』的要求，隈研吾选择了同一时代的妹岛和世。同时活跃于建筑界上的两人，与他们的相遇可以回溯到学生时代。在隈研吾与他们的对话中，可以发现设计手法上的相同点与不同点。

隈：曾经和妹岛一起在庆应大学教书，尽管是最常见面的建筑师，但实际上却从不曾认真地谈过话。因此，我想慢慢地谈，并留下记录也不错，所以指定她为对话的对象。我们属于同一时代，妹岛就读的日本女子大学（住居学系）和我就读的东大，有很深的渊源呢。就从这个地方回顾过去，如何？

妹岛：我想，相遇是在学生时代。我是日本女子大学三年级的学生，隈先生是东京大学研究生院一年级的学生吧。说起来相遇是在隈先生的家里。我们是在一个圣诞舞会上认识的，对吗？

隈：是的。我和东大的都市工学院的彦坂裕认识。对于当时美国的批判运动，他的灵敏度非常好。有人说：『都市工学院有个有趣的家伙。』即使在竞标上，彼此也都进入比较好的名次内，所以意气相投，因此相互邀请参加各种聚会。那次的聚会也是其中之一，就是彦坂把妹岛带来的。

妹岛：偶尔邀请我去听听大家的看法，只是这种感觉而已。

隈：对。因此第一印象是『漂亮的女孩啊』，同时外表也是『温顺的』。现在回想起来，如果拍个纪念照该有多好呀。

妹岛：的确。不过从那以后大家都忙于找工作，接触的机会就少了。

—在展览会『接受锻炼』—

隈：什么时候自立门户的？

妹岛：在伊东（丰雄）先生那里工作了大约六年，自立门户是在一九八七年。

隈：我在一九八六年，自立门户的时间几乎相同。

自立门户的时候，虽然是泡沫经济的最盛期，但就我实际的感觉来说，我从不记得做过资金特别充裕的建筑，如社会一般所说的『完全自由地打造建筑物』之类的事情，从来都不曾有过。

不过，企业出钱办展览会倒是有的，总之，印象中有许多的展览会。

妹岛：我比隈先生晚一年自立门户，也就是泡沫经济开始走下坡路的时候。虽然非常忙碌，但还是能感觉到危险。说是这么说，并非真的危险，的确，展览会有很多。我和隈先生一起参加过三次，不是吗？最大的一次是西武百货的展览会（一九九三年在塞荣美术馆举办的『迷宫都市——新思想的建筑师』）吧？

隈：是啊。『将大把的钱投资在文化上』这种潮流的中心就在西武。

我们在那样的展览上，得到很大的锻炼。如果是实际的建筑，毕竟才三十多岁，没有人会让我们那样自由地发挥。不过，在展览会上与同时代的一群人互相竞争，倒是会让我们思考『现在自己的位置处于何处』。

妹岛：的确是如此。各自的不同之处，清楚地呈现出来。

隈：不过，从展览会的时候起，我就很佩服你。像我这种人就不太会去注意别人的事情，

对话在妹岛的事务所举行。（摄影：花井智子）

不是吗？

妹岛：不。我想只是专心致力于自己的工作吧。

隈：我从展览会的时候开始，就认为妹岛很有眼光。说到展览会，是没有客户的，然而『何以落得这么庸俗』的人却很多。不过，我认为妹岛让我们看到你舍弃了许多东西，真的很有胆量啊。没有胆量的人，会把自己所制作的东西，全部都展现出来，反而变得没有价值。你从最初就明白这一点，真是令人佩服。

妹岛：是那样吧。

隈：与其说妹岛在某个时候突然改变，不如说从展览会的展示开始，即使变成大规模的建筑，照样很有胆量，而且也有超脱之处。在展览会上所展示的、不具实态的东西所含的想法，即使在规模变大之后依旧存在，我觉得这种事情很有趣呢。通常，一旦规模变大，想法就变得模糊了。一般的建筑师会变成『住宅虽然很好，但大规模设施却很一般』。

一九九三年在东京池袋的塞荣美术馆（一九九九年歇业）举办的展览会『迷宫都市——新思想的建筑师』之图录。黑川纪章主导企划，马场璋造主编。除隈研吾、妹岛和世外，参加者还有大江匡、竹山圣、团纪彦、内藤广、若林广幸。

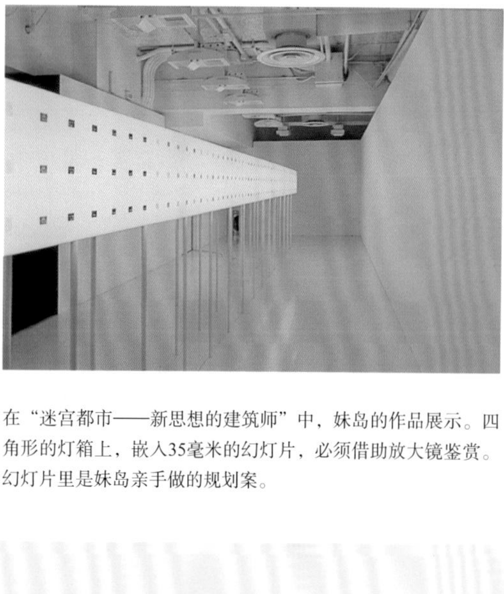

在“迷宫都市——新思想的建筑师”中，妹岛的作品展示。四角形的灯箱上，嵌入35毫米的幻灯片，必须借助放大镜鉴赏。幻灯片里是妹岛亲手做的规划案。

妹岛和世

一九五六年出生于茨城县。一九八一年毕业于日本女子大学，进入伊东丰雄建筑设计事务所。一九八七年创立妹岛和世建筑设计事务所。一九九五年与西泽立卫共同成立『SANAA』。曾先后担任庆应义塾大学客座教授、多摩美术大学客座教授、日本女子大学客座教授。二〇一〇年代表SANAA接受普利兹克建筑奖。

——隈研吾式建筑的魅力——

妹岛：隈先生的建筑从某个时候起，我觉得变得非常有趣。我的意思是，隈先生和许多事情都有联系，这一点很有趣。『水/玻璃』获得非常好的评价，但是『想法』似乎有点过强，若非隈先生，或许也是某位非常高明的人才能创造出来吧。从之后的作品开始，一边结合想法与概念，一边结合结构、细节、素材，并以自由的关系表现出来，这些让我感觉很有趣。设计想法源自哪里，如何使用技术，或者在什么样的工序结束时完成的结构，全都分辨不出来。这样的表现手法，让人感受到『这就是隈先生的风格』。

隈：『下关市川棚温泉交流中心』吗？用多边形做的那个吧？

妹岛：啊，或许吧。我不太看杂志之类的东西，但偶尔看看。假设那个规划案由我来做，就它应有的样子来说，我想涌上心头的是，在那个地点该有那样的形态。可是，如果考虑『结构该如何处理』，是用框架还是用平面呢？若用框架的话，相当困难，那么就努力思考只用平面就能组装的结构吧，结果整个建筑物会落得很死板吧。

然而隈先生的解决方式，从外面看起来，仿佛只由平面构成，却无法了解内部有框架支撑着。换作是我，凡是用框架支撑的东西，在设计上，若从外面看不出来，我会感到不安。

妹岛和世与西泽立卫的作品，由SANAA设计的『金泽二十一世纪美术馆』。直径一百一十三米的正圆形。规划是在圆形平面中央配置四角形的房屋。（摄影：吉田诚）

在某个地方稍微让人知道一下吧……可是，如果有了那样的感觉，就会越来越想让人多了解一点，一旦产生这种想法，整个建筑就变得很无趣了吧。像隈先生一样，将两个要素组合起来的事情，对我来说相当困难。事实上，我正在体验那样的两难。隈先生巧妙地选择解决对策，并以各种方式表现出来，在整体上显现出巨大的魅力。

—回归原点，提高注意力—

隈：是设计的方法不同吧，因为我是以且战且走的方式建造的。下关市川棚温泉交流中心，从最初开始，形态和结构也并没有连接在一起。由于在附近建造了土的建筑物，所以想『偶尔建造重的东西看看吧』。不过，如果用混凝土也全然不能解决问题。因为有『作为音乐厅，也可以发挥其他功能』的要求，而只有铁板也不行。在做这样的思考时，出现了以钢骨的框架支撑的案子。在内部，让不论是设备还是钢骨都看得见，而且可以控制重量。在无路可走的状况下，我觉得可以提升速度与注意力。

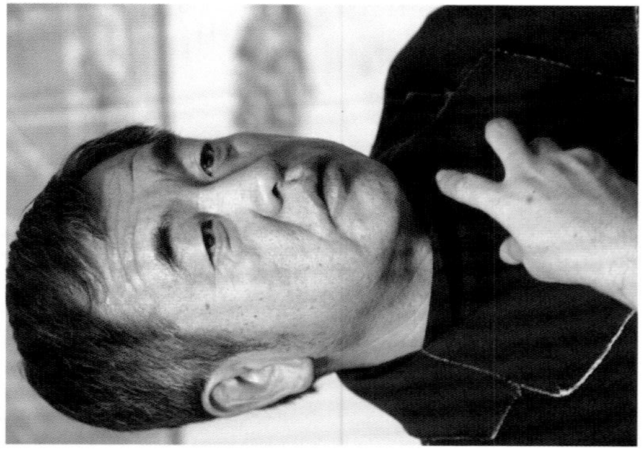

不过，结构之类全部都得跟着变动。因此，无法回归原点了。在那个时候，认真思考『到底在什么地方能够妥协呢』。若换作是妹岛，可以心平气和地回归原点吗？

妹岛：以前，经常提出两次确认申请。到某个规模为止，是可以那样的。然而，像金泽二十一世纪美术馆这种大规模的建筑，无论如何是无法回归原点的。

隈：海外的规划案，尤其难以回归呀。

妹岛：是啊。可以回归的时期，就那样做，而开发中的事情，虽然很有趣，但却回不去了。现在的做法，就像隈先生的『船到桥头自然直』一样。在无路可走的时候，隈先生仍然能拥有有趣的东西，您的精力真是了不得。若是我，在那之前可能就先累倒了。

—在海外，『就做吧』的程度增加—

隈：你说的金泽二十一世纪美术馆，是竞标吗？

妹岛：是提案。

隈：提案或竞标的案子，是无法回归原点的。不过，我认为，想法还不成熟的东西通过了，无法回归，反而是好的。以未成熟的想法为基础，一旦规划案实际进行下去，就会出现各种矛盾。在解决这个矛盾的过程中，

隈研吾亲手设计的『下关市川棚温泉交流中心』的远景。以连续的三角形表现犹如山脉的形态。（摄影：广成建设）

我想象自己的东西就会出现吧。从一开始，不去预测所有的问题，我以『就做吧』这样的态度在做设计。若是安藤先生，我认为，他会来个『过肩摔』。不过，我『首先和对手合作看看』，对于无法合作的对手，甚至还期待能够意外地激发出创造力。在某个意义上，有一部分是因为相信这个世界啊。

妹岛：以前伊东先生曾经说过：『隈研吾由于温和而有趣。』从竞标时期开始，虽然规划案变得相当多，但因为竞标的弊害，点子过强，而变得有点儿辛苦，这一点倒也是真的。然而规模越变越大，结果，一开始以为可以解决的事情却行不通了，在这个时候，想着『要做到什么样子才行？』或许比较有趣也说不定。

在海外，那样的态度也不变吗？

隈：在海外，更是抱着『就做吧』这样的心态。海外的案子，无论如何都存在着语言障碍，沟通起来比较困难。因此，我们所有送出去的资料，都符合『given

1. 建于荷兰阿梅尔市的“德·昆司特里涅文化中心剧院”。此规划案成为飞跃海外的契机。从约100米×90米的矩形玻璃的底部，立起以预制混凝土完成的大、中、小三个大厅。（摄影：新建筑社摄影部） **2.** 2010年2月完工的“ROLEX学习中心”的夜景。建于瑞士联邦工科大学洛桑校区内。由图书室、多功能大厅、办公室、餐厅等组成。一层楼的地板和天花板展现出连续缓和的起伏。（摄影：铃木久雄）

1

2

（已知的条件）』。在这个基础之上，还能够做些什么，若一再重复，不如死心比较好。从妹岛的建筑来看，感觉不到『死心』呢。

妹岛：是吗？不过，我记得从某个时候开始，变得经常说：『没办法啊！』然而，还不能变得像隈先生一样的乐观呀。

把演讲当作向海外进军的机会

隈：得以在海外工作的契机是什么？

妹岛：契机或许是演讲吧。『再春馆制药女子宿舍』在海外受到好评，因此被邀请到海外演讲。参加了演讲，才知道在参加者中，有做都市计划的人，也有在竞标中担任理事的人。有人邀请我说：『不参加竞标试试吗？』后来这个竞标成为规划案。在海外，那样的交流很是热烈。

隈：我大概也是从『水/玻璃』那个时候开始被邀请去海外演讲。由于只凭少数人就可以转动建筑的世界，所以我的感觉是，在演讲的场合，若能让人感受到说服

2

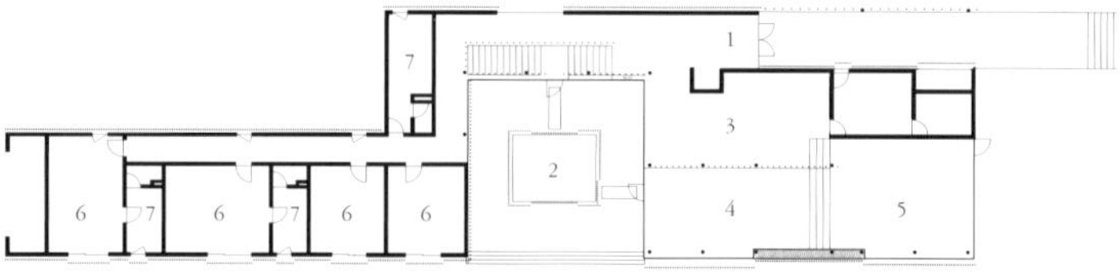

1. 入口。2. 休息室。3. 厨房。4. 餐厅。5. 起居室。6. 客房。7. 浴室。

一层平面图 1/600

1

1. 竹之屋的内部。在万里长城的旁边，以隈研吾为首，坂茂和古谷诚章等12位亚洲设计师，设计各自的别墅。由于日本SHARP液晶电视“AQUOS”的广告在此拍片而为人所知。（摄影：隈研吾建筑都市设计事务所）。**2.** 竹之屋的外观。地基是倾斜的。平常使用的竹子，经过高温油的浸泡处理。

力，就会因连锁反应而转动起来。

进军中国的契机，应该是『竹之屋』吧。在中国，当人们对于亚洲的某些东西有所期待时，竹之屋刚好完成。对他们来说，竹子就在身旁，但是当作建材用于建筑，便是一项挑战。我想这一点也有影响。

隈：说起妹岛，并非不做中国的工作。我想，我和妹岛的差异就在那里吧，不过，你不想在中国做吗？

妹岛：我有『大规模的规划案，必须做上一个月、三个月』这样的想法。去看过一处建筑用地，做出『一个月绝对做不到』这样的判断，结果就拒绝了。

隈：我做了中国的规划案后，明白了一件事，即使认为『绝对做不到的事情』，一经采纳，彼此携手合作，即使不按照预期时间完成，也没关系的啊。

事务所的职员虽然也担心无法按时完成，可是一旦硬将『YES』吞了下去，当大家一起工作之时，对方也会逐渐了解那是个不合理的安排。如果一起合作，也可以起死回生哟。因此，如果做中国的规划

从最初就不去预测所有的问题，
以“就做吧”的心情进行设计（隈）

以前，不在意回到原点，
因此，经常提出两次确认申请
（妹岛）

案，必须加入一个中国的职员，这样比较容易成为伙伴。找到那样的人，也是件重要的事啊。

—妹岛和世的事务所规模保持在四十人以下—

妹岛：隈先生在当地设立事务所了吧。巴黎那一次，决定得很快喔。

隈：虽然在北京和巴黎设立事务所，但那也是『就做吧』的心情。在什么也没有的情况下，就先设立看看再说。妹岛不想设立事务所吗？

妹岛：人员逐渐增加，总觉得负担很大。因此，现在也以不足四十人的大家庭做所有的事情。或许是想不开吧，一旦规划案的规模变大，有时也会让客户感到不安。由于竞标而竞争的时候，有时候相关人员会到事务所来，问道：『有多少人？』也人有人质疑说：『就有这么点人啊。』

隈：谈到海外的事务所，假装人数很多，似乎比较好吧。我们的事务所虽然只有约八十人，但还是一直被挑剔哟。以日本的工作室，来安排承办人员的数目，看起来总觉得有些孩子气。不过，论速度的话，绝对是我们比较快。在规划案开始之前，看起来有点担心的客户，一旦开始之后，却惊讶地说：『这么快就完成了？』

—海外事业比较有趣—

妹岛：此外，毕竟语言也是很重要的。在交涉的时候，若用日语，即使像我这样口才不好的人也知道『如果这么说，就能获胜』，然而其他的语言就没办法了。

隈：我们一贯的做法是开门见山。开门见山是有窍门的，既能开门见山又能『不弄坏』规划案，像这样的做法慢慢就会懂得的。今后妹岛是否打算以海外的规划案为主？

妹岛：海外的大规划案，同时进行一两个，然后做日本的，这样比较理想吧。对于职员来说，如果让他们常驻海外，是不可能的。在海外规划案中，无论如何都得安排当地的职员，所以由日本职员担任辅助的角色。在这层意义上，如果都只是海外的案子，也有其限度吧？

隈：往后的事情，我虽然不去考虑，但在竞标上，海外的工作更具魅力。所以，有关竞标，以海外为中心来着手。我想今后也会这样做。

然后，我想不要那么费心。老实说，在日本，费心的规划案很多。那样的工作，我觉得是给建筑师吹冷风。不过，我也觉得这是给建筑师的恩惠呢。

若是海外的公共建筑，会有居民说明会，需要用英语做一个小时的说明呀。结果还被与会的人认为『这么快就结束了』。据说，那是因为隈先生是日本人，所以大家就微笑地回家去了。虽然此事听起来不像真的，但最终还是启用外国建筑师，或许有其利益吧。我觉得海外的项目正是有趣的时候。

不论建筑还是生物都因流动而活着

（隈研吾×福冈伸一）

Kengo Kuma × Shinichi Fukuoka

写真：特記以外は花井智子

福冈伸一以『动态平衡』的生物学观点，让『所有活着的东西都在流动之中』这个自古以来的真理，重新获得世人的关注。通过互补，将今后都市与建筑应有的状态重叠。

福冈：虽然喜欢欣赏建筑，但因为我是生物学家，所以有关建筑什么的也不懂。不过，最近由于不可思议的因缘，增加了许多和建筑人士见面的机会。

隈：福冈老师所思考的、对于生物和生命的理解方式，我觉得有很多地方可以适用于今后的建筑。

福冈：有『新陈代谢』这样的用语吧。过去，它用在建筑方面时，虽然是个褒义词，但现在它却成了不好的话。黑川纪章已经过世，结果中银舱体大楼连一次『新陈代谢』也没经历过，就被拆毁了吧？

隈：即将被拆毁。

福冈：前些日子，在设计人士与建筑人士聚会的席间，谈到什么样的建筑具有生命，结论是伊势神宫是有生命的。因为每二十年重造一次以追求其永存性。然而在我这个生物学家看来，那样的做法，并不太像是有生命的。为什么？因为全部被取代了。细胞虽然不断破坏自己然后再生，但绝不会完全被取代。只是以很慢的速度、一点点地更换着。因为如果一次性取代，会失去互补关系。我想，有关生命与建筑应有的样子，在某种程度上，有可能成为像共通平台一样的东西吧。

隈：全看平台怎样设定，共通的事情，非常之多呢。

—从昆虫少年到基因探寻者—

福冈：一开始我会说得多些，就从我正在研究的事情说起吧。

我在成为生物学家之前，是个非常喜欢昆虫的捕虫少年，最憧憬的是『琉璃星天牛』这种非常珍贵的天牛。它相当难捕捉到哟，拥有很漂亮的青色。我认为那种青色非常棒，泛着金属光泽，如果稍微改变角度，颜色变成仿佛涟漪似的。或许连弗美尔也调不出来。

现在回想起来，由于当时无法用言语形容它，所以设法记述这一份存在于世界

福冈伸一：一九五九年生于东京，京都大学毕业。曾任哈佛大学医学院博士研究员、京都大学副教授，现任青山学院大学理工学院教授。因二〇〇七年发表的著作《生物与无生物之间》（讲谈社现代新书），获得山多力学艺奖。成为销售超过六十五万本的最佳畅销书。二〇〇九年的《动的平衡》（木乐舍）、《世界即使分开也不了解》（讲谈社现代新书），二〇一〇年的《琉璃星天牛》（文艺春秋）等，同样颇受关注。

上的美。不管做成标本摆在眼前，或者怎样都行，但想记述那个世界应有的样子，不正是自己想做的吗？

在那段时间，我的梦想是捕捉到新品种的昆虫，由自己命名，并刊登在图鉴上。不过，说起新的昆虫，不会那么轻易就捕捉到，因此少年的梦碎了。然而正巧在我进大学之时，一九八〇年前后，从美国传来新的浪潮。这个浪潮说的不是昆虫或者动物，而是细胞中的森林，一个未知的森林，如果进入其中，全部都是新的分子。

于是我放下捕虫网，变成了基因的探寻者。因此，到现在为止，一边玩弄老鼠，一边研究基因。

我虽然捕捉到约十个新的基因，但其中最受关注的是『GP2』（糖蛋白）。我想记述世界应有的样子，不论昆虫采集，或者基因采集，都是相同的，然而如果说不出那个基因的作用，那真的称不上记述。

于是我们用微观的手术，从细胞核中将基因的长链拉出来，只把这个『GP2』的基部切除，再将剩余的连接起来，然后制造出受精卵，将之培育成老鼠。换言之，制造出『GP2』受损的老鼠。

由于这只老鼠全身失去『GP2』的信息，所以无法制造『GP2蛋白』。假使这只老鼠患病或采取异常的行动，同时寿命也变短，便可以证明是由于缺少『GP2』导致的。我们花费了数千万日元，而且花了四五年的时间，好不容易才培育出这只老鼠。

结果，我们紧张地屏住呼吸，守护着它成长，可是，它完全正常，甚至还繁殖起来。纵使后代也是缺少『GP2』的老鼠，但他们的孩子们不但正常，同时还具有生殖能力。我们的实验就这样失败了。

少年时代福冈所热衷的琉璃星天牛。
（摄影：马露波乐园的自由素材照片）

生命总在缓缓地流动着

福冈：在那个时候，我想起了一个人。他说：『如果单纯的机械性构造，因欠缺零件而引起异常，则不能称之为生命。生命如同一种流动的东西。』他既不是希腊的哲学家，也不是鸭长明，而是鲁道夫·修恩海默，一位七十年前的犹太人。

我认为，此人是最优秀的生物学家，他给二十世纪的科学界带来某种哥白尼式的转变。因为在机械论生命观成为主流的时代，竟然能说出这样的话来。时至今日，在任何一本教科书中，也没有提到过这种说法。他从德国逃亡到美国，好不容易在纽约的哥伦比亚大学谋得一职，虽然连英语也说不好，但仍设法继续进行研究。可是刚过四十岁便自杀了，死因成谜。

隈：也就是说，他被埋葬在历史的黑暗中了。

福冈：根据他的实验所得出的结论是，

生物在分子状态时经常进行交换

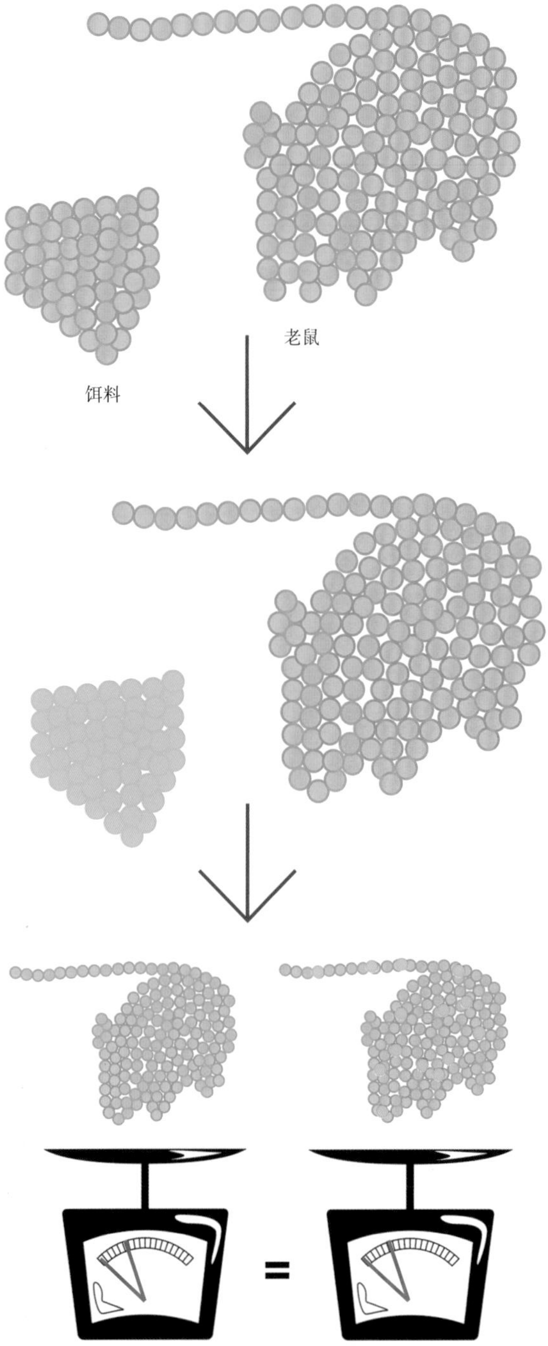

在分子状态时作了记号的饵料，让老鼠吃下去，老鼠体内作了记号的分子增加起来。然而老鼠的体重和以往并无不同。这意味着与进入体内的分子分量相同的分子被排出体外。生物，即使是不进行细胞分裂的骨头，在分子状态下也经常“流动”着。（资料：福冈伸一）

实际上全身的所有部位，都在不断地发生分解与合成，即使原本不会发生分裂的脑细胞、心脏细胞，或者牙齿与骨骼，内部都以极快的速度变化着。

这样的想法，不仅限于个体，也可延伸至所有生物，或者地球的整体环境。所有的粒子只是团团转而已，地球的原子总量并未改变，仅是形态上改变罢了。因为这是非常重要的概念，所以我想如果不让它再一次见光，并好好思考，是不可以的。我用『动态平衡』一词来表达这个关键词。尽管不断地交换、变化，但就全体而言仍保持一定的恒定性，这便『动态平衡』。

中银舱体大楼。黑川纪章的设计，一九七二年完成。（摄影：三岛叡）

隈：不论社会、经济，甚至组织也好，或许都存在『动态平衡』吧。

福冈：而且它们缓慢地进行交换，类似于拼图游戏。即使丢了一个，如果保留住四周的小片，形状已被记忆下来，所以新的小片仍然可以放进去。拼图游戏由于是同时又多发性地进行，就算小片更新，图面却不会改变。细胞和细胞，分子与分子也是这样的。

如果一开始这个小片就丢失了，由于妥善地弥补，不知不觉地实现新的平衡，这一点正是生命的奥秘，换言之，某种互补性，或者援助性的东西，使这个结构得以完备。因此，即使没有『GP2』，也能生活。这就是从老鼠的实验中得出的结论。

因改变而『不变』

隈：在今天的谈话中，谈到的所谓机械论生物观和流动的生物观，我觉得也适用于比较二十世纪初在现代主义时期被称为有机建筑与我现在朦朦胧胧所感觉到的新有机建筑两者的差异上。因此我想和福冈老师谈谈看。

二十世纪最初的建筑，不论是被称为现代主义鼻祖的勒·柯布西耶，还是提倡

有机建筑的法兰克·洛伊·莱特，都把『机械』当作一个模型来思考。也就是说，机械的模型，被用来说明世界的一切现象。倘若改变为犹如福冈老师所说的『流动』，不也可以说是二十一世纪最大的进步吗？。

福冈：是啊。因此物质性的基础，不是生命，在物质性基础之上，互补产生的某种效果，才是生命的本质。拼图游戏的互补性，由三个要素组成，亦即『物质』『信息』『能量』的相互交换。因此，倘若以截断三者之关系的想法来思考建筑，那么，不管到哪里也都会沦为机械论的东西。

隈：黑川纪章先生等人在二十世纪六十年代所提倡的新陈代谢，是对机械论追根究底的方式。因为他是个脑子灵光的人，也学习了生物学，认为生物学的东西也可以用在建筑上。虽然我认为他的想法并没有错，但仍然是在一个有限的范围内思考建筑的关联性和功能。因为中银的舱体大楼，其舱体本身就是封闭的。

福冈：是的。当事物变旧的时候，如果能更换就好了。其实，即使是新的东西，也会逐渐老去。二十世纪的生物学，只把注意力放在制造上，也就是说，在细胞中，如何运作才能构筑出蛋白质，才能构筑出DNA的双重螺旋。当然，由于制造很有趣，所以人们拼命地对它们的结构进行研究。因此，分子生物学发展起来，借着这样精妙的方法，已经能够造出蛋白质的结构，虽然说了解此事，但事实上，也只知道一种构筑的方法而已。

不过，最近二三十年细胞生物学的重点，已不在制造方面，而在于研究细胞的破坏。虽然制造的方法只知道一种，但破坏的方法，仅我们所知道的就有十种以上，也许还会有更多也说不定。不论在紧张的状态下，还是在饥饿的状态下，细胞都不会停止破坏。就算刚做好热乎乎的蛋白质，也在所不惜地破坏掉。这一点和中银的舱体大楼不同。

隈：眼看那座大楼，由于还未破坏到一定程度，无法进行更换，结果只好全部被取代，也就是唯有走上废弃原有建筑这条路了。

福冈：那么，为何细胞如此卖命地进行破坏呢？那是因为经由破坏而舍弃一些东西。这就是『熵』。熵增大法则，乃是宇宙的大原则。就算整理得再干净，不出两三天，桌面又会杂乱不堪，热咖啡会变温，热烈的爱情也会逐渐变淡。如果置之不理，熵蓄积下去，结构一定会出现

问题。

因此，在熵增大法则造成破坏之前，借着自行破坏，逐渐将蓄积的熵舍弃掉。因为这是维持正常运转的唯一方法。虽说『唯一不变的就是不断变化』这种说法是违背常理的，但事实就是这样的啊。

『在动态平衡里没有总教练』

隈：虽然我并不熟悉生物学，但我认为在我想做的事里，有两点和今天的生物学正好同步。一是建筑不是机械，而是『颗粒』。今天的生物学也不以器官来思考生物，而是以分子或者基因这种『颗粒』进行思考。二十世纪的功能主义建筑，简而言之，就是各个器官对应的功能，是一种非常朴实的器官主义建筑。那也不仅是思考生物的『颗粒』而已，而是在整体之中，『颗粒』是怎样循环的。

福冈：是的。

隈：我思考着，如何在建筑之中发现那个像『颗粒』一样的东西，虽然只是一个格栅，或是石块，但我要以更小的单位，对建筑进行思考。

这个单位也尽量不是封闭的，而是敞开的，仿佛内外产生各种关联性似的『颗粒』。如果这样做的话建筑会被保留下来，否则便无法保留，只好由他人来修理，总之，没有什么好担心的。

福冈：近代的一个大问题是生物和建筑被分解为零件。当时，凑在一起的大前提是某个零件拥有特定的功能，只要拥有零件就可以了。

事实上，生物并非一个零件限定一个功能，而是在相互关联中，发挥其功能。因此，即使看起来相同的东西，在不同的脉络中，也具有不同的功能，换句话说，一个粒子是绝对不具有功能的。

前些日子，有机会和足球教练冈田武史谈话，冈田先生也读过我的著作，他说：『如果把动态平衡应用于足球中，日本应该就不会再输球了。』虽然确实如此，但『在动态平衡里没有总教练』（笑）。

福冈：一个个细胞并不会知道整体的事情哟。各个细胞如果能够掌握本身前后左右上下的关联性的话，通过这个关联性，便能构筑出整体，这一点是很有趣的。而这正是和人创造出来的结构的不同之处（笑）。

生物因『让步』而适应

隈：日本住宅隔间的『田字形规划』，只是在四角之中置入拉门和拉窗而已，这样做是为了保持稳定。

所谓稳定，就是一个能让颗粒自由产生相互联系的结构。在日本，把那种生物性的粒子状态称为稳定，这可以说是从事物的细节来保证其互补性。传统的日本思考方法，不是非常生物性的吗？

福冈：这和隈先生的『负建筑』有异曲同工之妙。对于环境，生命一直都在让步。不论在什么状况下，因为让步而获

通过建筑，把“这样就够了”的心态表现出来（隈）

想要保持动态平衡，就要不断地让步（福冈）

取新的动态平衡，这就是所谓的『适应』。从一开始就想变成这样，若没有转变，就生命的变化来说，是无法创造出目标的。因此，在某种意义上，生命在持续地让步，不过，其中仍不断变化，三十八亿年来连续不断地维持着秩序。

所谓让步，总之是为了适应环境而采取的行为。如果这么想的话，便觉得生物学和建筑学是很接近的。

隈：我自己在打造建筑的时候，并不想建造得很完美。我的心情也很开朗，即使失败的作品，也都是自己的建筑啊。如果考虑重做也是可以的，不过在某些状况下，即使部分损坏也无所谓，毕竟建筑师无法建造出完美的建筑。

福冈：生物也没有完美的生命体，经常内含不完整性。

隈：从这样的生物学观点来看，今后都市会产生出什么样的建筑呢？

福冈：高隔热、高气密，都使建筑成为一种障碍。然而生物虽然用细胞将自己包围起来，但是细胞膜本身并不重要，重要的是借着这层细胞膜，对信息、能量、物质进行过滤。

因此，细胞膜没有截断流动，反而确保了流动，不让流动停止下来。我想，如果是能让我们生活舒适的东西，不也可以吗？那是什么样的东西呢？对我而言，虽然无法将它具体化，但作为理念，我想就是那样的。

隈：具有流动性的建筑，目前也获得了技术上的支持，我想终于实现了，不是吗？在现代科技的支持下，所创造出来的那种流动朝着『一面控制，一面代谢』这个方向前进，我想就可以了。说起科技，本来以完整性为目标，但事实上，我希望的是以不完整性为前提的科技进步。

隈研吾主编的《境界——改变世界的日本之空间操作术》（淡交社，2010年3月发行，摄影：高井洁）。除隈研吾之外，藤本壮介、石上纯也都参与讨论了日本传统建筑暧昧的隔间方式。

—化为语言时，便是科学的出路—

福冈：学问或研究是个人的事情。现在，虽然规划案或者团队合作，经常被挂在嘴上，但是研究不过是把自己喜欢的东西一

所谓动态平衡 | dynamic equilibrium

即使毫不间断地消长、交换、变化，就全体而言，仍保持了一定的平衡。

直持续地喜欢下去，我以前喜欢琉璃星天牛，现在也只是偶尔看看而已。

若环顾生物学的现状，事实上，大半的人现在仍依照机械论的生命观进行生物研究，并设法控制它们。不论是基因工程，还是农业综合企业、脏器移植，或是医疗产业，都抱着这样的想法。正是因为把生物当作机械来研究，它们才在资本主义之中，第一次以产业的形态出现。

因为动态平衡不论怎么做『最后都是让步的』，或者结果是『只能且战且走』，所以是个捡不到便宜的理念。因此，大部分的人连修恩海默也不知道。我想，即使这样也没关系。

不过，我认为，当『生命就是这个样子』化为语言之时，科学才有出路。当科学家能够拥有这样的想法时，就会有『原来如此』的理解。正因为如此，科学才能发挥其功能。至于促进产业的发展，并非科学的使命。

因此，我写书以自己的语言整理自己所做的事，这乃是科学的出路，如果偶尔书可以卖出去，也会感到很高兴的（笑）。

隈：科学本身也在转变，现在福冈老师所说的科学，接近于过去宗教所做的事情。就像亲鸾法师所教导的恶人正机说。

福冈：说到理解这回事，不论科学、宗教、艺术都是记述世界的语言。自古以来，人们都知道万物流动这件事。不论赫尔克里士，还是鸭长明所说的，修恩海默只不过再说一遍而已，可是，他使用的是更容易理解的语言。在粒子的层次上，『动态平衡』是成立的。我也想以此为目标啊。

隈：稍早以前的科学，如果只是替产业制造某种产品，那么在建筑的世界里，它只是乌托邦的理想而已，我认为，建筑师是无法建造完整的世界的。

不过，我想透过建筑告诉世人，在今天的世界，目前的状况已经过得去了，同时，也想通过建筑告诉世人，面对今日世界的不完整，该用什么样的心情去面对。这与过去建筑所追求的乌托邦是完全不同的东西，不是吗？

未来的都市需要“迟钝”与“不吻合”

（隈研吾×宫台真司）

Kengo Kuma × Shinji Miyadai

（摄影：宫原一郎）

在政治、社会、文化等领域展开纵横无尽的论战的社会学者宫台真司（首都大学东京教授），和过去曾反复对话的隈研吾，针对从二十世纪九十年代以来，从都市之中消失的『余白』，展开对话。在追求『不吻合』的复活、『迟钝』的共享上，建筑师能做些什么呢？又不能做些什么？

—

隈：在后现代主义之后，或者泡沫经济以后的社会与建筑之间，会发生什么事情呢？会朝哪个方向发展呢？如果能够将之疏理出来就好了。我期待宫台先生能帮我好好梳理一下。不论是环顾新闻界，还是倾听年轻人的对话，因为建筑的世界切断了与社会的关系，所以失去了整理的能力。

宫台：从二〇〇五年起的五年间，我担任『TEPCO大学校际设计选拔赛』的审查委员。建筑系学生的共通点是彻底研读我的书、热心回答『题目』，以及在部落格上热烈讨论我的讲评。由此看来，隈先生所提出的问题，全凭机制说不定就能很轻易地解决。

由于没有良好的机制，所以无法形成良性的沟通。反过来说，在建筑领域之外的我们，虽然好端端地看着建筑，但却没有提出意见，这才是重点。

隈：确实如此。

宫台：在英语中『architecture』这个概念，是一个和所谓箱子的物理空间有关的东西。简单地说，人们变得可以轻易地携带所谓的环境。结果，设计这种可以携带的环境的建筑师，受到了瞩目。譬如，『2 channel』的综合留言板与部落格，部落格与社交网络服务（Social Networking Service），社交网络服务与推特。网络所认为的好坏，左右了人们的兴趣。

这样的趋势清楚地显现出来。在十多年前，因为受到东京车展的邀请，我就『年轻人为何离开汽车』的题目作了演讲，所以清楚地记得。

隈：十多年前，那是二十世纪九十年代后半期吗？

宫台：是的。开始指出御宅系对车子没兴趣，是在二十世纪八十年代后半期，当进展到包括了搭讪系也离开汽车时，已到了二十世纪九十年代后半期。人们对于包含汽车在内的交通工具拥有兴趣的时代，持续了一段极长的时间。在我小的时候，小孩子聚集在国铁电车驾驶座的后面，或者倒着坐在长椅上。

实际上，当人们对交通工具抱有兴趣时，正好对建筑也保持着强烈的兴趣。然而到二十世纪九十年代后期，对于建筑的兴趣全然消失了。例如，现在人们已经分不清功能性的现代主义建筑和过剩的后现代主义建筑之间的差异了。

隈：是啊。

宫台：如同御宅系率先对汽车失去兴趣一样，御宅系也率先对建筑失去兴趣。就像森川嘉一朗所说的，二〇〇三年之前的秋叶原，是御宅的街道，建筑物的窗子全部被堵住，而且与建筑的空间无关的墙壁以二度空间的特性将墙壁全部掩盖起来。不论设计秋叶原各大楼的建筑师，还

宫台真司：一九五九年出生于宫城县，成长于京都，为社会学者、电影评论家，东京大学人文科学研究科博士。现在为首都大学东京教授，公共政策平台研究评议员。著作有《日本的难点》（幻冬舍新书）、《十四岁开始的社会学》（世界文化社）、《世界原来是两难的》（媒体工厂）。

是研究街区建设的公务人员，谁也预想不到竟有如此的景象。这样的变化，虽然起自二十世纪八十年代后半期，但即使如此，搭讪系却集聚于涩谷，一个时髦且半透明建筑物林立的地方。

然而从二十世纪九十年代后半期开始，搭讪系失势。当追求吸引眼球和时髦变成了痛苦，搭讪系与御宅系的价值观日趋一致。与这个趋势并行，搭讪系也不乘车了。当然，在二十世纪九十年代前半期，只有俱乐部与跳蚤市场等，这些与箱子（建筑性的空间）无关的建筑浮现出来，就在搭讪系失势的二十世纪九十年代后半期，我看到『建筑的时代』完全结束了。总之，如前面所说的，在建筑界以外的人，变得不再谈及建筑了。

余白消失，街道变得无趣

隈：我认为，在变得不谈论作为箱子的建筑的同时，类似箱子的剩余空间的都市空间——一种作为空隙的、像剩余地点之物，正好被当作生息的场所来谈论。箱子，是老头儿们在没办法的情况下所设计出来的黑匣子，而外侧的空隙，却翻转为真正的建筑师的生息地。它与二十世纪流行的都市论，那种将都市空间当作一个交通和能量的网络来解释的东西，具有全然不同的性质，并以此与犹如室内与室外翻转的都市室内化之现象，并行发展起来。

建筑世界里的人，想去掌握那种翻转现象，但建筑杂志却依然采用箱子的建筑，如此一来，两者的差距似乎逐渐加大起来。

宫台：俱乐部也好，跳蚤市场也罢，都不是箱子的空隙。但是，在都市因为空隙没有了，所以俱乐部和跳蚤市场才浮现出来。

从二十世纪八十年代后半期开始，原本开放的空间被封闭起来，从发生奥姆事件的一九九五年起，又加装了监视器。都市的空隙没有了，俱乐部和跳蚤市场以『人为的空隙』之姿态出现。对于这样的社会趋势，建筑师并没有兴趣。

都市余白消失，像我们这些生于昭和三十四年的人，由于这个时代拥有着在屋顶上、安全梯这种余白空间游戏的记忆，所以觉得街区变得很无聊。因此，一旦街区变得无聊，人也变得无

聊，这是必然的。总之，受不了噪声的柔弱人士，增多了起来。

在我的印象中，正因为过去街区上有余白，交通工具和建筑物都闪闪发光。因为街区的余白消失，所以人们潜入位于大楼地下室的俱乐部，同时，在完全相同的意义上，人们钻入了网络空间。由于安全措施而使得都市失去空隙的趋势，在郊外也同样发生。过去，居住地是轻松的，而被作为正式场所的都市是紧张的。可是现在，居住地已经很紧张了，都市更为紧张，所以优先选择的是可以令人感到放松的网络空间。

隈：反过来说，交流与实际空间的对应关系，也将消失，所以有交流变得很难吧？

宫台：很难。我想，它象征『支撑性』的概念。以前，与隈先生谈话时，隈先生是这么整理的：十九世纪为止是纪念物的时代，二十世纪是功能的时代，从二十世纪中叶开始是摆脱功能的时代，从二十世纪末开始是消除建筑的时代。

隈：确实是说过那番话。

宫台：我说的话与『消除建筑的时代』相对应。正如同您已明白的，在『建筑物即使在那里，谁也不注意』的情况，『建筑消失了』。在『现代主义建筑』『后现代主义建筑』『消失的建筑』都变成同等价值的意义上，『建筑消失了』。

功能的时代是主体的时代。后功能的时代，是脱离主体化＝动物化的时代。现在，怎么说呢？既是主体化，又是动物化，如果恰好的话，是哪个都可以的时代。在既是主体化又是动物化的时代，低成本成为大家追逐的目标。

宫台先生最近建造的自宅。设计师是大冢泰子。**1.** 二层的餐室和阳台。**2.** 三层至半地下室的采光天窗。**3.** 半地下楼层的小孩房。（摄影：大冢泰子）

最近改建了自宅。在先前的建筑竞标中担任评审，提出了『模糊空间的界线』『促进人与人交流的住宅』等题目。我的家就像这个样子。没有墙壁，从一层到三层采用跳层式设计。不以墙壁做区隔，而是根据采用自然光的舒适感觉，来制造焦点，也就是说，以『如果人在这里，那么……』的方式所创造出来的。设计师是大冢泰子女士，利用光线能从三层到达一层的天窗、从三层到二层的天窗，还有只能到达三层的天窗来控制焦点。我虽然只住了一个月，但即使在都市中心，也有着仿佛身处别墅的那种开放气氛。

因此，我认为，在使用的舒适度上判断『动物化之建筑』，大致也有两种情况。以空调设定的温度、背景音乐的音量、照明亮度进行控制的情况，多数属于消极的支撑性。大冢泰子女士使用光线召唤的是积极的支撑性。这与前述都市的空隙有所关联。空隙是积极促进人们交流的地方，如果来到这里，会变得更加幸福。

隈：人把人当作『动物』重新定义，这个现象原本与后现代主义同时出现，虽然彼此有所关联，但主导后现代主义的人们（矶崎新先生和彼得·艾森曼）却将之扭曲了。

关于都市空隙，虽然花了很长时间使『动物』感觉愉快，却逐渐地消失不见了，我认为，这不正是这十五年的潮流吗？因此，年轻的建筑师对此已有相当的觉悟，然而我的感觉是人们依旧被封入箱子里。

—

时间越长看起来越有趣的建筑

—

宫台：如果从箱子扩张到街区，我讲起话来也会容易些。我也作电影评论，当见到梁石日编剧、崔洋一导演的『血与骨』，再现二十世纪五十年代的景象后，我想不论营房，还是陋屋，或者贫民街，『这不是人为可以建造出来的吗？若建筑师也能制造就好了』（笑）。

当然，若论记名性和匿名性哪个更好，现在正处于消除建筑师名字的时代。一个造得很好的大道具，因为消除大道具制作者之名，而使得那位制作者有名。建筑师不也该赌上一把吗？我想应该开发『看起来好像无意识地放置一旁的建筑』。

隈：我的目标，正好是主体与匿名性的翻转。矶崎先生的时代，完全做着记名性的工作，他说：『我很了解你们所说的，

即便如此，我还是这么做。』黑川纪章先生虽然也是如此，但黑川先生却并非有意识地去做，只因为想做而做。这点是两人的微妙差别吧（笑）。

虽然今日信息化社会高度发达，但是想知道匿名的大道具的建筑，还有限研吾所做的事情，却没那么简单，不是吗？

宫台：因此，如果有想请教的，今天已请教完毕了。在这附近的『青山Bell Commons』是黑川先生的设计。当时，它或许一部分是完全功能性的设计，一部分应该是后现代主义的设计。然而如果现在去看，完全的功能与完全的脱功能浑然一体，总而言之，部分不可思议，整体也不可思议。这很明显不是设计出来的。旧的建筑物往往就会变成那个样子。

问题来了。那个大楼虽然设计于三十五年前，但这二十年来所建造的大楼，在一段时间里，变得都像是『青山Bell Commons』。过时的东西反而开始流行，最近的建筑也有可能如此吗？

隈：这是个非常难的问题呀。不知为何最近所有的建筑，都变得难看了呢？提起黑川先生，我想最初他并没有打算响应功能性。那种『巨匠』建筑，在接受委托的时候，由于黑川先生已经对功能失去兴趣，所以从最初开始就很奇怪。相反地，从今天看来，这不是成为独一无二的魅力吗？

这似乎是建筑所具有的重要特质。我想建筑会因为生活与箱子的不吻合，随时间的流逝越来越有趣。然而，因为目前委托日本的大型设计事务所和大建设公司担任设计的人，都希望尽量避免不吻合的东西，所以只有这种减法技术获得改进。这样一来，那种从最初开始就存在不吻合的建筑，即使经过一段时间，也不会消失呀。

宫台：如果业主能够接受这种不吻合，那就好了。如果业主和建筑师能够就此达成共识，再进行建筑物和都市的设计，仅仅是这样，街区就会变得有趣吧。这虽然比隈先生所说的意义更宽广，不过似乎也是『建筑逐渐消失』的方向吧。

隈：真是有趣的说法呀！一般认为，黑川先生等人的建筑与消失相反，拥有奇妙的自我主张，但那是消失于都市的反面说法。

相反地，不记名的检查系统逐渐出现，尤其在美国，有无数类似顾问的第三者介入，意图消除所有的风险。结果，设计一个建筑，付给设计者的费用相对变少，而不了解意义的顾问却多了起来。

美国这种做法，导致都市严重失去

魅力。此事始于二十世纪八十年代。律师过剩、保险系统过剩，全都来自相同的根源，社会因不记名的检查系统而失去了活力。不过，在欧洲还保留着社会本该具有的活力。

宫台：的确如此。在美术史上，作为对抗文艺复兴与宗教改革的巴洛克，便是个典型。由于它并非是文艺复兴之前那种全然的宗教性，而是通过文艺复兴和宗教改革之后的『回归的宗教性』，所以是过剩的、歪斜的。欧洲从古希腊以后，不论在人性上，还是在宗教上，都能有意识地选择无法还原的『变形的珍珠』（巴洛克的原意）。

美国因宗教性极强，缺乏内在与超越之间的关系，所以类似巴洛克的东西并没有存在的余地。由于日本原本就保留着泛灵论，对人（内在）与宗教（超越）的感觉很迟钝，所以容易培养出非巴洛克的『巴洛克』。年长的一代，由于具有日本传统的思想，所以对巴洛克没有什么特别的感觉。

—自觉性迟钝—

隈：最近我们在欧洲的竞标中获胜，也许欧洲人认为，借着选择我们，不是也可以创造出不吻合来吗？如果建造起来之后，在那里会出现各种腐败物和发酵物。在一开始，如果用了太多脑筋，结果，建筑反而会变得无趣，有关这一点，欧洲人是很了解的。

宫台：这一点与美国人不同。他们对于过时非常在意。在早已不是装饰艺术的时代里，如果造出满满的装饰艺术，那种过剩会令后代人感到舒适。在这个意义上，黑川先生是个天才。他本身或许是无意识的。我想，隈先生不就想这样做吗？倘若此事引起各种连锁反应，对于在建筑世界以外的人而言，建筑会再度成为话题吧。

隈：可以称之为『自觉性迟钝』吗（笑）？

宫台：『自觉性迟钝』是个关键词呢。不仅是建筑界，我想这甚至是跨越了文学和电影等全部领域的共通课题。电影《阿凡达》也是『自觉性迟钝』呀。说到『精炼』，观察江户时代的庶民文化，便知那是日本人最擅长的。漫画及动画的角色，都领先世界，虽然被精炼过，但最极致的精炼之一，则是『自觉性粗拙』。对噪声和混乱有忍耐性，不只是迟钝而已，如果不是对噪声和混乱不敏感，就不会有『自觉性迟钝』和『自觉性粗拙』。有关超越噪声忍耐性的『对噪声的敏感度』，如果建筑师们不能和各个领域的人产生联动，并予以启蒙，便无法扩展开来。

隈：在宫台先生的话中，有着由于真实的世界崩溃了，所以虚构的世界也崩溃了这样的意思吧？虚构，虽然我认为是一种迟钝，但它如果进入封闭的循环中，真实也好，虚构也好，双方逐渐崩溃，最后，什么也没有了。在这个方面，有关真实与虚构的讨论似乎非常具有意义。

宫台：我也有同感。由于努力地想表现虚构，所以两个世界都崩溃了。因此，我认为，世界必须要有更多的骗子。一边听着似乎真实的话，一边心想『这家伙是骗子吧。不过，就和骗子玩一下吧。』若能这样，也是不错的。或许我该说抱歉，不过建筑师的工作

“喜欢与世隔绝的感觉”（隈）

本来就是这样的。实际上，社会学家也是如此。

正经八百地说出『不可以说谎，必须说真话』的人一多，就不妙了。说完之后却眨眨眼睛的人，也有很多。不久之前，虽然眨眨眼睛的人还有许多，激烈地反对说谎的胆小鬼却增加了，想必建筑师也很难做吧。谎言之中亦有真实，或者灰土之中亦有钻石，人们必须要承认这一点，这是极致的精炼。

在顺境下，什么也创造不出来

宫台：我生长的地方京都就十分精炼。例如对于我这样的学者，演讲是最难做的。一大排演讲鉴赏者占据最前列，一副『来吧，让我们领教一下你的本领』的模样。如果开头无法让人笑出来，便落得『这家伙不行啊！』的批评。没有适度地压缩内容的演讲是不行的。换句话说，所有的话只听一半，乃是精炼。或者，内容与形式，各保留一半，这就是精炼。一旦习惯了，做起来反而很容易。由于态度一变，就能让人听下去，所以转眼之间，就成为可以完全让人听得下去的演说了。

在建筑设计与都市设计方面，像这样的精炼，不也是必须的吗？

隈：对！建筑师扮演着一个玩游戏的角色，总说着奇怪的话，把他的提议当作扳机，打造一个戏剧的世界。结果，巴洛克不就是以那样的戏剧世界存在的吗？我想，因为与戏剧的世界形成反差，所以能够把实际的都市变得有趣。

建筑本身就是为了将戏剧的东西加入环境或者社会之中。因此，我认为积极地运用非交流是很有趣的。

宫台：空隙虽然附着于不吻合及剩余之上，可是就在说着『这个失败了，不需要了』的一瞬间，全部结束了。不过，假使以系统理论来说，在顺境下，什么也创造不出来。若有歪斜，歪斜就会导致下一处歪斜。这是交流的本质。在宗教社会学的背景下，日本人应该擅长歪斜带来歪斜的连锁反应。正因为如此，日本拥有从粗俗之物中发现高尚之物的文化，并且没有粗俗的文化与高雅的文化之分。

换言之，不论电影、漫画或小说，如果只是由左右对称的东西构成，那么人们无法在那里感觉到『世界』。世界是瓦砾堆起的山，因为在破碎的瓦砾中追寻瞬间浮起的某样东西的是人。当然这是华特·班雅明有名的说法。我希望各位建筑师有意识地创造出歪斜的连锁反应。

第四章

历史的继承与再生

由于大胆使用素材，
隈研吾在建筑界名声大震。
一进入2000年，历史性建筑物的
新建和改建工作，突然接二连三地到来。
由于接受历史性建筑物和既有建筑物的工作，
隈研吾的设计范围更广了。

背景是“根津美术馆”的立面图。

2000年

建筑作品
13

阳之乐家

新潟县柏崎市

刊载于NA（2000年10月16日）

以和纸分隔内外的现代民家

建于四面稻田围绕的民家环状聚落的一角。在村落中，共有17栋茅草屋顶的房子。右边看到的民家，是属于本町的住宿设施。（摄影：三岛叡）

『阳之乐家』是一座集会设施，位于保留着许多茅草屋顶民家的农村里。外观的轮廓虽然和其他的农家几乎相同，但一看内部便明白，从地板到柱子、墙壁所有的地方都贴上了和纸。

这里全部采用木造结构。西侧以外的三面，没有墙壁，只用倾斜的钢索支撑。内部明朗且开放。窗户上装有大片玻璃，上面再贴上和纸。铺在地板上的和纸，涂有柿漆，呈现斑驳的赤茶色。

不用纸拉门，以和纸分隔空间

『不用纸拉门，想用和纸分隔室内与室外。』隈研吾说。没有玻璃门的时代，日本的家屋以拉门和挡雨板分隔内外。在阳之乐家，只是使这个时代的和纸用法以现代的方式复活而已。

因此，技术上的研究是必要的。例如，为具有足够的防水性，在和纸上涂了蒟蒻。此外，也考虑到防范外人随意进入，而将拉门的竖棂的间隔变窄。

和纸是住在当地的和纸师傅小林康生手工制造的。小林的和纸，因作为日本酒『久保田』的商标用纸而广为人知。最近，用作和纸原料的楮树，多数使用中国和泰国进口的品种。即使日本的楮树取之不易，小林仍顽固地坚持使用日本的楮树。甚至在自家的庭院中培育楮树，彻头彻尾地坚持自己的信念。日本楮树的纤维比进口品种短，正因为这样，而显出小林和纸的独特质感。

保留茅草屋顶的环状村落

这个集会设施用于交流会、三味线的演奏会、摄影展览会等。

设施所在的新潟县高柳町荻岛地区，以被田地包围的环状民家村落而闻名。这样的配置，在其他村落是见不到的。一般认为，环状的水路能够将水均等地分配。

现在有四十栋民家，其中十七栋是茅草屋顶。这里仍然保留了古日本的田园景色。为了保护这个传统的景观，尽管在维护上非常不容易，但还是特别做成茅草屋顶。如果是作为摄影对象，也是个极具魅力的村落，所以经常有很多摄影师造访。

1

2

3

4

1. 为了去除墙壁而拉上钢索，确保强度。**2.** 入口处的玻璃门也贴上和纸。外部都是和纸。为了使其具有防水性，而涂上了蒟蒻。**3.** 集会场。正面所见的是大片玻璃贴上和纸的隔间板，兼作外壁使用。看起来像格子状的线条，则是和纸的接缝。**4.** 除了西侧之外的其他三面，均去掉墙壁，使用倾斜的钢索作为支撑。

建筑项目数据

所在地——新潟县柏崎市高柳町荻之岛字前田
主要用途——集会设施
所在区域——都市计划区域外
建筑面积——86.71平方米
总楼地板面积—87.88平方米
各层面积——65.13平方米(一层)、22.75平方米(二层)
结构、楼层—木结构、地上二层
地基、桩基础—布基础
高度———最高7.76米、屋檐高2.48米

楼高、天花板高—楼高7.31米(一层)、楼高4.53米(二层)
主要开口部——1.8米×4.9米
委托方———高柳町
设计方———建筑：隈研吾建筑都市设计事务所；结构：中田捷夫研究室；设备·电力：森村设计
监理———隈研吾建筑都市设计事务所
施工方———建筑：永井工务店；和纸制作：小林康生

设计期———1998年2月—1999年7月
施工期———1999年11月—2000年4月
设计费———204万7000日元(均含税)
监理费———201万8000日元
总工程费——3468万3000日元
工程费明细—2720万日元(建筑)、428万8000日元(空调·卫生)、253万9000日元(电力)、65万6000日元(备品)

1. 从西侧的水田望去。为了营造建筑物好像浮在水田上的效果，外廊几乎与水田相接。**2.** 因为外围全部以和纸覆盖，入夜点上灯后，建筑物本身就像纸灯笼一样地发光。

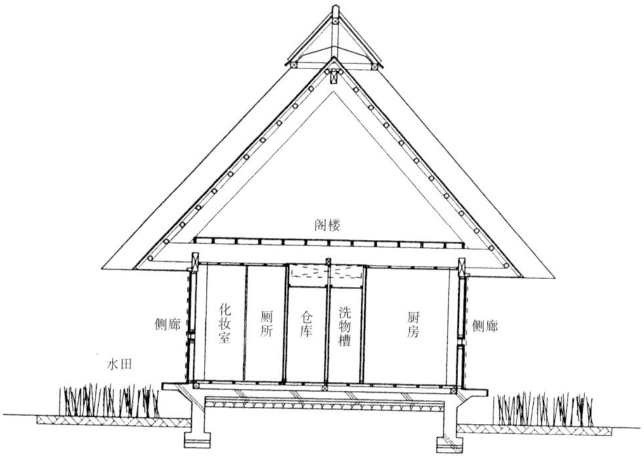

断面图 1/150

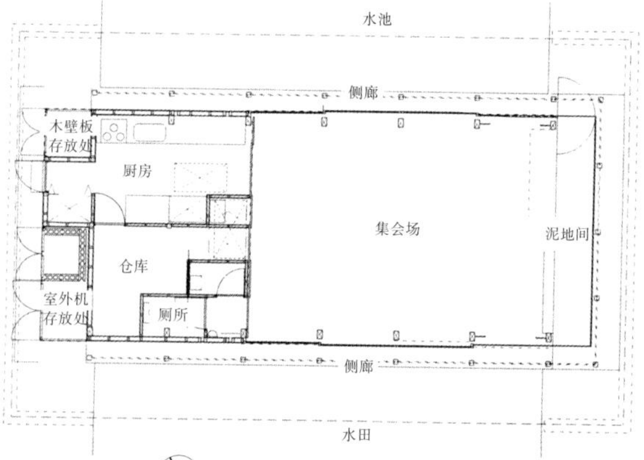

平面图 1/200

2004年

建筑作品 14

村井正诚纪念美术馆

东京都世田谷区

刊载于NA（2005年11月14日）

由于坐落在住宅区，规模和形状的配置都不宜过大。水池是为了配合美术馆的通道而新设的。保留一部分树木的同时，放置在庭院内的轿车也重新放到入口的前面。（摄影：阿野太一）

保存画家的工作室，新建的钢骨结构包裹于建筑物外部

抽象派的先驱，已故画家村井正诚（1905—1999年）的工作室，依原样不予解体而进行重新装修，并像套匣子一样地将新造的建筑物包起来。建筑物采取保守的姿态，建于东京都世田谷区幽静的住宅区内。采用预约制，是一间只有在周日开放的小型个人美术馆，二层是住居。

原来的旧屋和工作室，是六十年前增建的木造双层建筑，不断地老朽化。在改建的探讨中，隈研吾提议保留工作室。家的气氛和空气，以『东西=素材』的概念来替换，但要保留到什么程度，却是个大问题。因此，一边思考加入新且强的东西，一边思考如何做才能保留下旧且弱的东西。

重复利用基础材料

至于内部的空间，除了展示的绘画和现存物的再利用以外，尽可能将颜色消除掉，并且涂上纯白色。同时将各种现存物重复利用，例如，旧屋的柱子当作广告牌的支柱，楼梯平台扶手的支柱用作柜台的脚，上面甚至还有被狗咬过的痕迹。

为了保留旧家的余韵，连通常不使用的废材也用上了。使用于外观的纵向格栅的杉板，原是工作室屋顶的基础材料。道路那边的外墙则采用了原本用在外墙鱼鳞板上的板材。它的断面，由于薄的部分有三毫米，厚的部分也只有九毫米，很容易折断，所以必须使用最细的不锈钢钉小心翼翼地钉两次。

这些旧材料赋予新建筑物稳重和温暖的感觉。

1. 纵向格栅，采用原工作室屋顶的杉板。**2.** 左边的楼梯旁是原有的工作室。新造部分是钢骨结构，在结构上两者是分开的。

1

1. 从西侧看展示室。从东侧的开口部可以见到庭院。**2.** 当初二层的一部分也曾计划作为画廊。使用原有的地板和玄关。**3.** 从原有的工作室往展示室看。

保存 | PRESERVATION

处理不确定之物的难度

白浜诚（限研吾建筑都市设计事务所）

原本的材料，太过于不确定，在处理的时候，如果不加小心，全都会坏掉。新的部分的撮合并不难，真正问题出在新、旧部分的撮合。旧的东西，无论如何都会翘起来和弯曲。由于无法以完全垂直、水平的方式来设计，间隙的判断便很困难。

令人感到困惑的是工作室的倾斜度。一层的白墙壁、工作室的墙壁，二层的金属网墙壁的支柱，如果仔细看，在各自的水平之间，可以见到不吻合之处。那是因为工作室本身倾斜了。在这之中，如何做才能看起来自然，这一点是最伤脑筋的。

用混凝土加固。（摄影：限研吾建筑都市设计事务所）

建筑项目数据

所在地——东京都世田谷区中町1-6-12

所在区域——第一种低层住居专用地域

建蔽率38.74%（允许范围50%）

容积率63.44%（允许范围100%）

占地面积——422.37平方米

建筑面积——163.64平方米

总楼地板面积——267.97平方米

结构、层数——钢骨结构、地上二层

委托方——村井伊津子

设计方——限研吾建筑都市设计事务所；结构：中田捷夫研究室；标示牌：日本设计中心原设计研究室

施工方——建筑：松下产业；空调・卫生：坂田工业

设计期——2001年8月—2003年6月

施工期——2003年7月—2004年6月

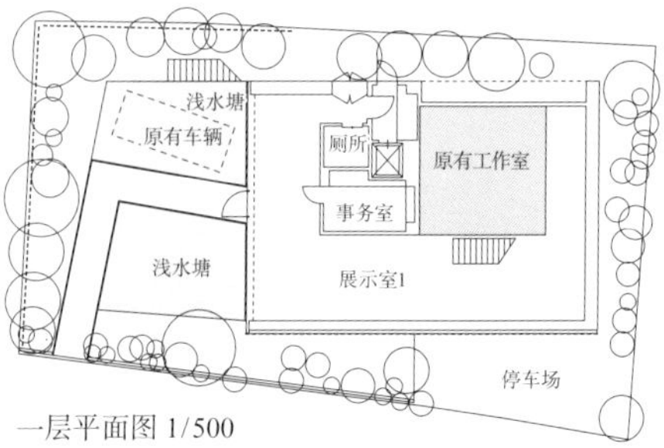

一层平面图 1/500

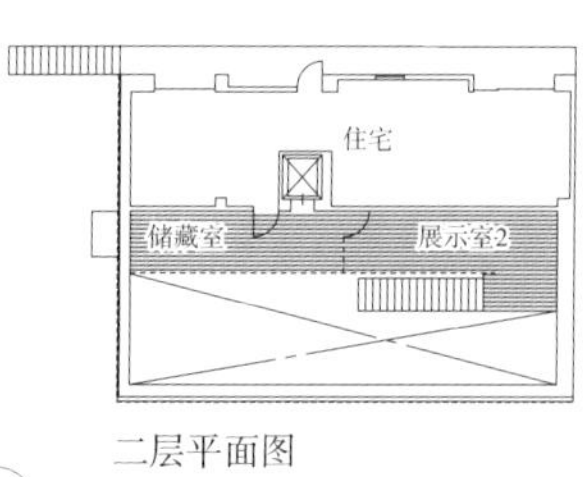

二层平面图

『对于新而强的物质，如何附加上旧而弱呢？』

——因翻新的工作而扩大设计的范围

刊载于NA（2005年11月14日）

虽然好像接受了许多委托，翻新了二十世纪六十年代、八十年代、九十年代的民间建筑，但委托方期待的是投资回报率吧。如何看待这样的事情呢？

—

我认为，委托方的态度要先作改变。感觉上，相对于废旧建新，翻新的建筑会更具魅力，而且回报率也高，不是这样吗？

的确，受委托设法翻新历史性建筑的工作增多了。如果是即将成为文化遗产的建筑，就找历史学家商量。至于还不用和历史学家商量的程度，拆毁了又觉得可惜。处于灰色地带的东西便和所有者商量。

就从事设计的人来说，对于在那种灰色地带里的建筑，感觉分外有魅力。有可能因做法不同而引起巨大的改变，所以放手去做会很有趣。

—

——就翻新来说，也伴随着许多限制。村井正诚纪念美术馆，在自由度方面是比较高的。万来舍继承空间，反而自由度较低，因为翻新而产生的限制，您认为给予设计什么样的影响呢？

—

村井正诚纪念美术馆的情况是并没有被告知什么是必须保存的，所以几乎不受限制。保留工作室部分和旧材料是我提出来的。

另外，在接受委托的阶段，万来舍的移筑工程已经开始，到二层为止都已经完成了。对于现存的野口勇和谷口吉郎的作品，业主希望我避开自己的主张。确实，能够做的事情很有限。

表面上，有自由度的做起来容易，实际上并非如此。在不自由的状况下，会逼迫自己去找出过去所没有的手法。使用窗帘，创造那样的（万来舍的内部）空间，这是在过去没有思考过的。新建工程，由于条件比较自由，则倾向于使用从自己过去的手法所延伸出来的东西。然而不自由的东

西，能够让自己面对新的挑战，也能发现新的自我。

因此，现在感觉的是，我自己一边这样做，借着翻新的工作成长，这个成长的空间是非常大的。例如，直到承接第一个翻新工程的石头美术馆为止，就算做梦也没想到会挑战石头那么重的素材。正因为讨厌其笨重，才会挑战如何表现石头的轻盈。一旦情况变得不得不面对时，反而使自己的表现幅度变宽了。

—

通过翻新，锻炼自己

——在古今乌丸里，使用旧地板的南洋拼花地板，在村井正诚纪念美术馆，可以说连像建筑废材的东西，都被拿来重新利用。

—

地板和天花板就可以体现空间的质感了。在古今乌丸，尽管已经摇摇晃晃了，我们还是照样使用原有的地板。三角形的加固大梁，也直接暴露在外，通过这些保留了空间的性格，这是我们的用心之处。而村井正诚纪念美术馆的工作室保持原封不动，至于外墙，在分解之后，重新用于适当的地方。

此外，最近在获得第二名的华沙犹太博物馆竞标中，有人提议将埋在建筑用地底下的瓦砾作为博物馆的建筑材料。想试着通过物质回溯历史。并非拘泥于旧街道的形式及形象，而是注重建造该街道的物质本身。

需要强调的是，不是因为旧物质而使用它，或者因为是旧物质，所以会比较好，而是因为考虑到物质的强弱。针对新而强的物质，加上多少旧而弱呢？

1. 万来舍继承空间（2005年）。将庆应义塾大学的社交沙龙移建在新校舍之上。外部装饰按照谷口吉郎的设计恢复原样。（摄影：千芳江） **2.** 新造部分基本上涂上正白色。阶梯和地板的大谷石都是新加入的元素。

比如要间隔多少张贴和纸呢？如果贴得满满的，就显得太强烈，若稍微隔出空隙再张贴，就会变得柔和。村井正诚纪念美术馆因为以那样的间隔贴上和纸，而呈现出刚刚好的弱度。这似乎体现出了那里原有的味道。

——escorter青山就使用了新的素材（FRP）。两者间有什么共通之处吗？

—虽是新素材，却把栏栅做成四方格模样，呈现出轻盈的感觉。如果留下一部分完

1. 古今乌丸。将昭和10年建造的公司大楼整建为商业设施、办公室。外观玻璃的基本尺寸是1050毫米×1650毫米。横幅方面有数种尺寸。（摄影：吉田诚） **2.** 作为商业区域的二层，拆除天花板、将三角形的加固大梁等原有材料再现出来，并重新刷白。

整的墙壁，就欠缺轻盈之感，感觉上FRP的优点没有表现出来。

非再生材料也会采用FRP和木材之类需要后期维护的材料。虽然有些号称『如果用这种材料，一百年也没问题』，但我不会只使用它的。不但设计上受到限制，而且一旦在旧东西里加入那样的素材，就显得非常轻浮。翻新的时候，使用老朽化的柔和素材，可以和旧的部分融洽地结合在一起。

提议通常被避开的敏感素材

escorter青山屋外的地板，原本采用瓷砖。虽然大体上都已经固定，但是在翻新的时候，提议采用通常被避开的敏感素材。使用于地板的阿拉斯加扁柏，颜色会逐渐改变。我们的想法是，一边做定期维护，一边可以玩味老朽化。对走在青山大道上的年轻人而言，如果不突出这样的素材感，就体现不出这里的魅力。

—

——即使是翻新，仍然加入了新的设计。例如，古今乌丸让新旧外观重叠。

这样的表现方式和都市的景观之间的关系，是在怎样的想法下设计出来的呢？

—

我们一直有意识地在尝试重叠地制作出层次这样的手法。在翻新的情况下，我们更是如此。我所希望的，不是在自我本位上覆盖其他要素，而只是少许的主张，半透明的主张而已。

有关外观的设计，一面研究街道和大马路本来已经拥有的分量感、使用的素材之软硬度、出入的复杂性等，一面决定设计。譬如，图案设计的尺寸，便是根据距离决定的。古今乌丸的花纹，因为大小适中，才能在都市中描绘出独特的花纹。

—

——虽然『通过翻新，锻炼自己』，但是在经手过许多这样的工作后，是否获得了建筑的灵感呢？

—

越麻烦越有趣

现在（二〇〇五年），在香川县的直岛，庆应义塾大学的学生们正致力于能住人的民家再生规划案。

学生们尝试使用旧材料建造土墙等各种麻烦的作业，但在某种程度上却也很有趣。我觉得，这是翻新工作中很重要的一部分。

我认为，翻新是一种艺术，还是亲自动手比较好。并没有所谓非这样不可的道理。不过，一边发挥各式各样的创意设计，一边愉快地不断尝试，却是必要的。

倒也不是像父亲所说的一字一句都必须遵守那样，而是如果一边和父亲对话，一边愉快地工作，岂不是更好？有时候，即使取笑父亲所做的事情也无妨。或许就算有『老爸，时代已经不是那样了喔』这样的观点也不错。

我想像这样，加入各种新的元素来打造建筑是很好的。

2006年

建筑作品
15

银山温泉·藤屋

山形县尾花泽市

刊载于NA（2006年9月11日）

北侧的建筑物正面。一边让现存的躯体复活，一边让外装、内装耳目一新。
外观使用纵向格栅，意在与街道的环境融为一体。
至于屋顶，按照与原来相同的形式重新打造。（摄影：阿野太一）

在有来历的温泉旅馆上赋予纤细的表情

溪流旁的小路上，穿着浴衣的温泉客，一面走着，一面发出木屐的声音。银山温泉是一条并列着各种老旧的木造旅馆的温泉街。藤屋大约在温泉街中间的位置上。

翻新的目的是让建于大正时代的木造三层旅馆重新恢复生机。于二〇〇六年七月翻新后重新开幕。若不重建，现存的木造建筑无法重生。由于以保存旧街道为目的，所以不考虑加入新的建筑。

藤屋的藤敦先生说：『固然作为大正时代浪漫的温泉，持续了数十年，但是希望有一个能够表现平成时代浪漫的东西。』此外又提出了条件，希望与世界的高级休闲胜地相比，也毫不逊色，并委托隈研吾负责设计工作。

—

只留下木造部分，除去钢筋水泥式建筑

—

既存的建筑物，由于增建了钢筋混凝土的浴室，而成为不统一

1. 箦虫笼装饰也用于走廊的壁面和浴室的天花板，成为旅馆的一大标志。
2. 修改前。（摄影：隈研吾建筑都市设计事务所） 3. 修改后。

的东西。因此隈研吾将木造的躯体照原样保留下来，钢筋混凝土建造的部分全部撤除，再透过纤细的设计，使整体面貌焕然一新。

至于外观，『心中有着街道的意识，思考在何处能找出抽象性与具象性的平衡点，这些都是必须要做的事情』。为了不产生混入现代异物的感觉，以格栅将壁面细细地分割，营造出与周围环境相融合的感觉。

经过凉棚下方的通道，前面有个格栅，上面配有淡绿色的花纹玻璃。经过反复实验，选择了这个符合时代形象的腐蚀玻璃。另一个有特色的素材就是竹子，面向入口大厅挑高部分的墙壁，覆盖上竹子所做成的『箦虫笼』。

隈研吾执意呈现木造的结构体。在三层的客房里，特别展现出屋顶的骨架。建筑设计不耐时间的考验，而有『室内设计化』的倾向。『我与这种潮流合不来。这不是室内设计者的工作，而是建筑师的工作。尤其是为了使建筑耐久，如何保有与外部的关系是很重要的。因此我常思考如何继续维持这样的外部关系。』

房间数从十二间减为八间，并取消宴会场所。相反地，浴室从三间增为五间。委托方认为，今后让旅馆生存下去的关键不在于房间的数量，而在于质量，所以决定作这样的变更。

建筑随着时间的推移而增加其风韵，如果配合翻新的年轻工作人员能培养起来，一定可以成为与温泉街相称的旅馆。

1. 从东边看到的入口大厅。**2.** 通道。横跨浅水塘上的桥与凉棚十分吸引人。远处所见的玻璃是花纹玻璃。没有附带的装饰，“为了区别内外而这么使用。到中世纪为止，花纹玻璃正好是窗框，所以想恢复本来的样子。”设计者限研吾如此说明。**3.** 制作“箦虫笼”的情景。（摄影：限研吾建筑都市设计事务所）

素材 | MATERIAL

4毫米宽的竹帘

委托方希望将大正时代的温泉旅馆翻新为与平成时代感相称的旅馆。因此，以纵格栅覆盖了大半的外观，而一层的开口部和隔间则采用强调竖棂的花纹玻璃（参照190页）。而且在各处配置竹帘，营造出“箦虫笼”的效果。一到夜晚，整间旅馆便透出柔和的灯光。

这是接受在金泽市从事木工工程的中田秀雄（中田建筑工房）的提议而采用的设计。限研吾说：“以往使用圆形的竹子。虽然可以用在外部的格栅，但用在内部空间，会觉得过于粗糙。”因此决定将竹子细细地剖开后再组合起来。将去油的竹子切成4毫米宽，然后组合起来。整个建筑用了3万多根这样的竹条。它们相互重叠，产生出柔和的透明感。

4. 三层的客房。受损的横梁以新品取代。在高挑的天花板空间里，旧材与新的集成材料混合在一起。隈研吾说："让纤细的气氛和背台的工作者共存。" **5.** 二层客房的内澡堂。内澡堂并未接上水源。这间客房，借着不合常规的设计，制作出令人印象深刻的空间。委托方藤敦先生想表现出"犹如花器般的设计"，"不但让人想进到里面的澡堂，而且还给予人感动"。**6.** 一层青森扁柏的澡堂。此外还采用白竹、贴石片等，使5个澡堂各具特色。

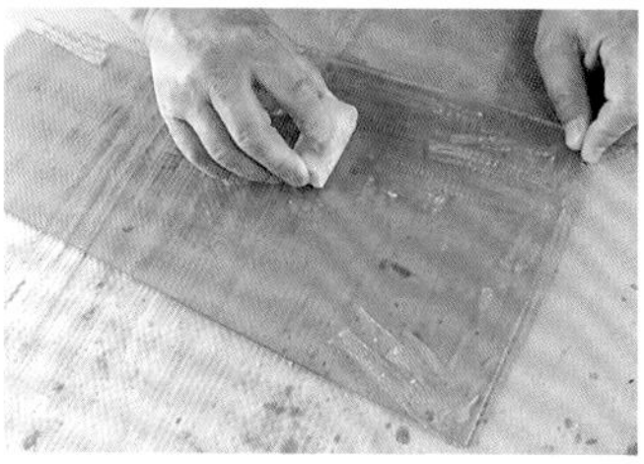

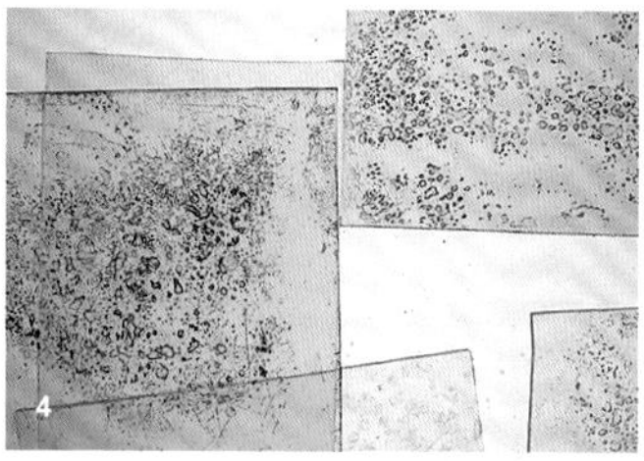

素材 | MATERIAL

以老化的手法 再现中世纪的风味

在原有的旅馆展览室里，镶嵌着花纹玻璃。据说是想承袭过去的风格。制作方面则委托花纹玻璃作家志田政人，他在法国国立高等工艺美术学校学习制作花纹玻璃的古典技法，目前在巴黎开设工作室。

在法国的玻璃制造商圣戈班公司的工厂，制作出手吹玻璃后，带回日本由志田政人实施腐蚀加工。

花纹玻璃厚5毫米。手吹玻璃厚度不一，并且还要进行腐蚀加工。考虑到外墙部分须抵抗风压，所以玻璃必须保有些富余，以确保成品的厚度平均达3毫米以上。为了能撑住这种厚度的玻璃，在玻璃上割出等距的条棂。纵棂上用不锈钢材料，横棂上则使用铅材。

在志田政人所修补的沙特尔主教堂的花纹玻璃上，因酸雨而浮现出黑色的小点。通过腐蚀加工，在玻璃上加入了同样的黑点。以氢氟酸使玻璃凹陷成麻点状，将氧化铁烧结在这部分上而制造出阴影。玻璃的颜色是本身拥有的淡绿色。隈研吾说：“接近于中世纪最透明的玻璃色调。”

建筑项目数据

所在地——山形县尾花泽市大字银山新畑443

所在区域——都市计划区域外、法22条地域、灾害危险区域

建蔽率65.59%（允许范围70%）

容积率166.27%（允许范围200%）

占地面积——558.13平方米

建筑面积——366.09平方米

总楼地板面积——927.99平方米

结构、层数——木结构、地下一层·地上三层

高度——最高12.215米、屋檐高8.97米

委托方——藤敦

监理——隈研吾建筑都市设计事务所

设计协助——结构：中田捷夫研究室；设备：森村设计

施工方——爱和建设

施工协助单位——空调·卫生：齐藤管工业；电力：东北电化工业；篑虫笼：中田建筑工房

设计期——2002年4月—2005年3月

施工期——2005年4月—2006年7月

1. 一层的休息室。让花纹玻璃具有区别内外的功能。**2、3、4.** 厚**5**毫米的手吹玻璃涂上特殊蜡；用手指整平；将蜡加热呈液状时，很快地滴下；等冷却之后，用空压机吹掉表面上的薄膜；浸入氢氟酸之中，溶化因滴出而显露出麻子状的玻璃部分；剥除蜡，清洁表面，将主成分为氧化铁的颜料用葡萄酒醋溶解，仔细地抹上玻璃；把麻子部分以外的颜料拭去，放入电器窑烧制，制成带有古代风味的玻璃。（摄影：隈研吾建筑都市设计事务所）**5.** 北侧溪流沿岸的街景。隈研吾用同样的手法设计了银山温泉的公共浴场“银汤”（2001年）。

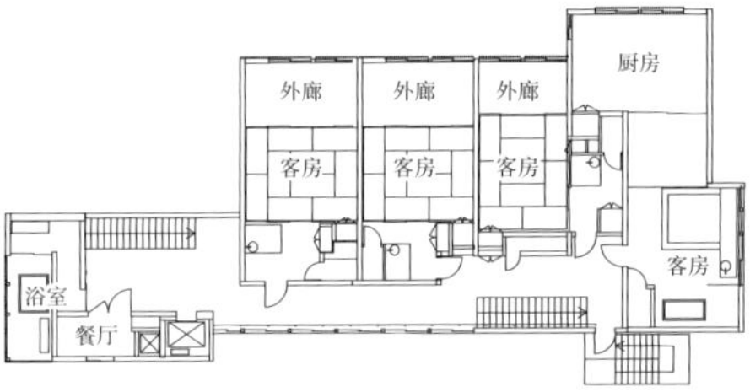

三层平面图 1/500

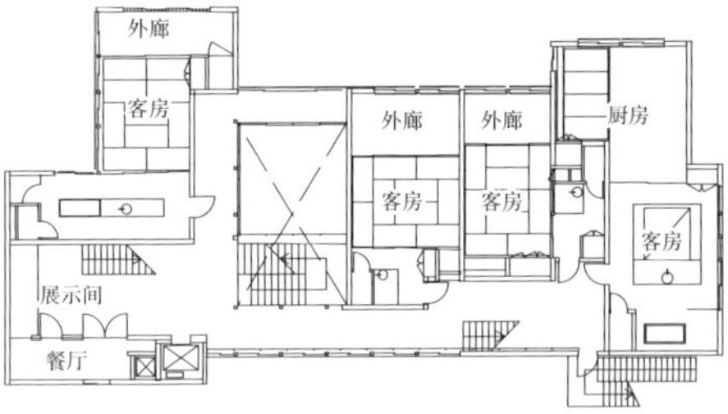

二层平面图 1/500

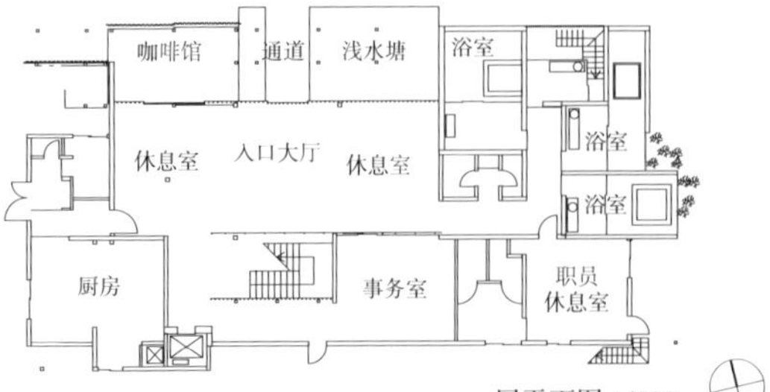

一层平面图 1/500

2009年

建筑作品 16

根津美术馆

东京都港区

刊载于NA（2009年10月26日）

2009年10月7日，重新装修后的根津美术馆，从西侧看到的外观。通过左手边的屋檐，左转便接近安装玻璃的本馆入口。该美术馆位于东京南青山2万多平方米的建筑用地中。（写真：細谷陽二郎）

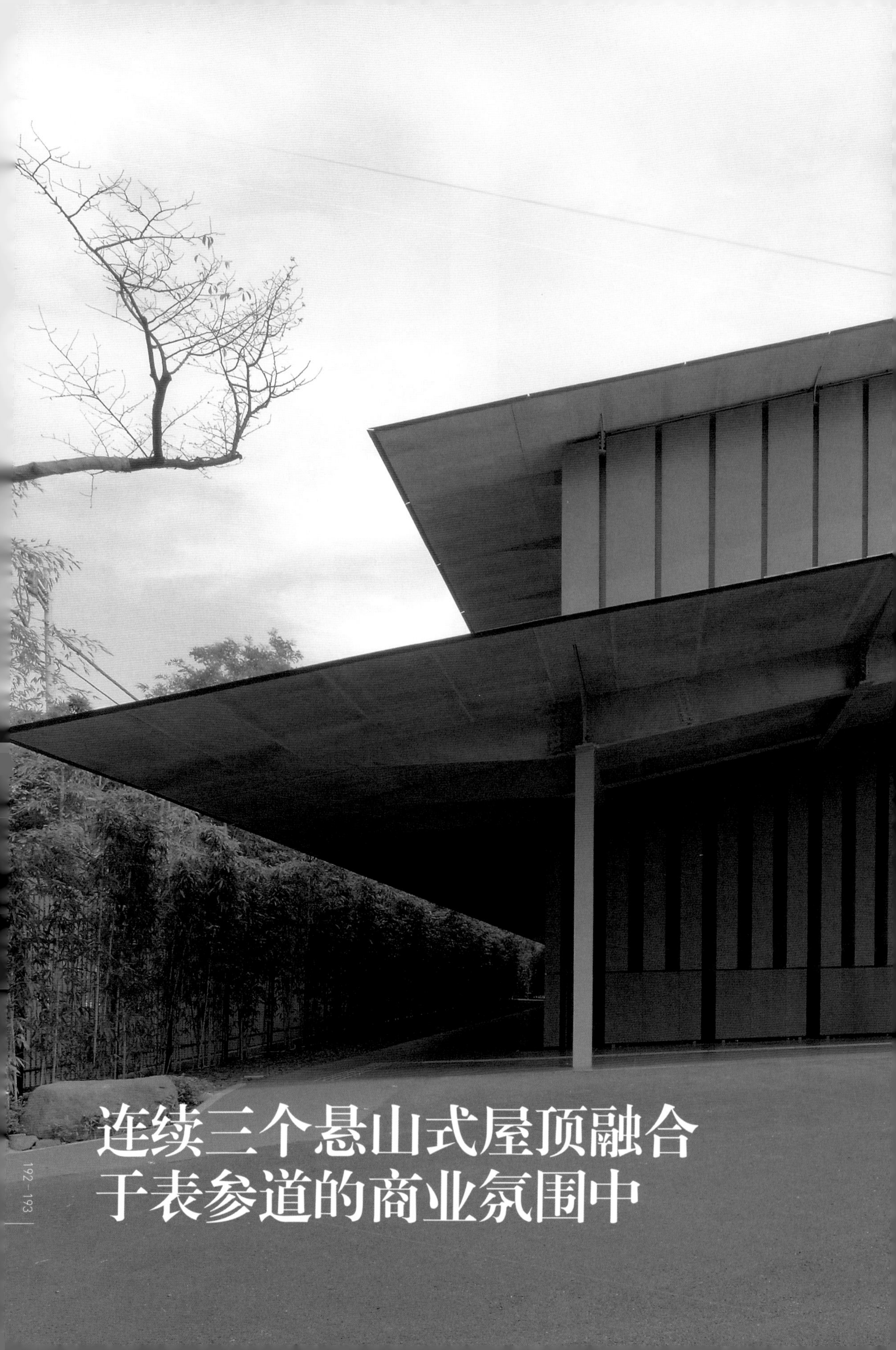

连续三个悬山式屋顶融合于表参道的商业氛围中

1

二〇〇九年十月七日，根津美术馆在东京南青山重新开幕。该美术馆是依照热衷于收集东洋古代美术的已故实业家根津嘉一郎的遗志，创设于根津家的建筑用地内。展示品包括佛像、绘画和青铜器等东洋的美术作品。

以改建老朽化的收藏库为契机，将完成于一九五四年的旧馆解体，封馆三年半后，在同一地点进行改建。同时，过去的咖啡馆脱胎换骨成为NEZUCAFE。

—屋顶的形状与任何地方都能融合—

新馆是位于地下一层、地上二层的建筑，占地面积约是过去的两倍，约四千平方米。除六个展示室之外，还备有大厅、休息室、商店和讲堂。外观设计的基调与建筑用地上的日本庭院相互配合。

从事设计的是隈研吾。隈研吾说：『在从入口往本馆的动线上下功夫。将南北走向的表参道的轴线向西转九十度，沿着竹篱笆的通道行走约五十米，眼前的景象就会马上发生改变。这并非单一的建筑物，我思考的是如何设计出表参道的终点呢？』

屋顶呈连续三个悬山式的复杂形状。在选择这个形状的时候，隈研吾考虑到以下条件：一、具有都市热闹气氛的表参道与建筑用地内的日本庭院相融合；二、一面确保必要的分量感，一面以平房的样子来呈现；三、由于建筑用地乃是倾斜之地，必须考虑高低差。

隈研吾说：『屋顶的形状是在不管从任何地点看来都能融合的概念下，设计出来的结果。我意识到inflection（屈曲）这个关键词。』例如，建设用地是向南倾斜的，因此，在设计上，面向庭院的南侧屋檐比沿着道路的北侧还低，而屋顶的斜度就随着建筑用地的倾斜度而倾斜。

表参道与建筑用地内的日式庭院如何能自然地连接在一起呢？方

法之一是借着悬山式屋顶，抑制整体的分量感。

加工与植栽方面多采用竹子

在内部装饰方面，大厅及展示室的天花板也设计成倾斜式的，承袭了『屋顶』的形象。隈研吾说道：『天花板的斜度改变也是inflection的一种。我希望通过折曲，使其融入内部环境之中。』

素材的特征乃是大量采用『竹子』。按照作为植栽的青竹、通道的竹篱笆之『晒竹』、贴在天花板和墙壁上的竹薄片等分类使用。

1. 北侧的外观。竹林模糊地划分出道路的界线。
2. 从西边往下看屋顶。一边想取得被要求的分量感，一边又不强调建筑物的巨大，结果是将屋顶形状设计为3个连续的山墙。

3

2

1. 一层大厅。天花板部分与屋顶做同样的倾斜。呈现出屋顶下的宽敞。天花板使用了贴了薄竹片的石膏板。**2.** 大厅成为佛教雕刻的展示空间。**3.** 眺望二层。**4.** 一层的展示室1。展示着国宝那智瀑布图等。有关展示空间的照明，全馆使用了8万个LED灯。地板上贴软木花砖。**5.** 休息室。南北都是玻璃壁的明朗空间。**6.** 二层的展示室4。展示着中国古代的青铜器。

1

细节 | DETAIL

屋檐前端安装铁片赋予纤细感

隈研吾采用和旧馆相同的栈瓦覆盖悬山式屋顶。一边承袭过去的形象，一边考虑如何与周遭环境融合在一起。为了确保所要求的分量感，建筑物必须有一定的高度。基于会产生出压迫感等理由，故可以判断，若采用单纯形状的悬山式屋顶是很困难的。

在这样的考虑之下，在形状上，采用了连续的3个悬山式屋顶。隈研吾建筑都市设计事务所的弥田俊男室长说："以连续但分断的方式，使得形状因部分不同而有不同表情。"

例如，在建筑用地北侧架起两层的屋顶，使得竹林及被晒竹围绕的通道的屋檐变低，呈现出人性化的特点。

"一旦把矮胖的瓦片覆盖在屋顶上，外观就与表参道这种都市的氛围不合，同时也担心来馆者会感觉异样。因此，在屋檐前端的瓦片下面，加装长1.48米、厚3.2毫米的铁板，赋予纤细的感觉。"为了配合瓦的颜色，铁片经过了镀锌磷酸处理。

特意露出经镀锌处理的大梁。

1. 面对庭院的南侧屋顶。上面的房间是馆长室。2. 从西侧看本馆入口通道，它和由竹林、晒竹所构成的竹篱笆平行。长度约50米。3. 本馆南侧的黄昏景色。屋顶的前缘，使用长约1.48米，厚约3.2毫米的铁板。

委托方的声音 | VOICE

容易清理的天花板

西田宏子（根津美术馆副馆长）

以改建收藏库为契机而新建了本馆。由根津公一馆长决定将设计委托给建筑师隈研吾。期待中的建筑拥有“和”的气氛，同时还能与庭院相融合。

设计的要求是有富余的平面规划、易于维护保养、馆内动线明快，并以具有不同于现存的美术馆之独特性为条件。

例如，不要像隈研吾设计的“那珂川町马头广重美术馆”一样四面都是格栅，而是希望有天花板覆盖。该馆也因面向广阔的庭院，灰尘和虫子会进到馆内。有天花板对于作品摆设的环境而言，会比较好，并且容易清扫。至于馆内动线，打算一边运营，一边持续改进。

就完成后的印象来说，对于宽敞、舒适的空间感到满意。希望透过各种媒体，让本馆为人所知，让年轻的男女也来参观。

建筑项目数据

所在地——东京都港区南青山6-5-1
所在区域——第一种中高层住居专用地域、第一种住居地域、准防火地域、第二种高度地区、第三种高度地区、第二种中高层住居专用地区
建蔽率12.67%（允许范围60%）
容积率26.12%（允许范围300%）
前方道路——东7米、北15米
占地面积——1万5372.33平方米
建筑面积——1947.49平方米
总楼地板面积—4014.08平方米

结构、层数——SRC结构·钢骨结构、地下一层·地上二层
基础——桩基础
高度——最高14.26米、屋檐高10.23米、楼高4.95米（地下一层）、楼高6.23米（一层）、3.31米（二层）
委托方——财团法人根津美术馆
设计者——建筑：隈研吾建筑都市设计事务所；结构·设备：清水建设；照明计划：松下电工；茶室柜：东京心傅庵；造园：晴风苑

施工方——建筑：清水建设；空调·卫生：新菱冷热工业；电力：大荣电气
设计期——2004年11月—2007年8月
施工期——2007年8月—2009年2月

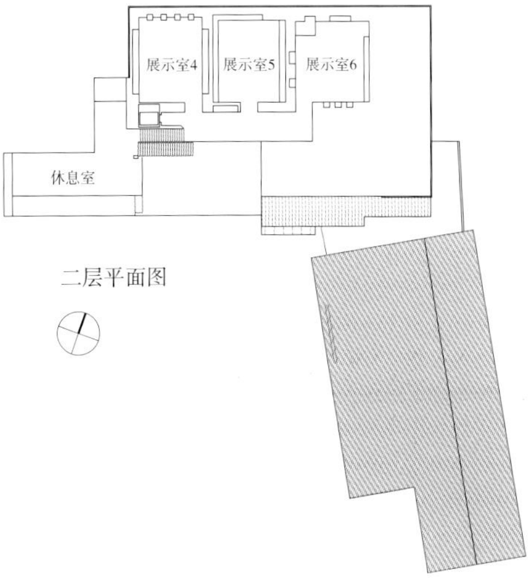

二层平面图

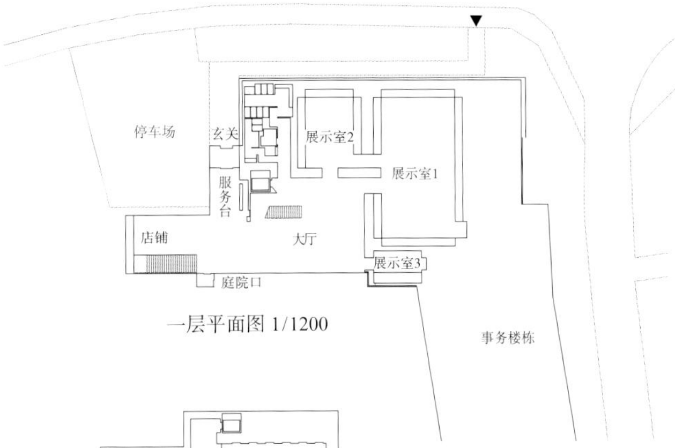

一层平面图 1/1200

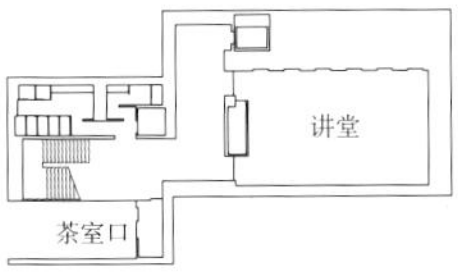

地下一层平面图

配置图 1/4000

第五章

再次迈向都市及海外

经过“地方的10年”，
在都市的工作开始增加始于2000年。
与大机构合作的再开发案增加，
在海外也扩大活动的范围。
这些与20世纪80年代后期的“理论先行”的设计手法完全不同。
在地方学到的“献身给对方”的态度，
在大规模的再开发案和海外规划案中，也持续发挥着巨大作用。

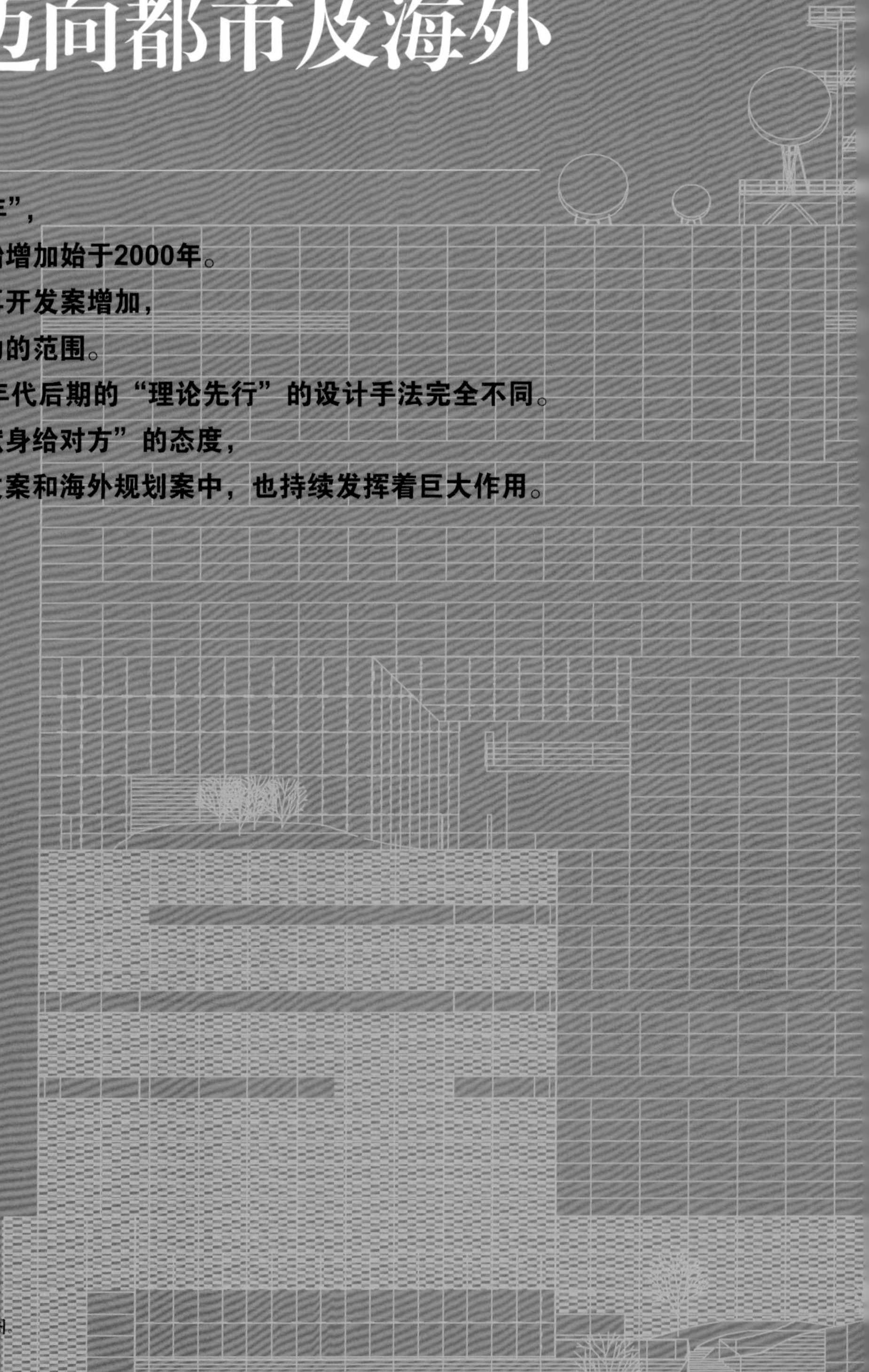

背景是“朝日广播大楼”的立面图

2003年

建筑作品
17

ONE表参道

东京都港区

刊载于NA（2003年11月10日）

从表层深入结构的木格栅

从正面看到的黄昏景色。“木格栅比预想的更能与行道树相互融合。”（日本路易·威登集团总经理秦乡次郎社长）长8.4米、宽45厘米、厚10厘米的木格栅，每隔60厘米安装一根。考虑到木材的耐久性，而采用日本落叶松集成材料。为了保有耐火功能，在每隔4根格栅的接缝处装配一个自动洒水灭火装置。（摄影：吉田诚）

1

在名牌大厦鳞次栉比的东京青山，出现了一个象征性的外观。行道树上方的木格栅，使得行人自然地抬头往上看。作为矗立在表参道入口的建筑物，命名为『ONE表参道』。

印刷机制造商——理想科学工业买进土地，建造出租型大厦。租下整栋建筑物的是日本路易·威登集团。该集团以路易·威登为首，旗下约有四十个品牌。低层部分有四家名牌店面；高层是路易·威登等数家公司的办公室和展示间。

使木格栅与结构一体化

决定迁入的路易·威登，委托隈研吾进行设计，而他从一开始便提出用木格栅覆盖外部的建议。对于这个提案，日本路易·威登集团和理想科学工业两家公司都很感兴趣。『想挑战在

都市的建筑上使用木材』的隈研吾认为，这次的建筑用地是个符合此想法的地点。二〇〇〇年竣工的栃木县那珂川町马头广重美术馆也使用了木格栅。『以广重美术馆来说，格栅只是与结构分离的皮膜而已，这一次要使它和结构融为一体。』就ONE表参道而言，木格栅并非装饰品，而是作为外墙的一部分，扮演帷幕墙直棂的角色。

长期荷重方面，由作为格栅芯材的直棂来承担；短期荷重则由木格栅发挥效果。至于木材能够承担结构到怎样的程度，设计者花费了大量时间去寻找平衡点。换言之，『想呈现出结构与表皮不能分离的暧昧状态』。

由于店铺的内外装潢是以各店建筑部门设计为前提的，所以格栅并未覆盖整个外观。结果，各店的外观与上层木格栅形成对比，彼此共存，并保留有紧密的联系。

也许有着并非只是装饰表层的材料这样的保证吧，对于木格栅，委托方给予了『超出预想』的评价。ONE表参道和路易·威登各店的设计监理艾立克·卡尔森评论说：『表参道有着未加工之美。』虽然经过适度的加工，但是素材本身却接近于原木。这种存在感一定违背了这些品牌统领者的意愿。

1. 面向表参道长度约50米的立面，并列着Fendi、Celine、Donna Karan New York、Loewe 4家店铺。负责施工的安藤建设说："有关格栅事宜很早就开始商量，因此能够顺利施工。由于对方有6家公司，所以工程协调上非常辛苦。"（稻野边耕司所长）。**2.** 从青山大道与表参道的十字路口看去。因为建筑用地的形状不规则，十字路这一面的建筑物断面较窄，给人以尖锐的印象。

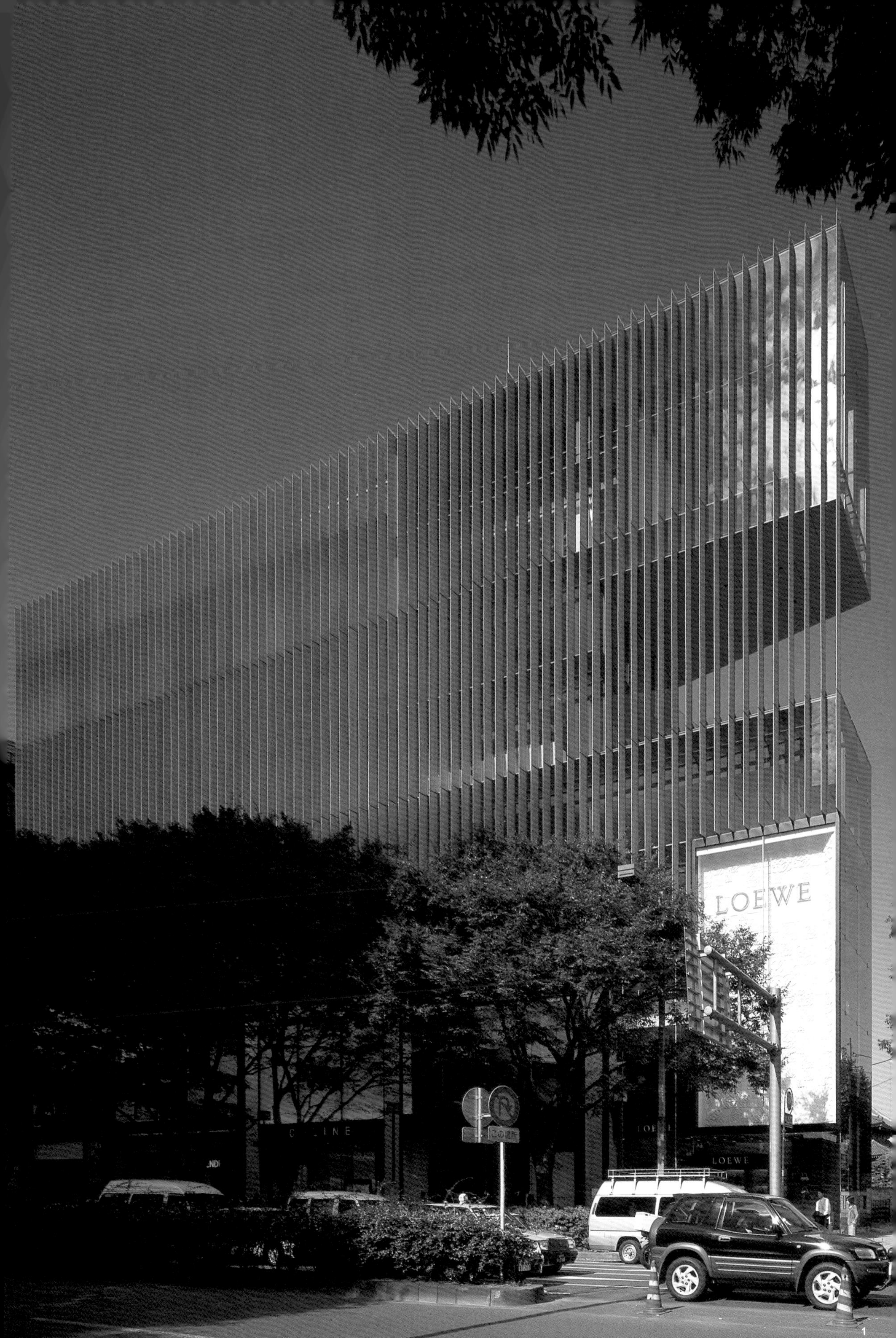

1

1. 借着切掉阳台等方式，在建筑物上开孔，让人感受到都市内侧。2. 从办公室入口前往电梯大厅的通道。从天花板上吊下来的铝管，当人走过时会轻微摇晃。

设计者的声音 | VOICE

与都市“暴力的东西”共存

隈研吾（隈研吾建筑都市设计事务所代表）

——与日本路易·威登集团、理想科学工业两家公司的往来顺利吗？

两家公司的企业文化虽然不同，但对我想做的事情都抱有兴趣，并且支持我。理想科学工业秉持工学上的想法，对于细节的事情表现出关心；日本路易·威登集团因为是制造业的公司，对于素材很感兴趣。

——不能以格栅覆盖整个外观吗？

店铺的内外装潢，由各公司的设计者决定。由于这是既定条件，所以我们只做配置而已。例如，让Fendi的店铺突出，只为了强调建筑物的角度。

相反地，就都市建筑来说，建筑师很难控制一切，譬如电视台，他们应该也有借着画面想表达的东西吧。

设计涩谷车站外观的时候，虽然希望广告牌做得小一点，但得到的答复却是：不可以。因此，又想把广告和建筑物混合在一起，样子应该很好看吧。所谓都市，充满了各种暴力的东西，以及大众活动所需的空间。我想这样的东西不如跟建筑合二为一，不是更酷吗？

——泡沫经济时期过后，历经地方的工作，现在，对都市的工作，您有什么看法呢？

在地方上，我学会如何运用过去未曾使用的木、石等混凝土以外的素材。不过，把这些用于都市有相当高的难度。因为必须接受耐火的考验和招牌等都市性的设计要求。在地方上，有着“必须加入新的设计元素”的紧张感。如果不这样想，必然成为普通的建筑。

——包括ONE表参道，还有许多由不同建筑师所设计的、流行品牌的建筑物，对这样的状况，您有何看法？

以往名牌的大楼，与其说委托给建筑师，不如说委托给能够实施设计计划的施工方。而改变这个情况的，我想是路易·威登集团。艾立克·卡尔森从原来任职的OMA（雷姆·库哈斯的事务所）转职到路易·威登之后，由于他采用了建筑师的设计方案而改变了原有的状况。

在流行业界，“以批判的态度重新审视过去的东西”这样的创造性源源不绝，可是，它们的建筑仍受限于“以目前社会中所接受的东西为目标”之类的营销性想法，因此创造性并未受到重视。现在，建筑不也被认为与制作服装具有相同的创造性吗？

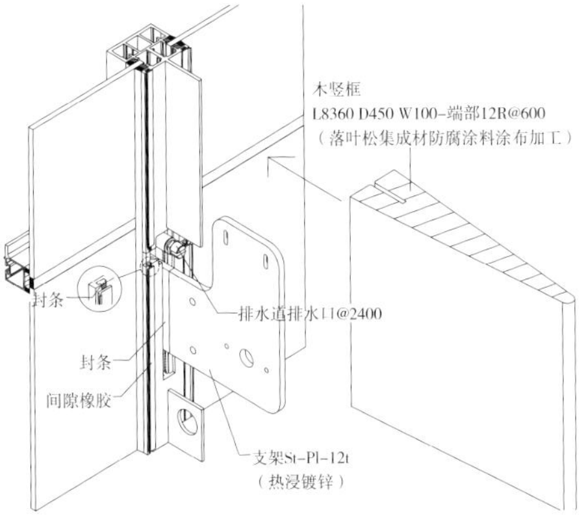

基准铝竖框接头外观矢视图

1. 三层接待大厅。覆盖墙壁的，是与日东纺共同开发的、半透明的玻璃网眼布料。家具也是出自隈研吾建筑都市设计事务所的设计。沙发可以让中间照明的光透出来。由透明凝胶和聚氯乙烯软管等3种材料组成的坐垫材料，历经3个月研发成功。**2.** 从六层往下看五层的阳台。表参道的十字路口就在眼前。“曾担心格栅狭窄的间隔是否会影响到景色，但完工后才明白完全没有问题，反而觉得很感动。”理想科学工业表参道规划案推进室的粕谷明博次长说。**3.** 从上空看表参道中心的十字路口。在山毛榉行道树的入口是ONE表参道，右边远处可以见到在2003年6月开幕的PRADA女装青山店。这种包裹有外皮的建筑，开始在青山地区流行起来。（摄影：尾间弘次）

建筑项目数据

所在地——东京都港区北青山3-5-29
主要用途——售货店铺、办公室、住宅
所在区域——商业地域、第一种住居地域
建蔽率——83.33%（允许范围96.21%）
容积率——574.33%（允许范围574.75%）
前方道路——南36.35米
停车场容量——28台
占地面积——1208.69平方米

建筑面积——1007.18平方米
总楼地板面积——7690.1平方米
结构、层数——钢骨结构、地下二层・地上八层
高度——最高36.0米、屋檐高度36.0米、店铺楼高5.4米・天花板高度4.0米、办公室楼高4.2米・天花板高度2.7米
委托方——理想科学工业

设计监理——建筑：隈研吾建筑都市设计事务所；设备：森村设计；店铺装潢：各店建筑部门、H & A
施工方——建筑：安藤建设；空调・卫生・机械：朝日工业社；电气：关电工
设计期——2001年4月—2002年4月
施工期——2002年4月—2003年9月
总工程费——约23亿日元

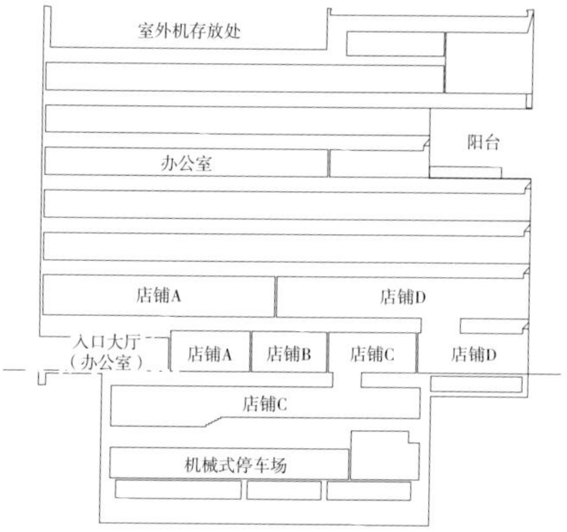

断面图 1/1000

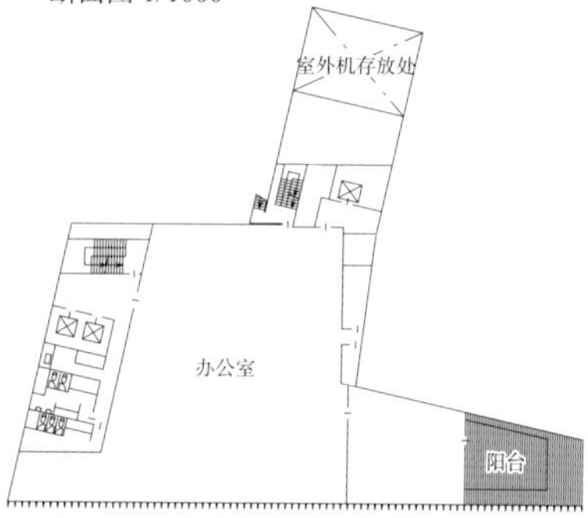

五层平面图 1/1000

三层平面图 1/1000

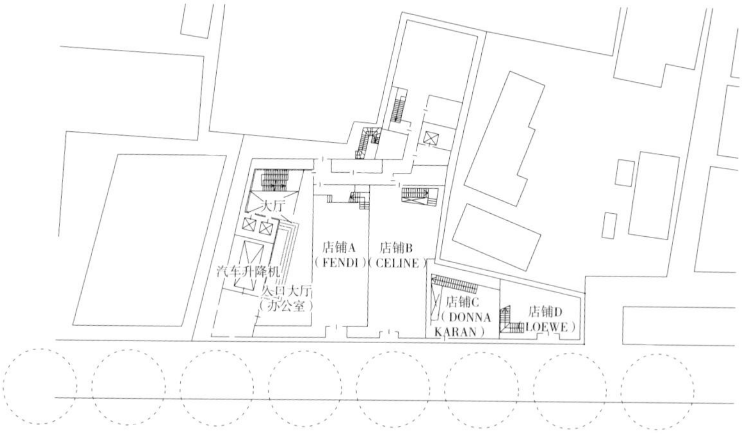

一层平面图 1/1000

2004年
建筑作品
18

escorter青山
东京都港区

刊载于NA（2005年11月14日）

用乳白色栅栏建造出来的柔和的隧道，吸引着走在街上的人们的目光。以融入街道为目标，翻新青山大道沿途的大楼底层。

一层原本是NTT的顾客服务窗口，当窗口关闭后，铁卷门便放了下来。在建筑用地内，虽然有一条宽一点五米、连接青山大道与运动场大道的通道，但不太有人利用它。

『这里的气氛阴暗，而且距离该地区的商业街相当远。翻新的目标是活用窗口旧址，促进新展开的咖啡馆事业，并设定「打造青山新风景」的外观翻修概念。』NTT东日本东京企划部桥本真二说。

以『光』为主题，选择素材

在一层改装成店铺的同时，决定重新设计该建筑用地内的漫游

在大楼的底层
打造热闹的空间

从青山大道侧边看过来。台阶与建筑物外观融为一体。

步道（外部），后者交给隈研吾处理。其主要功能是，一边能融入该地区，一边把街道上的人们吸引过来。

在添加新素材之时，因为NTT致力于光纤通信的普及，所以决定将光作为主题之一。在讨论过多种素材后，决定采用能透光的FRP格栅。为了将大马路、漫游步道、店铺地面等不同高度的空间连接在一起，有效地利用了FRP的素材感。

二〇〇四年十一月开幕后，这里聚集了许多咖啡馆的客人、家具店的顾客、在花坛中闲逛的人，脱胎换骨般成为具有开放感又热闹的空间。

值得一提的是，escorter青山的漫游步道的轴线和越过青山大道另一侧梅窗院的参道连接在一起。后者同样是由隈研吾设计的。

细节 | DETAIL

以柔和的质感和光线包覆

马场英实（隈研吾建筑都市设计事务所）

我们追求的目标是使用同一素材，营造出像布匹包覆一般的效果。搭起钢骨，安装FRP格栅，看似不难，但为了让空间看起来像被包覆起来似的，所以在钢骨的配置和端部的处理上，着实下了一番功夫。

为了不将力量施加在原有建筑物的结构上，如何将钢管拼装起来成了一件辛苦的事。因为很难在它的形状和结构之间找到平衡点，所以，一边保持钢骨的安装呈现松散的状态，一边考虑完成之后的结构。解决的方式就是把整体视为一个立体的桁架。

如何有效利用FRP的透光特性也是个重大课题。FRP是具有柔软性的素材，因此，格栅的桁如果透光，不是很漂亮吗？于是，将FRP格栅排列成方格花样的平面，再做成多面体的结构物。

另外，在用于地板的FRP格栅中嵌入阿拉斯加扁柏。这是因考虑到耐水性，而选择的树种。由于在FRP格栅上，格栅的缝隙形成梯形断面，所以利用这个形状，嵌入楔子状的阿拉斯加扁柏，并以黏着剂补强，而且完全是手工作业。

FRP格栅的尺寸是500毫米×1500毫米。在青山大道这一边的天花板，采用在平板条的基材上悬挂FRP格栅的方案。采用同样素材的有色FRP小片作固定板，这是为了让金属零件看起来不会太突兀。

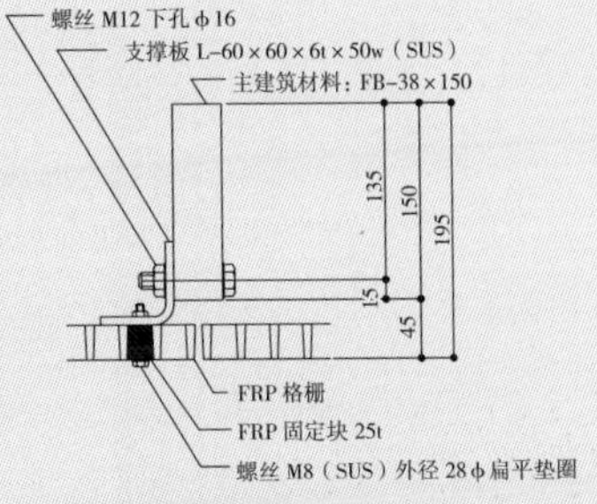

屋檐断面图 1/10

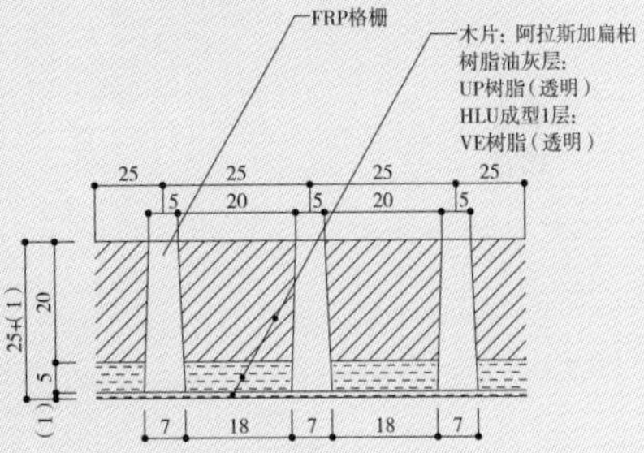

地板（格栅部分）断面图 1/2

在FRP格栅中嵌入阿拉斯加扁柏。

建筑项目数据

所在地——东京都港区北青山2-7-15
所在区域——商业地域
占地面积——3614.86平方米
建筑面积——1114.77平方米
总楼地板面积——17855.15平方米
室外面积——1221.89平方米

委托方——NTT东日本
设计监理——限研吾建筑都市设计事务所
设计协助——森村设计
施工方——HYUTECH
施工协助——电气：三兴电设；FRP工程：王子木材绿化

设计期——2004年4月—2004年6月
施工期——2004年7月—2004年10月
※店铺内部装潢设计：吉冈德仁设计事务所

1. 改建前。从北侧的深处往青山大道望去。通道全长80米。（摄影：限研吾建筑都市设计事务所） **2.** 改建后从同样的方向所见到的景观。**3.** 一层与通道间有2米的落差。在前方设置了坡道与阶梯，作为入口。**4.** 运动场通道旁。

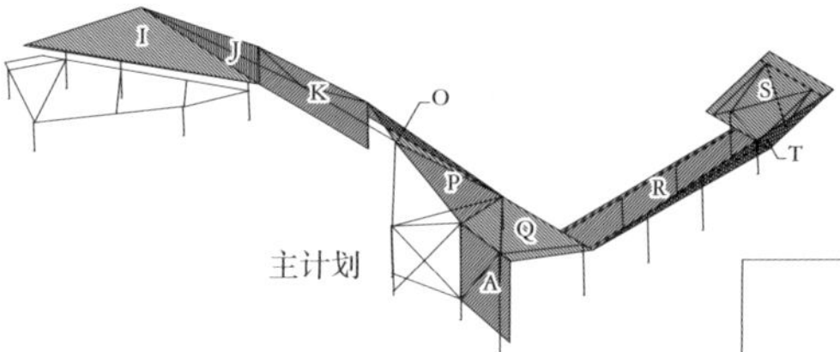

主计划

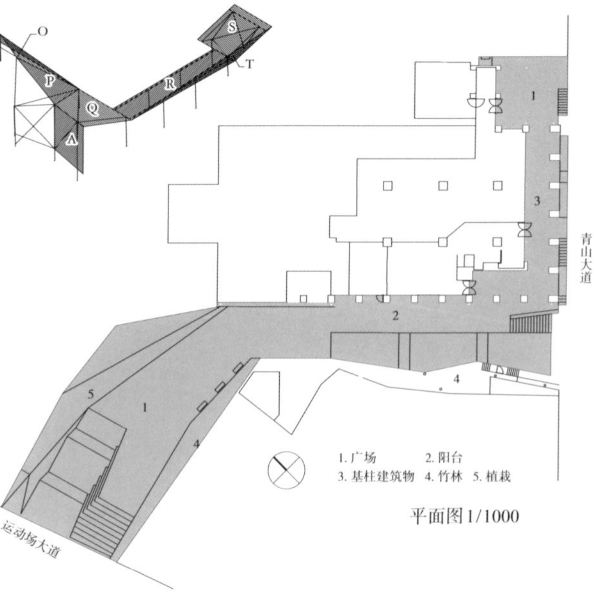

平面图1/1000

户畑C街区

北九州市户畑区

与竹中工务店共同设计

刊载于NA（2007年10月8日）

新手法的街区
承载着观众席与办公厅

办公厅的上方展现出阶梯状观众席的稀有景观。
户畑C街区
是在北九州市户畑区民会馆等约1.3公顷土地上重新开发的复合设施。
除了户畑区办公厅以外，另有托儿所、残疾人活动中心、
高龄者专用住宅、集合住宅等7个官民设施。（摄影：吉田诚）

拥有大型阶梯的建筑不少，然而承载大量观众席的建筑就稀奇了吧。而且这个观众席的前方，是宽广的道路和草皮公园。到底要干什么呢？

答案是『庆典』。在北九州市户畑区，有个从江户后期开始流传至今，被称为户畑祇园大山笠的庆典。与博德祇园山笠、小仓太鼓并称为福冈县夏季三大庆典。

『如果将观众席照原样加入建筑中，一定很有趣。』设计者隈研吾在设计初期就这么设想。

『举行庆典时，必须有个室外空间能承载两百个并列的观众席。』针对北九州市所提出的条件，隈研吾给出了与建筑合为一体的常设观众席作为回应。这个观众席同时兼做从旧办公室乔迁到此的户畑区办公厅的屋顶。

—建设七个官民设施—

在包括办公厅在内的约一点三

1. 从西北方向所见的全景。街区全体的结构与色彩，与举办户畑祇园大山笠庆典的公园交相辉映。**2.** 从北九州市住宅供给公社的租赁集合住宅瞭望。各个设施在结构上，确保隐私的同时，在视觉上也有交叉的效果。

2

公顷土地的一角，北九州市的『户畑C街区整备事业』，于二〇〇七年夏天完成。除户畑区办公厅以外，还有集合住宅、托儿所、残疾人活动中心等共七个官民设施。

街区整体的建设，由竹中工务店、隈研吾建筑都市设计事务所，以及当地的开发商新日本房屋三家公司组成的民营企业团体一手承包。在公共的用地上，订立纳入民营公寓的开发计划，并将建筑单独委托给一个民营企业团体，这是非常少见的例子。

目标是『打造出一个官民建筑物并存，能实现人与人的交流、聚集人群的街区』。（北九州市建筑都市局事业计划课重石直规）

在观众席上方，可以看到广阔的空中庭园『交流之丘』。这个广场位于街区的正中央，从任何一个设施都能直接进入。仿佛是一个唤醒人与人交流和连带感的街区广场。

整个过程中，『三家公司并没有特别划分角色，彼此合作得十分愉快（竹中工务店九州支店设计部副部长木村康彦）』，这种设计团队的连带感，也如实地反映出来。

在环绕交流之丘的这个街区里，虽然是分别设计的建筑物，却有着一体感，这种感觉在以往『连接缝隙』的街区里，是看不到的。建成后，能否促进居民间的交流，我们拭目以待。

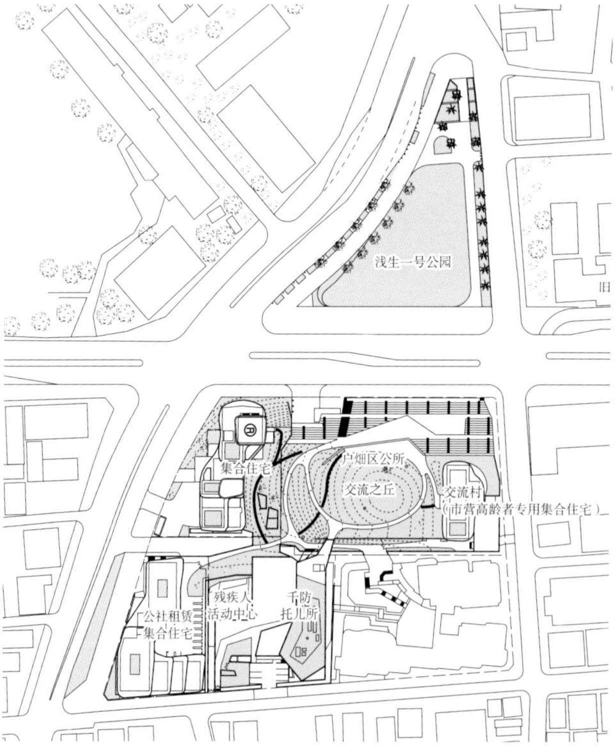

配置图 1/3000

超越公共承包的界限

有关户畑C街区的规划，重石直规说："在调查范围内，没有前例可循。"唯一当作参考的，据说是当时东京建设中的"南青山一丁目团地改建案"。

根据"跨越多世代，各种人士共生的街区"这样的意图，将民营的公寓纳入规划。不过，在以往公共承包的框架中，像这种包括民间设施一起开发的手段是未曾有过的。公共设施，并不适合采用PFI（民间主动融资）。最终，我们采用了变通后的PFI手法。

在2004年12月实施的提案中，选定了以竹中工务店为代表的民营事业经营者。来自北九州市免费出借建筑用地的竹中集团成为经营者。

完工后，区办公厅及托儿所等公共设施由北九州市购买，从事运营及管理维护。至于北九州市住宅供给公社的出租住宅，由市政府与公社签订50年的定期租地契约，而后公社便委托竹中集团从事建设工作。此外，有关民间公寓，在签订事业契约之后，将土地卖给事业经营者之一的新日本房屋，由同一公司推行后续计划。

北九州市并未限定各设施的用地比例。只大致确定了建地面积，而具体的配置，则交给事业经营者决定，并向各设施提交了"作业标准书"。

自由度高的设计，固然提高了街区的质感，却会很辛苦。"如果按照以往的方法，区办公厅直接和承包商交换几次意见，以便缩短设计时间，但是，这一次的设计，因为是按照"作业标准书"而来的，印象中，那好像是冷不防出现的东西。因此，为了使透过书面无法传达的意图，能够忠实地反映出来而进行的修正，使我们和经营者团体都倍感辛苦。"北九州市建筑都市居住环境维修课课长堀宏二说。

在托儿所的下面，是残疾人活动中心。来到庭院，就会听到从上层的托儿所传来儿童嬉闹的声音。

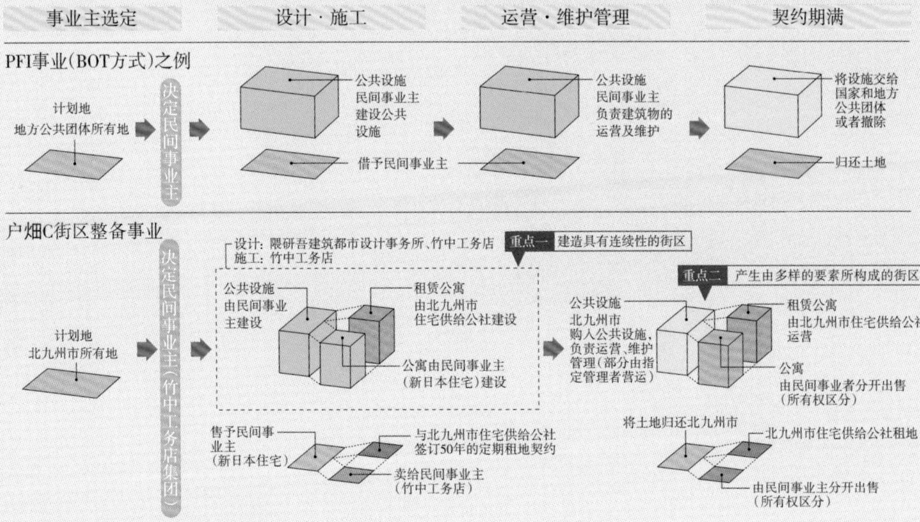

户畑区办会厅内部。自然光从设置于观众席立起部分的裂缝状开口部照射进来。

1. 区办公厅内部。钢骨梁所支撑的观众席下部相当开阔。**2.** 坐落在建筑用地东侧北九州市的千防托儿所。面向不易从外部侵入的中庭之广大的开口部（右）。**3.** 交流之丘是平坦的户畑区街道上稀有的高台。能瞭望远方跨在港口的若户大桥。**4.** 观众席的高度约50厘米。采用混着树脂的再生木。以安全管理上的问题为由，通常并不对外开放。**5.** 铝格栅的断面尺寸为15毫米×30毫米。两铝条的中心距离有3种尺寸，分别为60毫米、70毫米、80毫米，在与原型比较后，选择70毫米。**6.** 2007年7月28日夜，户畑祇园大山笠的表演活动开幕。在街道游行的角锥状灯笼大山笠，高10米，重2.5吨。对于前来参观大山笠、挤得如沙丁鱼的人们来说，观众席成了最佳的看台。（摄影：隈研吾建筑都市设计事务所）

建筑项目数据

所在地——北九州市户畑区千防1-1
主要用途——办公厅、残疾人活动中心、托儿所、高龄者专用集合住宅、租赁集合住宅
所在区域——商业地域、防火地域
建蔽率——80.22%（允许范围100%）
容积率——226.62%（允许范围400%）
前方道路——西36米、南31米、东10米、北12米
停车场容量——271台
占地面积——1万3010.98平方米

建筑面积——1万4370.81平方米
总楼地板面积——3万9959.75平方米
结构、层数——RC结构、地下二层·地上十八层·塔楼一层
高度——最高59.89米、屋檐高58.71米
委托方——竹中工务店、北九州市住宅供给公社、新日本住宅
设计者——隈研吾建筑都市设计事务所、竹中工务店
监理——建筑：隈研吾建筑都市设计事务所、竹中工务店；
景观顾问：色彩计划研究所

施工方——竹中工务店
施工协力——电气：住友电设；空调：新菱冷热工业；
给排水卫生：三建设备工业
设计期——2005年1月—2005年7月
施工期——2005年8月—2007年7月

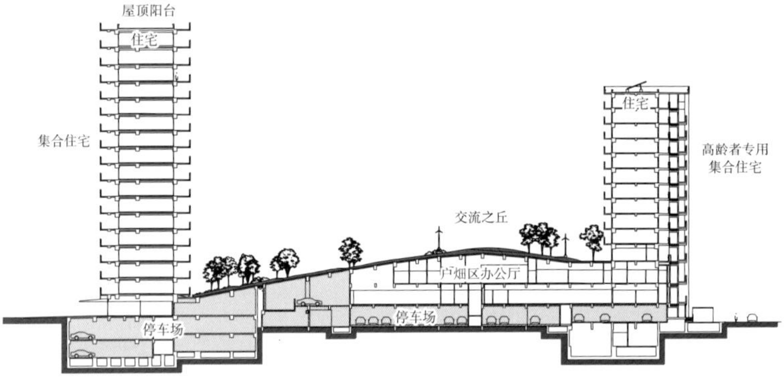

断面图 1/1500

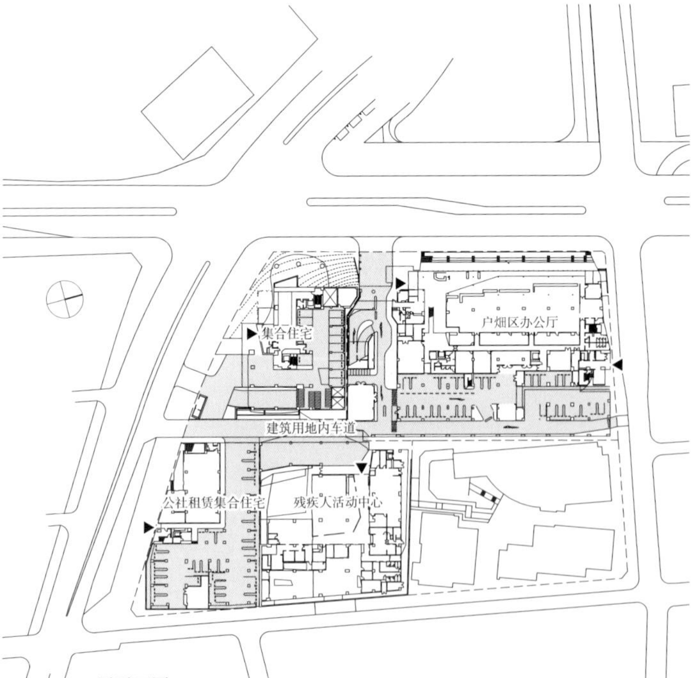

一层平面图 1/2500

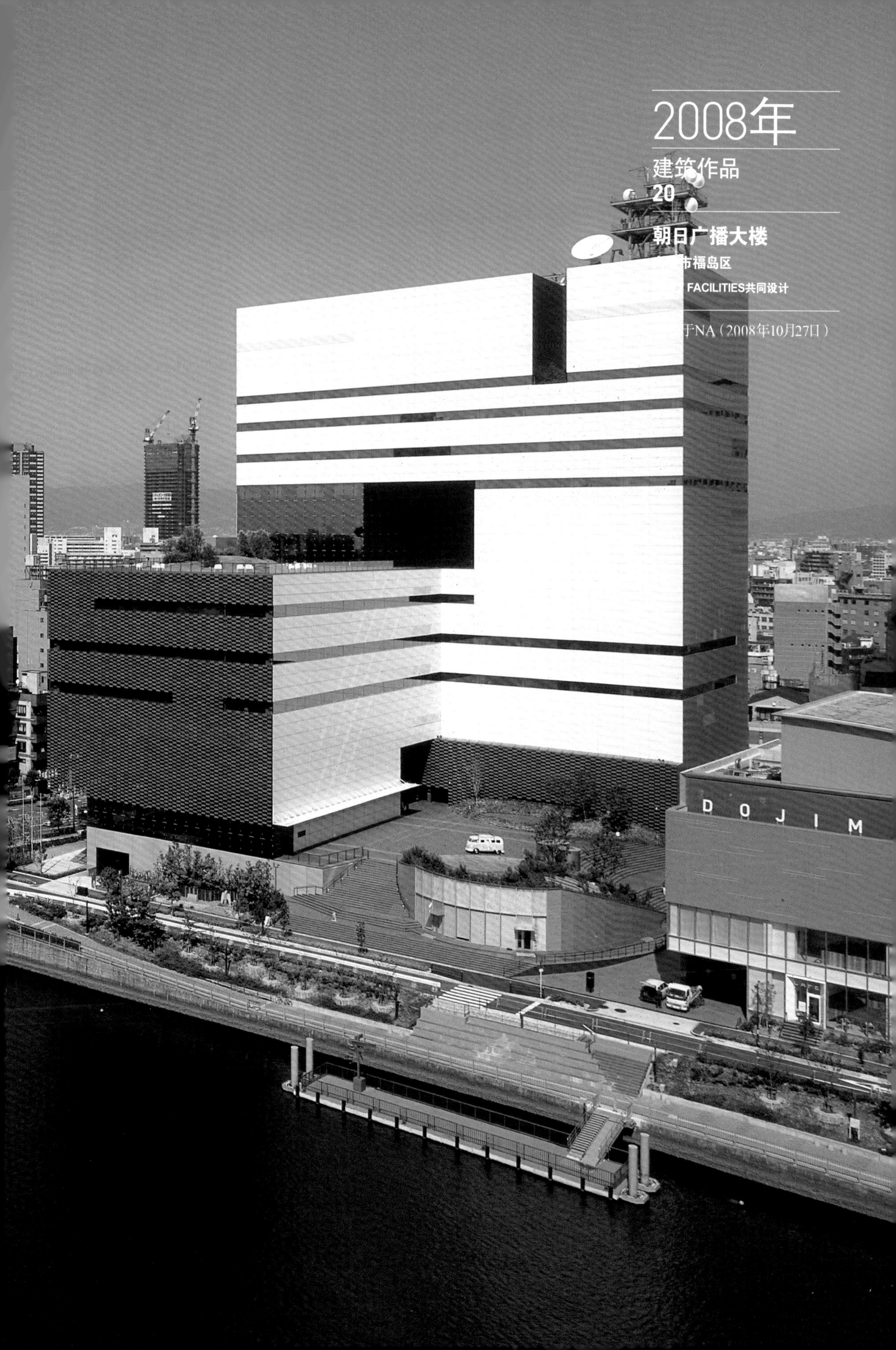

2008年

建筑作品
20

朝日广播大楼

市福岛区

FACILITIES共同设计

于NA（2008年10月27日）

面向河川的广播大楼

隔着堂岛川眺望。在街区的重建中，担负“传播文化、信息”的功能。（摄影：名执一雄）

『新的方案只有六十五分左右，并不完美。』

朝日广播大楼新楼规划案的负责人谷浩司决定大幅变更设计方案，此事发生在开工后约半年左右。二〇〇三年在都市再生机构的事业提案竞标选中了面临堂岛川的建筑用地，隈研吾建筑都市设计事务所与NTT FACILITIES共同进行新大楼的设计工作。

作出迁移决定的是当时的朝日广播台台长柴田俊治，他选定此处的理由是『河川的存在』。面向水边广阔的再生木平台，以及设置在建筑物上称为『风穴』的开口部，是建筑最大的特征。

在功能方面，巨大摄影棚的空间配置是个大课题。在低层部分，将两个拍摄节目的工作室和处理节目实况录音的大厅做L形配置，以确保再生木平台。再把两个摄影棚堆在中层部分。面向堂岛川的建筑的基本架构，则在初期就固定下来了。

—在设计最后阶段的变更要求—

从二〇〇四年七月起虽然进入了施工设计期，但在同年十月，应委托方的要求，决定变更防震结构，这让排定的日程变得很紧迫。在提出变更要求的时候，施工设计已经进入了尾声。

事情的起因在于转播车车库的位置。在最初设计时并没有问题，可是随着施工的进行加上了柱子，使得转播车不容易进入车库。隈研吾建筑都市设计事务所设计室室长藤原彻平说道：『在调整跨度和房间的过程中，问题出现了。』

在这个时间点上是否可以变更？虽然谷浩司试着询问，但基于工期大幅延后的负面结果，当初并未具体实施。

固然非常理解设计者的立场，但如果照这样建造下去，迟早会后悔的。谷浩司委托藤原彻平与常驻现场的NTT FACILITIES建筑设计部阪元刚夫再作研究。他们提出将转播车车库移往相反的方向，与其他车辆共享门口的停车场。这是个具有说服力又能解决问题的方法。

经过这次变更，『三人都确信此举能够使建筑更加完美，同时也能保持一体感。』藤原彻平说。深厚的信赖关系支撑整个规划案直到最后。

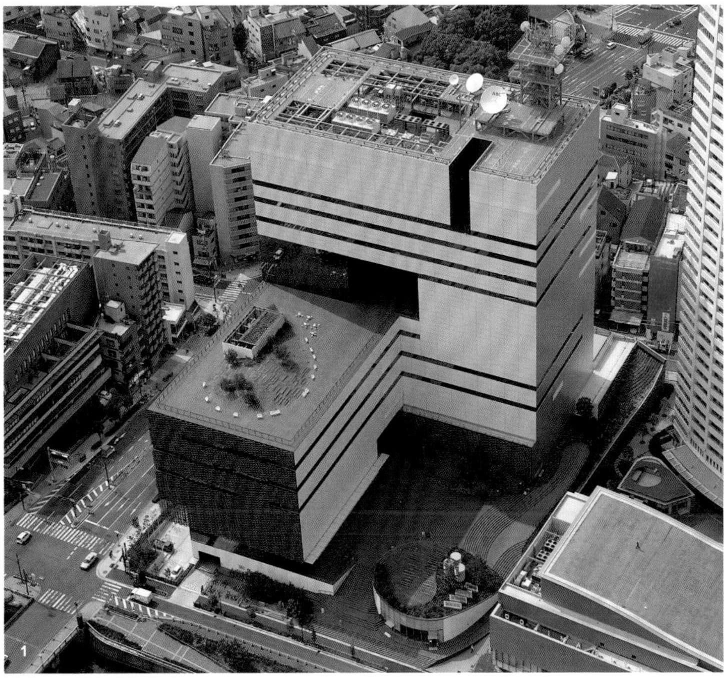

1. 东侧上空。为了削减成本，主要在南北面的外壁作聚四氟乙烯涂装处理。（摄影：尾关弘次） **2.** 覆盖着壁面的低层部分与方格花纹模样的再生木格栅。呈现出与一般办公大楼不同的外观。

2

1

3

2

1. 从10层的空中阳台望向堂岛川。**2.** 从空中阳台通过“风穴”往北方看。**3.** 面向空中阳台的10层餐厅。楼梯的上部成为休息室。**4.** 方格花纹的木格栅投影在入口大厅内。

4

设计者的声音 | VOICE

展现形式，透过对话营造街区

隈研吾（隈研吾建筑都市设计事务所）

2000年左右，有机会和朝日广播台柴田台长谈话，提到了“工厂与庭院”这样的概念。先要有庭院，将人聚集在那里，交换信息，然后作为工厂的摄影棚和制作部门，将这些信息整理起来并予以浓缩，这就是两者的关系。

在将计划具体化的过程中，摄影棚和庭院的对立成为问题。大楼面向堂岛川，采用“借着孔穴连接都市的庭院”这样的想法。像广播电台这种讲求安全的地方，一般人很难进入。正因为能够和委托方共同拥有“面朝堂岛川”的理念，所以计划得以实现。

在建设过程中，从大阪府传出维修堂岛川码头的说法。难道是早有计划？不，此乃因为民间的努力，才让行政部门行动起来。我实际的感觉是，所谓由民间建造起来的都市计划，就是这样的东西吧！

此外，还实现了与紧邻的街区、事业经营者的软性调整。不像过去的幕张湾区，首先必须制定规则。在设计文化已经成熟的社会中，建筑师一边从事设计，一边进行调整，以这种方式建立一种即时对话，让建筑师来担任调整的主角，是比较理想的。

10年来，在自然中打造优美空间的规划案有很多。这些手法，我想在都市里也应该可以用到。就以这种找出水和风的流动，纳入建筑中的事情来说，这可以说是第一个以都市规模展开的例子。

用空地模糊其界线

“萤町”是根据都市再生机构的调整，在大阪大学医学部附属医院旧址上重新开发的项目。A街区的经营者，是在2003年12月确定为朝日广播台，B街区约在半年以后，确定了经营者。整体的设计要怎样进行呢？

在公开招募经营者时，都市再生机构制订了包含整个区域的环境维护方针。例如，A街区与B街区的界线是“构成中之岛与周边合为一体、环形的步行者网络”。该机构在2004年9月，成立事业经营者开发协商会作为调整的机构。

外部空间的设计调整由竹中工务店负责。该公司大阪店设计部的杉村修一经理说道：“一面发挥各个建筑的个性，一面在地面以统一的材料提高街区的一体感。”

负责B街区景观的三谷徹与朝日广播大楼的设计者隈研吾彼此认识。“通常，对他人的土地是不能干预的，但在这里却可以商量。这真是太幸运了。”隈研吾说。再与之前设计的A街区的交界处，相互让出空地，采取相互管理的体制。在界线上的中央林荫道上栽种树木，巧妙地将彼此的街区连接在一起。

1. “萤町”的全景。B街区是由地上49层的高层集合住宅、14层的集合住宅、多功能大厅及商业设施等构成。**2.** 从建筑用地北侧穿过街区的通道。

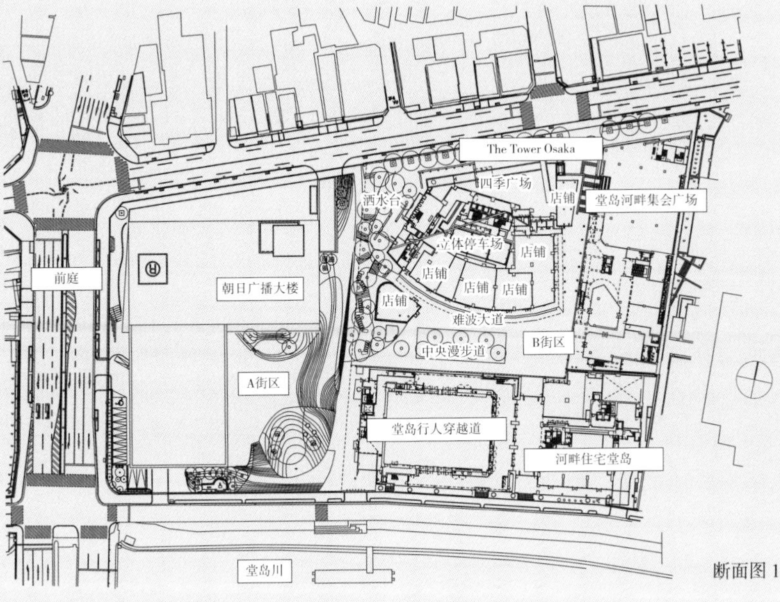

断面图 1/2500

建筑项目数据

所在地——大阪市福岛区
所在区域——商业地域、防火地域、停车场维修地区
建蔽率——81.89%（允许范围100%）
容积率——475.80%（允许范围600%）
占地面积——8500.04平方米
建筑面积——6959.83平方米
总楼地板面积—4万3401.27平方米

结构、层数——钢骨结构·一部分RC结构·一部分SRC结构（防震结构）、地下一层·地上十六层·塔楼二层
高度——最高77.507米（含建造物93.032米）、屋檐高72.972米
委托方——朝日广播
设计者——建筑：隈研吾建筑都市设计事务所、NTT FACILITIES；结构·设备：NTT

设计协助—结构：日总建；设备：综合设备顾问；造园：PLACEMEDIA；照明：松下电工
监理——监修：隈研吾建筑都市设计事务所；建筑·结构·设备：NTT-FACILITIES；造园监工：PLACEMEDIA
施工方——竹中工务店
设计期——2003年9月—2005年9月
施工期——2005年10月—2008年1月

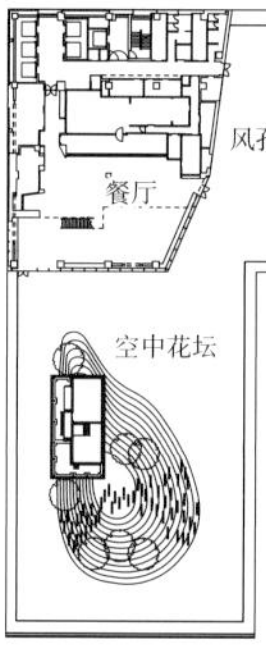

十层平面图 1/2000

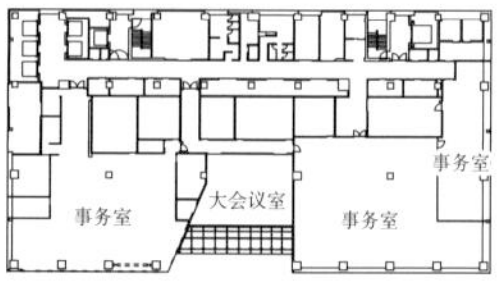

十二层平面图 1/2000

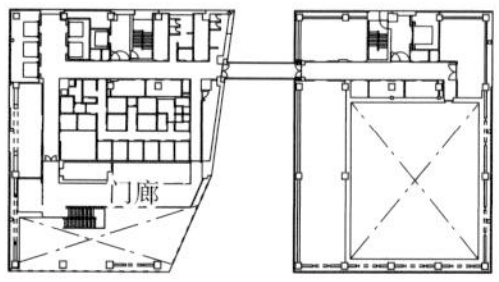

十一层平面图 1/2000

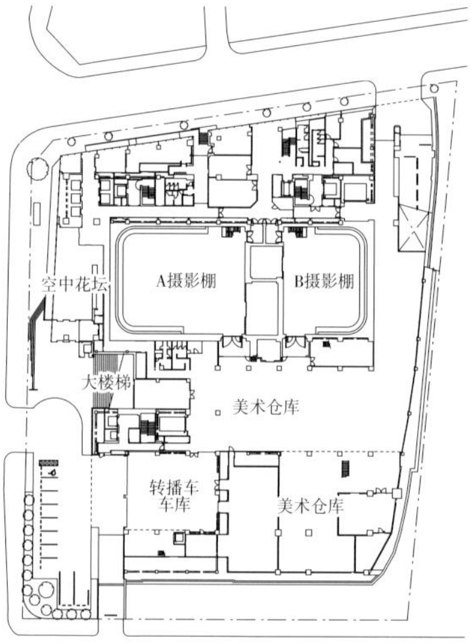

一层平面图 1/2000

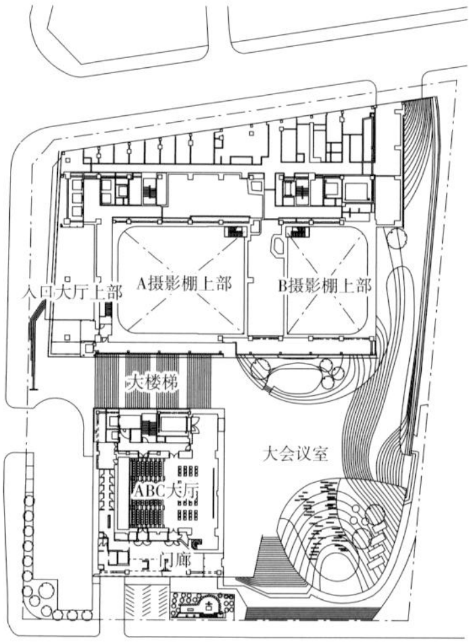

三层平面图 1/2000

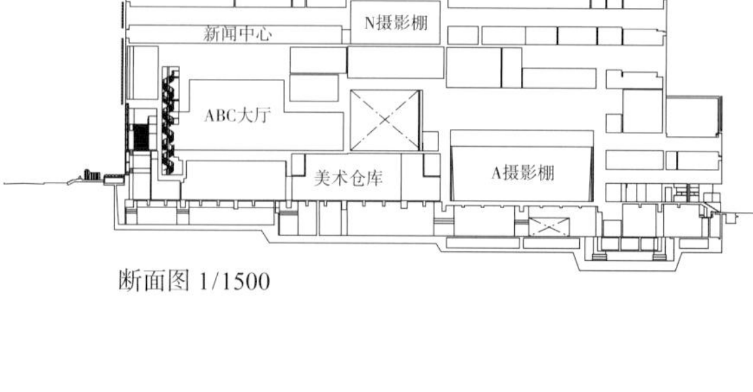

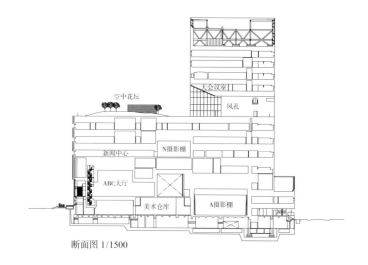

断面图 1/1500

隈研吾建筑都市设计事务所的海外规划案

——对中国和欧洲分别采取不同的战术

刊载于NA（2010年6月14日）

事务所的规划案，即使只限于海外，也有将近四十件。而且从左页的地图可知，规划案分布在世界各地。有关这样的海外工作，其方法大致可分为两类：『中国提案型』和『欧洲竞标型』。接下来我们通过正在进行中的规划案，探询隈研吾的战术。

『中国提案型』，由于建筑企划仍处于尚未巩固的阶段，所以一切都要从零开始，相当于初步设计的提案（PD）。几乎没有具备专门知识的顾问在旁。必须一面重复聆听有关建筑用地的特性、法规、功能、面积等要求，一面在设计的过程中进行调整。

『欧洲竞标型』，在竞标的要点上，基本计划都已确定，然而就竞标案而言，其要求的水平，若以日本来说，相当于基本计划和基本设计中间阶段的概要设计（SD）。此外，运营部门还加入了许多专家。由于运营部门回归企划领域上，所以想作设计上的变更是很困难的。即使提出改善方案，也不会被接受。

虽然是不同性质的规划案，但是不论哪一种都会积极地挑战。不论是『中国提案型』，还是『欧洲竞标型』，都『感觉有趣』，这是隈研吾的风格。如果是还未决定的，那就一起做下去。如果是无法回头的，那就接受条件，思考新的解决对策。凭着这样的态度，在海外的活动范围日益扩大。

主要的海外规划案（表中的“-”指用途未定。制表时间：2010年5月）

	所在地	项目名称（都市·州）	主要用途	规模	竣工时间
01	西班牙	格拉那达表演艺术中心（格拉那达）（A）	大厅·剧场	1.2万平方米	–
02	法国	贝桑松艺术中心（贝桑松）（B）	美术馆·音乐学校	1万平方米	2010年12月
03		马赛（C）	现代艺术美术馆	6000平方米	2011年
04		麦当劳公共复合设施（巴黎）（D）	学校·住宅	–	–
05		艾克斯普罗旺斯音乐学院（普罗旺斯）（E）	音乐学校	–	–
06		巴黎上下（巴黎）	店铺	100平方米	2011年秋
07	列支敦士登	D住宅	住宅	1500平方米	2010年12月
08	意大利	意大利罗贝度	饭店·店铺	–	–
09		卡萨尔格兰德 住宅	–	–	–
10		卡萨尔格兰德·罗通达项目	–	–	2010年4月
11		卡瓦市场总社（拿波里）（F）	店铺·事务所	3.6万平方米	–
12	匈牙利	TR规划案（布达佩斯）	办公室·商业	–	–
13	不丹	基·不丹心灵健康度假中心（第一期）	–	–	–
14	泰国	NGA度假饭店规划案	饭店·别墅	2.9万平方米	–
15	中国	老君山　道教美术馆（云南）	画廊	2000平方米	–
16		云南度假饭店区（A区一）（云南）	饭店	2万平方米	–
17		云南度假区（A区二）（云南）	度假住宅	25公顷（建地）	–
18		云南度假区（A区三）（云南）	度假住宅	30公顷（建地）	–
19		成都新津项目（成都）	都市计划	100公顷	–
20		新津博物馆·水之展览馆（成都）	博物馆	1.2万平方米	2011年9月
21		新津竹林餐厅（成都）	餐厅	–	–
22		三里屯SOHO（北京）（G）	商业·住宅·办公室	46.6万平方米	2010年5月
23		北京望京B15规划案（北京）	办公室·饭店·商业	18.5万平方米	–
24		北京商业园区（北京）	办公室·饭店·商业	13.6万平方米	–
25		北京茶屋（北京）	住宅	350平方米	–
26		苏州新区规划案（苏州）	–	21.3万平方米	–
27		T规划案（杭州）	办公室·住宅·商业	30万平方米	2012年4月
28		中国美术学院博物馆（杭州）（H）	美术馆	5000平方米	2012年春
29		上海上下（上海）	店铺	50平方米	2010年5月
30	韩国	N规划案	研修所	3万平方米	–
31		韩国私人画廊别墅	–	–	–
32		济州度假别墅（济州岛）	别墅	820万平方米	2010年
33	美国	波兰公馆（苏珊邸）（康州）	住宅	300平方米	2010年夏

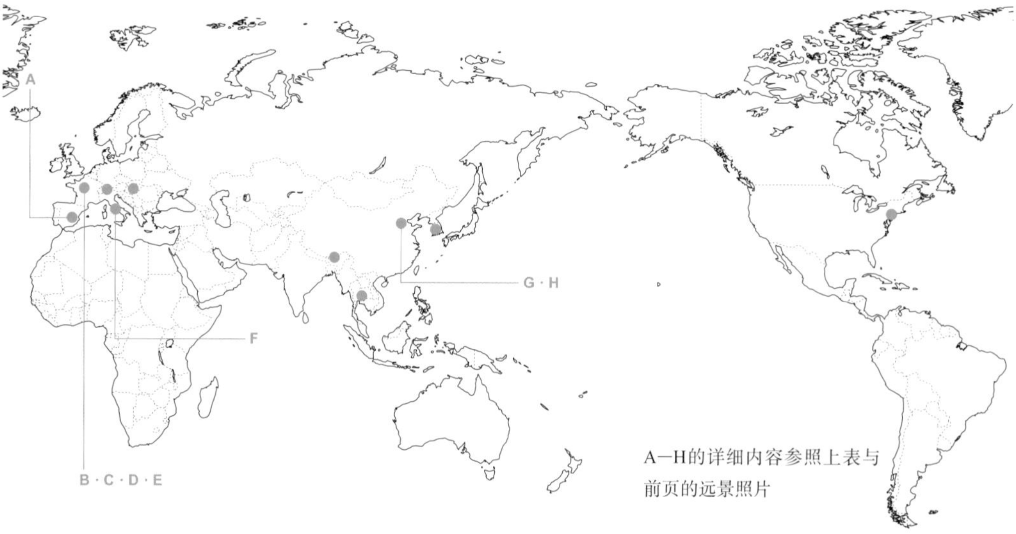

A—H的详细内容参照上表与前页的远景照片

让三角形构成的平面和立面融入倾斜的山中

中国美术学院博物馆（中国杭州）

由于二〇〇二年完成了『竹之屋』，隈研吾建筑都市设计事务所在中国的知名度大大提高，经常在中国展开各种规划案。其中之一是『中国美术学院博物馆』。它是坐落在杭州市『中国美术学院』校区内的附属美术馆。

建筑用地位于大学的茶园山中。隈研吾建筑都市设计事务所的藤原彻平回顾说：『最初，并没有明确的规划，需要不断地与委托方沟通。』基本计划耗时约六个月，从二〇一〇年三月开始设计。

最初是视察建筑用地，然后提出三个方案。第一个方案是『道路案』，以山路作为建筑的一部分而展开的计划。在犹如洞窟的道路上前进，就会看到美术作品。第二个方案是『围墙案』，连续的墙壁，一面盘成立体状的一团，一面形成建筑物。活用围墙分隔茶园与校区的建筑用地，并意图添加新的象征。第三个方案是『地形案』，所提出的

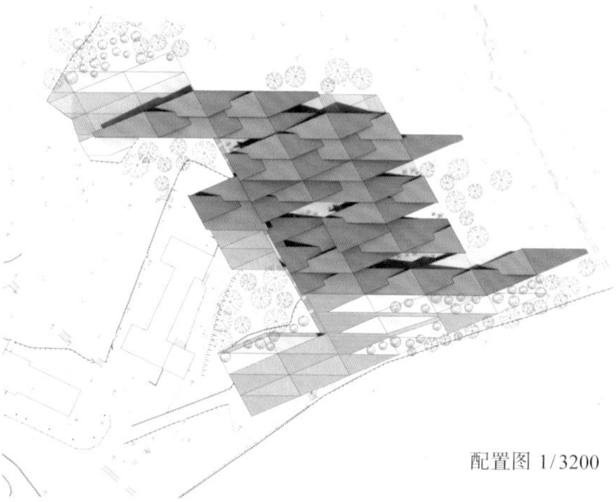

配置图 1/3200

1. 中国美术学院博物馆的外观远景。建于茶园的山上。利用倾斜做出使三角形重叠的形态。古时民家的瓦，不仅使用于屋顶，也用于壁面上。（资料：隈研吾建筑都市设计事务所） **2.** 会议大厅。设置宽阔的开口部，周围的自然环境与连续的三角形屋顶能够一览无遗。

建议是使多面体的屋顶仿佛与地形的等高线重合。

向委托方分别介绍了这三个方案，结果被选中的是『地形案』。『其实就事务所来说，原本预料会选择围墙案。不过，由于围墙案需要有一定高度，会过度破坏原有的景观，基于此而被拒绝。我们明白委托方最在意的是「按照山的样子把山保留下来」。』

至于地形案，在使用多角形来表现山脉起伏的意义上，与『下关市川棚温泉交流中心』和『肯尼高地博物馆』是共通的。然而，这两个建筑物只在外部的表现上使用多角形而已。在这次的规划案中最大的不同是，三角形同时被当作平面与立面使用。为了一面有效利用倾斜，一面作三角形的配置，不仅平面，立面也产生出三角形。

在内部备有会议室、展览室、特别展览室、屋外展览室等。展示空间被设计成沿着山坡、动线顺畅、联系密切的三角形空间。有效运用因倾斜而产生的高低差，使立体的效果得以实现。至于两个特别展览室，则使其具有独立的动线。在设置于展览室中间的

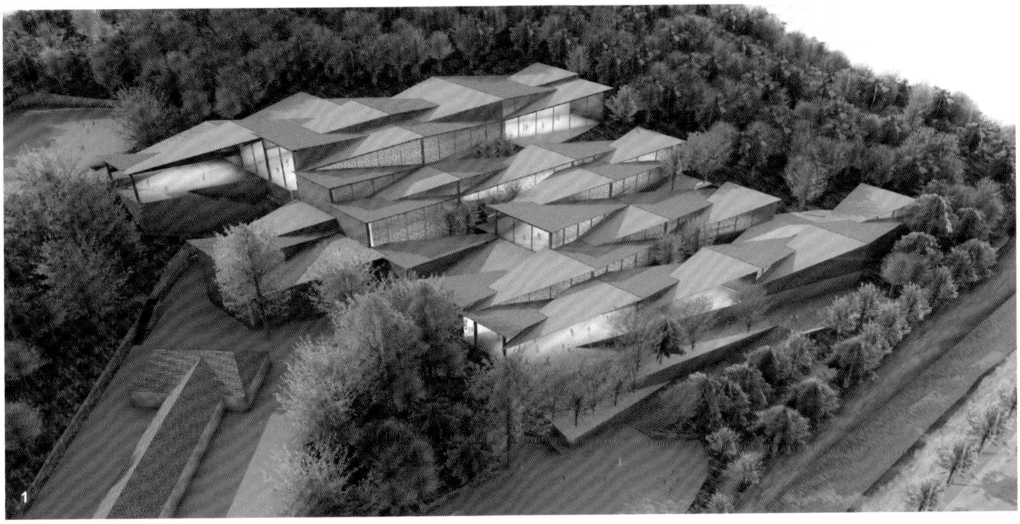

1. 俯瞰整体建筑。重叠数层的三角形屋顶。**2.** 展示室。在开口部活用瓦片作为遮蔽物。在钢骨结构上配有挂画轨道，以取代可移动的墙壁。**3.** 屋顶架构的模型。结合三角形的力量，支撑重物，实现刚性的最合理形态。

屋外展览室，让人们能够愉快地借着自然光来鉴赏美术作品。

因『从零开始』所产生的想法

『整个计划就是从零开始的，事实上几乎所有的条件都从零开始，而且是和委托方一起决定的。』藤原彻平说。从聆听展示室的设计要求和思考提供什么样的体验场所之中，将计划逐渐确定下来。

通过和委托方从零开始讨论，决定增加建筑物的强度。例如，会议室在最初计划的时候，设计的是大箱型的会议室，但后来却变更为向外部开放的空间。

藤原彻平说：『在一起讨论的时候，我感到他们对山非常重视，希望借着开放的会议室，即使从内部也可以看到连续的屋顶。虽然这样做需要重新审视动线和平面图，但委托方听了我们的提案后，对我们说：「如果不开放，就失去建造的意义了。」』

此后，建造成了关键点。需要让建筑与倾斜的地面合为一体，打造连续的三角形，如果希望这两件事同时成立，则有必要从土木方

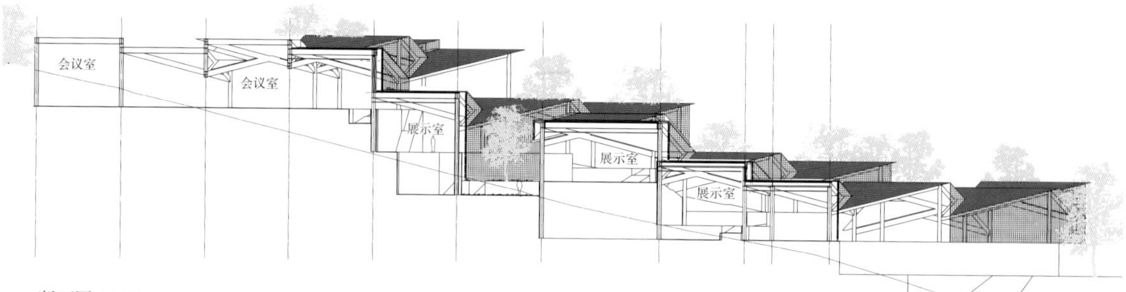

断面图 1/800

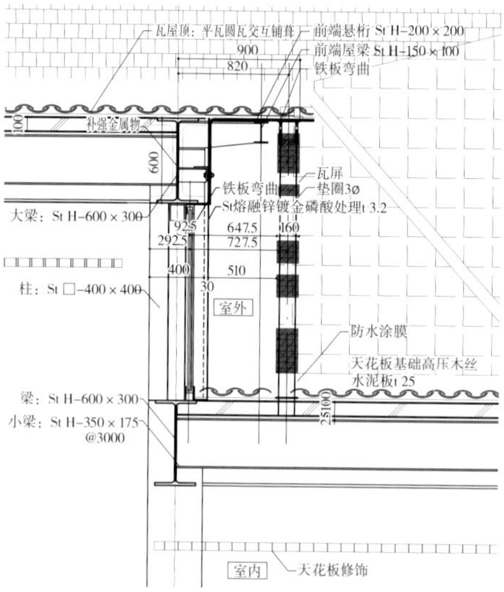

断面图 1/60

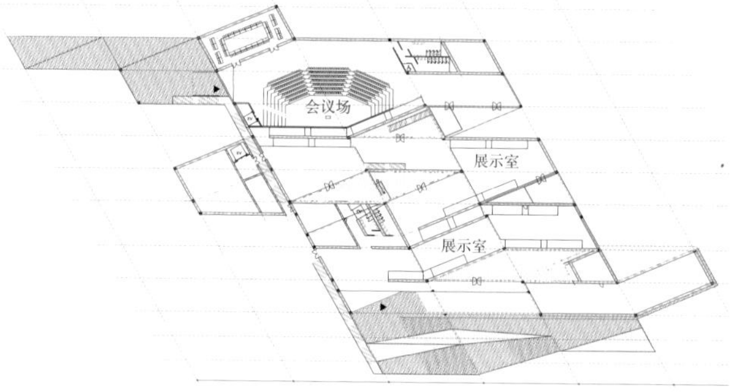

平面图 1/2200

面验证其实现的可能性。在目前的设计上所设定的原则是，下挖的最大深度为六米，平均约为三米。

「就下一步来说，正在等待工程师发出无法做到的悲鸣。由于经常从事挑战，一想就明白那是相当轻率的事情。若没有从某个地方发出悲鸣，反而会觉得奇怪。悲鸣增加了规划案的真实感，更是为了让规划案往下一步推进。」

建筑项目数据

所在地——中国杭州
主要用途——美术馆
委托方——中国美术学院
占地面积——9525平方米
建筑面积——3448平方米
总楼地板面积——4799平方米
结构、层数——钢骨结构、地上一层（部分二层）
设计方——建筑：隈研吾建筑都市设计事务所；
结构：小西泰孝建筑结构设计

巨大的蜂巢使结构与设计并存

格拉那达表演艺术中心（西班牙格拉那达）

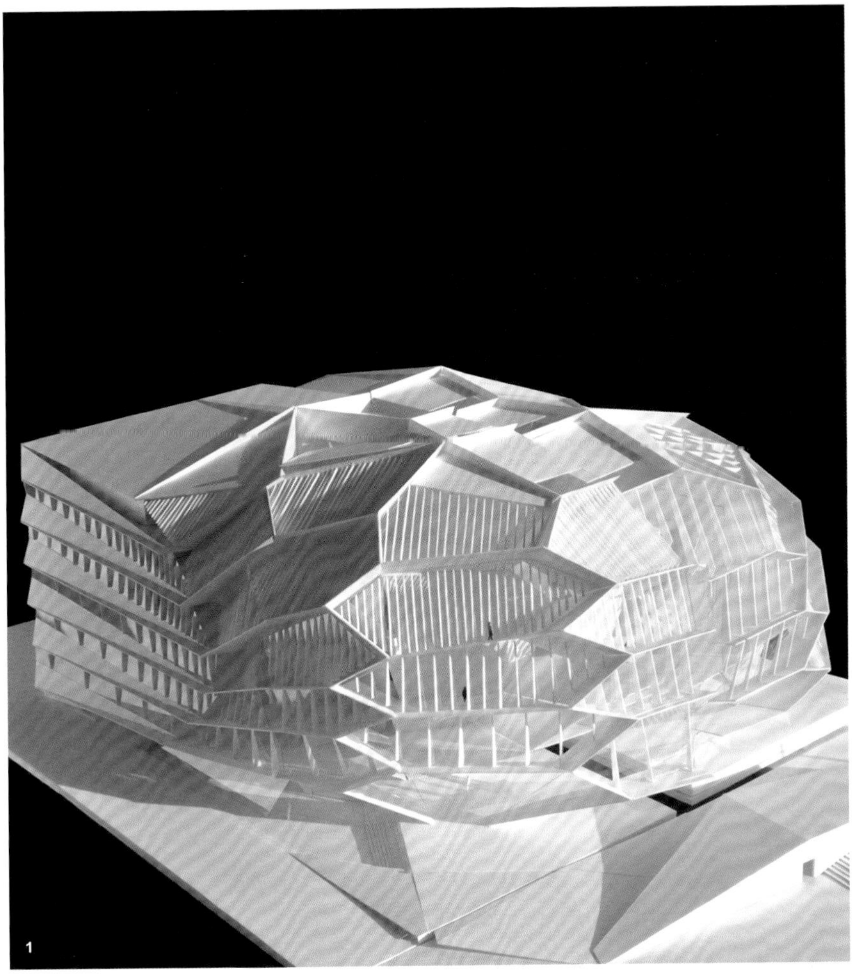

1. 模型以表现出抽象性为最大目标。（资料：限研吾建筑都市设计事务所） **2.** 屋外是绿色的景观。能够作为展示野外的空间也是条件之一。 **3.** 大厅。提议观众席以六角形槽状作区隔，建立观众之间的亲密关系。 **4.** 入口。帷幕墙是需今后探讨的课题。

在二〇〇八年十月的国际竞标中，限研吾建筑都市设计事务所成功中标，设计的对象是成为话题的『格拉那达表演艺术中心』（西班牙）。项目于二〇一〇年春天开始进行设计。

『事实上，从中标开始，所有的事情并非进展得十分顺利。』设计室室长池田由纪说。竞标的主办者安达鲁西亚自治州政府，以及格拉那达市政府方面，在条件设定上耗费了相当多的时间。话虽如此，但也有『欧洲的规划案从竞标到签订契约为止，相当耗费时间，这本是常有的事』之类的说法。在世界各地进行规划案的公司里，好像只有限研吾建筑都市设计事务所，即使有空白期，也不会惊慌。二〇一〇年四月着手设计，耗时两个半月。接着，施工设计又大约用了六个月才完成，这导致之后的工期十分紧张。

在竞标中，被要求的是一个多用途的大

厅，主要用于上演歌剧，而且也可以用于戏剧、音乐会和电影放映。『建立观众之间的亲密关系』也是主要的目标之一。

限研吾等人提出的方案，在结构上是以六角形的蜂窝槽作为观众席的区隔，多个槽连接成扇形，将舞台包围起来。而且作出划分观众席的蜂窝形状，直接成为建筑物整体结构的一部分。在内部营造出观众席的舒适感以及和舞台的一体感，同时外观因巨大的蜂窝而表现出活力。这不但满足了主办单位提出的条件，而且同时将蜂窝呈现于内外两部分，而那股简单明了的魅力，获得了极高的评价。这样的态度，乃是在欧洲竞标中获胜的关键。

事务所到现在为止有若干的规划案采用了蜂窝状的构造。例如，在Tiffany银座大楼，铝制蜂窝镶嵌玻璃被用于外装面板上。二〇〇五年在韩国首尔郊外举办现代美术展的展览馆『纸蛇』也使用了纸制的蜂窝，并且夹杂着FRP平板。

『在这两个建筑中，蜂窝被当作小单位的「粒子」来使用。将这个想法加以发展，通过扩大规模，或许可能会产生出意想不到的效果。相关研究从将蜂窝板做各种方向的切割，然后探讨能够造出什么样的空间开始，结果，出现了巨大的蜂窝结构。』池口由纪顾说。

—

抽象性乃是关键

—

从结构设计到竞标阶段，均由江尻建筑结构设计事务所负责，直到设计完成之后，才和西班牙的结构设计事务所BOMA一起合作。

2

3

4

『以往，只有模型才具有抽象性的表现。此后，一面保持抽象性，一面以最接近的形式使之实现。在这个规划案中，漂亮的细节表现，并非是最重要的。抽象性才是最重要的。表现重点不在于建筑的修饰加工和隔间的厚度，而在于如何以蜂窝所形成的结构给人轻薄的印象。』

结构虽然预定为钢筋混凝土，但也探讨了将钢骨作为框架，用于一部分的蜂窝上。这个施工方法也是今后应该探讨的问题。

由于蜂窝结构纵贯内外，兼顾音响效果与动线计划就变得很复杂。筒状的蜂窝，因为存在如果声音进去太深则反弹不出来的问题，所以在槽中添加斜板。这也具有结构方面的意义。动线也配合蜂窝的倾斜角度进行设计。

池口由纪说：『关于音响系统、舞台设定、设备等，一面向预算妥协一面继续进行设计。它将会是一个时间跨度很大的规划案。即使进展顺利，也要四年才能完成。』建筑物所在地的格拉那达市，将在二〇一三年迎来一千岁的生日。

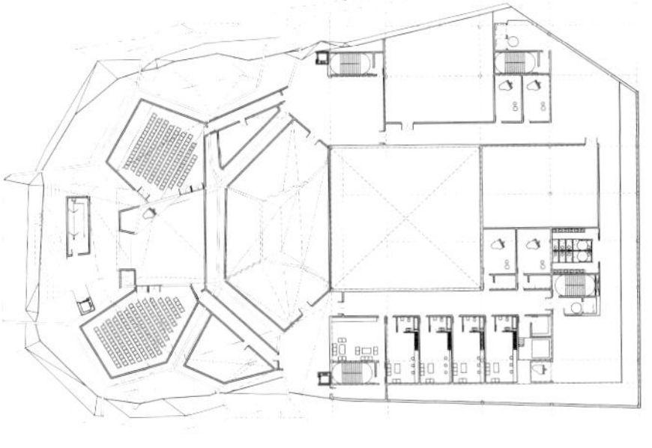

四层平面图 1/2000

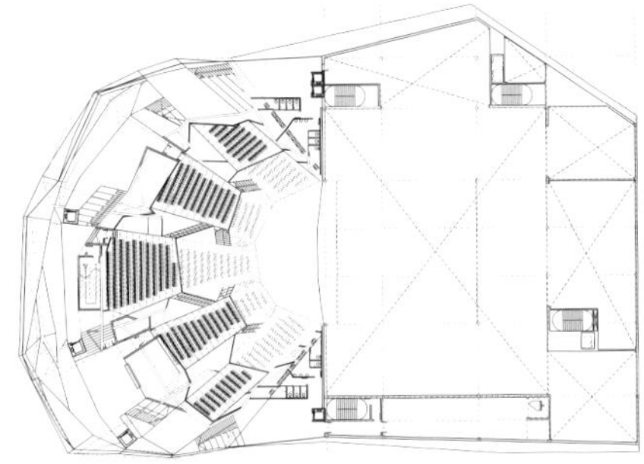

一层平面图 1/2000

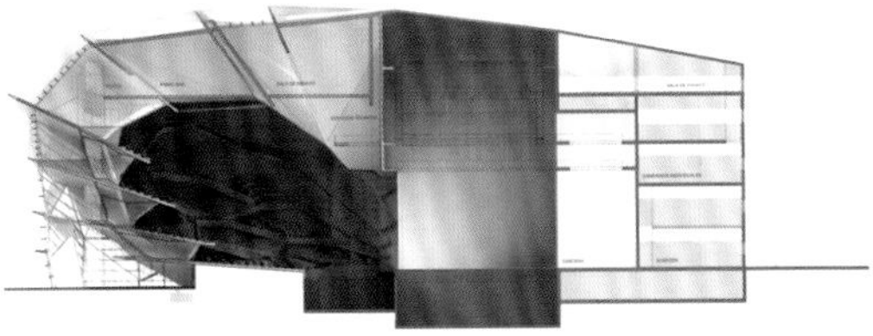

断面图 1/2000

建筑用地位于市中心与郊外的交界处。"并非刻意这样做，但就结果而言，外观与该市的水果，同时也是都市名称由来的石榴（granatum），在形态上颇为接近。"负责设计的罗沛兹·阿拉威迪斯·狄亚戈说。

建筑项目数据

所在地——西班牙格拉那达
主要用途——多用途大厅
委托方——安达卢西亚自治区政府
占地面积——6553平方米
建筑面积——4780平方米
总楼地板面积——1万2042平方米
结构、层数——RC结构，地下一层·地上五层
设计方——建筑：隈研吾建筑都市设计事务所，当地建筑师：A H & asociados，结构：BOMA，造园：Teresa Galí-Izard (Arquitectura Agronomia)，音响：永田音响设计

第六章

隈式发想术及设计手法

东京事务所共有86人，巴黎事务所共有8人。
已拥有不能仅称为工作室的职员人数，
国内约40件，海外约40件的规划案正在进行中。
到底如何运营组织，
如何将众人的想法集合在一起呢？
究竟隈研吾的24小时是如何度过的？
多角度追寻隈研吾的工作方法。

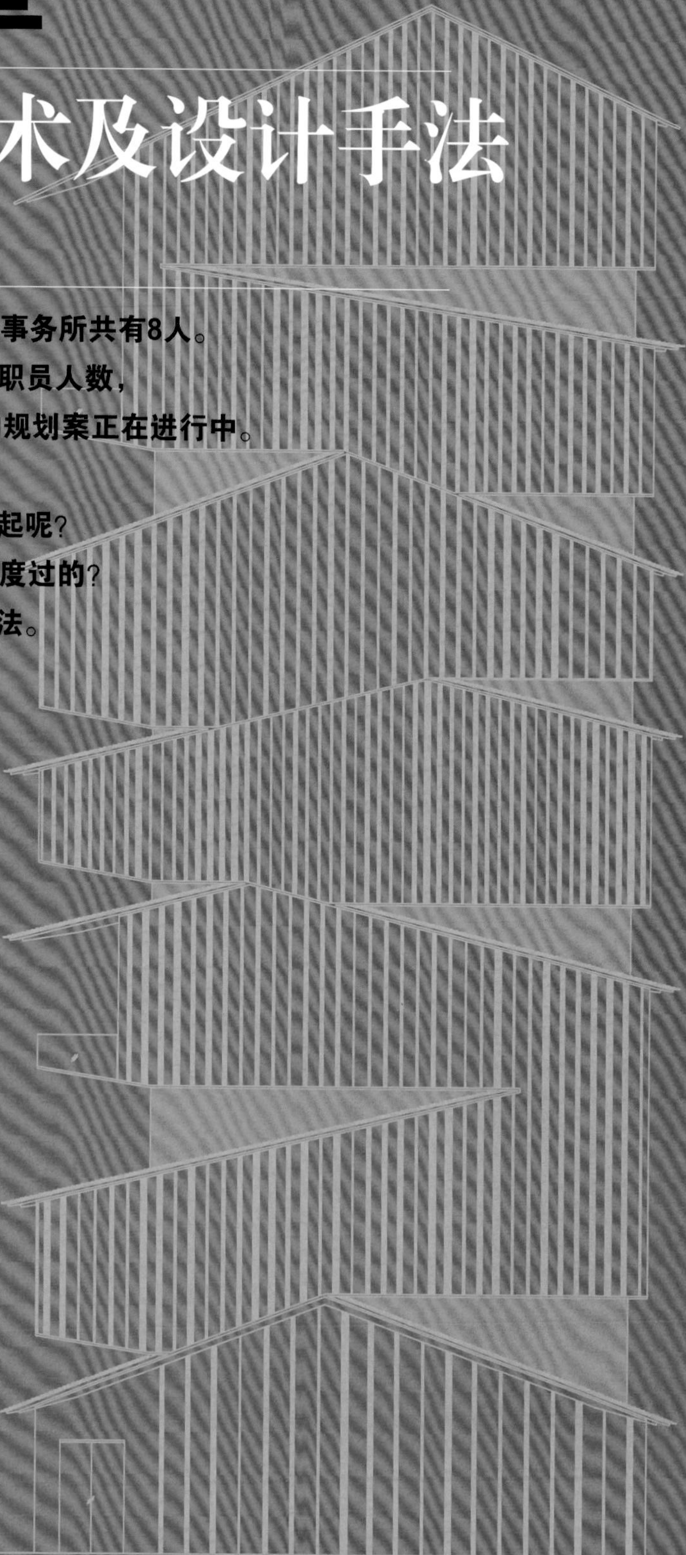

背景是“浅草文化观光中心”的立面图。

建筑师隈研吾的成长史

——在被动中发现的乐趣成为力量

刊载于NA（2007年1月9日）

从东京大学毕业后，到美国哥伦比亚大学留学。回国后，因为那个采用爱奥尼亚式柱头的「M2」，而作为后现代主义的旗手受世人瞩目。虽然貌似走在精英分子的道路上，但也经历过屈居人下的日子。在那个时期学到「即使在被动中也能发现乐趣」的态度，使得今后有效利用自然素材的建筑开花结果。

隈研吾是如何成为隈研吾的呢？为了使这件事逐渐明朗化，首先，我们向本人问问看，他从何时开始变成隈研吾的。「刚好在二〇〇〇年左右吧！在设计广重美术馆和石头美术馆时，面对这样的建造方法，我确信自己能很愉快地完成工作」。

以杉木格栅覆盖的「那珂川马头町广重美术馆」与一面使用石头，一面表现出其轻盈的「石头美术馆」。由于两个建筑有效地利用当地所生产的素材，在国内外受到极高的评价。

此后，以东京为舞台，接二连三地完成了「话题之作」。像外观以巨大的木格栅覆盖的「ONE表参道」和搭配竹林的「梅窗院」等，连续创造出巧妙使用日本素材的建筑物。二〇〇七年三月，在东京六本木开业的「东京中城」里，设计了「山多利美术馆」，其外观点缀了极薄的白瓷，「以不输给海外建筑师的「和式设计」为目标」。

1

「重要的是，工作时不要让自己觉得无聊。若不能愉快地工作，就无法与对方沟通。」这样的想法可以帮助自己打开思路。

1. 田园调布市小学的学生时代。（摄影：隈研吾建筑都市设计事务所） **2.** 丹下健三设计的国立代代木竞技场（1964年）。这正是隈研吾立志成为建筑师的契机。（摄影：三岛叡）

从所谓确立设计风格的二〇〇〇年起，这种想法就不曾改变过。

令人害臊的『破房子』很棒

虽然隈研吾在泡沫经济破灭前，凭借『M2』精神抖擞地登上历史的舞台，但是在此之前屈居人下的日子，却并不为人所知。

令人惊讶的是，据说隈研吾在小学五年级的时候就已经决定要把建筑师当作自己的职业。当他在电视上看到作为东京奥林匹克竞技场建造的、位于东京涩谷的国立代代木竞技场的时候，『知道了丹下健三这样的建筑师，于是对建筑师这个职业怀抱有美好的憧憬。』从此以后，脑中没有建筑师以外的职业。

对于建筑最初的认识始于他生长的家。他的家沿着铁路旁的道路而建，这条铁路连接了横滨市郊外的东京和横滨。它建于战前。那时，社会处于高度经济成长期，周边新住宅鳞次栉比。『剥落的土墙，散乱在榻榻米上，木制的窗框全是缝隙。与周围的房子相比，自己住的家是个破房子，这实在令人害臊得很。』隈研吾

回顾当时说道。

在高中的时候，想法完全翻转过来。我认为『自己的家很棒！』东西随着时间而腐朽的样子令人喜爱。我觉得，在书本中读到的『对高度经济成长的反对意见』就在自己的家里。

虽然对于丹下健三这样的建筑师形象抱着疑问，但是以建筑为职业的意志，并没有改变，大学毫不犹豫地进入建筑系。就读于东京大学时，在研究建筑构法的内田祥哉教授的指导之下，完成毕业研究，研究生时，加入从事集落研究的原广司副教授的研究室。『集落，即所谓的破房子。当时，有志于建筑设计的主流派学生，都选择加入讨论勒·柯布西耶等人的研究室。』

在隈研吾的学生时代，安藤忠雄以一九七六年所发表的『住吉之长屋』登上舞台。『通过采用清水混凝土体现反体制的态度也很棒，因而大为流行』。在所属的研究室，同年级的竹山圣（现在为京都大学教授）等设立了设计组织AMORPHE，以独特的角度审视清水混凝土，而隈研吾却『与AMORPHE形成鲜明的对照』，他思考的是『想活在沾满泥巴的现实世界中』。

『当时，在学生之间，有着「工作室的设计者是先驱，在组织内的人则是废物」的感觉。而且有一种精英分子的自以为是——只有自己能够作出对社会有意义的行动。』隈研吾决定与被称为工作室的建筑设计者走不一样的道路。

在户田建设时感受到工匠的热情

作为建筑设计者的人生，始于日本设计。就那个时期所学到的东西来说，隈研吾首先提到的是现场的监督管理。在日本设计，有个聚集了设计老手的监督管理部，他们现场监督管理的经验都比较丰富。『能高明地掌握现场的气氛，工作就可以很顺利地进行』。

夹杂在技术老练的人当中，隈研吾也进入建筑工地。从设计到竣工为止，一路经手完成的建筑，虽然只有银行的疗养所，但是在这里学到的东西却非常多。学到了在学校学不到的与工匠的相处之道。

这个时候的经验，仍然体现在现在隈研吾的身上。在有效地使用素材，使设计

2

1. 任职户田建筑设计部时所绘的素描。（资料：户田建设） **2.** 哥伦比亚大学留学中与菲利普·强森的合影。（摄影：隈研吾建筑都市设计事务所） **3.** 沿东京世田谷区环状8号线建造的“M2”。用混凝土表现东京的混沌。（摄影：寺尾丰）

优化方面，如何将工匠之力发挥出来，像这样的沟通能力，是不可欠缺的。

据说，后来相识的家具制造商香川木工的香川胜雄，也是因为与隈研吾的对话而实现在家具制作上意想不到的设计。『在没有门框的地方装上门，隐藏门的把手，虽然在制造上很困难，但我们也想办法制造出来。』

进入日本设计三年后，因为和户田建设社长的私人关系，而转职到该公司的设计部。虽然说同样都是建筑设计的工作，通常在建设公司里，施工单位的立场比较坚定。『比设计事务所更为严格的成本控制，让人想方设法做出好的作品。』

隈研吾本身也受到周围人的影响。在户田建设，他留给上司成濑嘉一（首席建筑师）的印象是充满活力，总是在加班的样子。『接二连三地提出新的素描。年纪也轻，虽然在技术上还有所欠缺，但他的构思新颖，为户田建设注入了新鲜血液。』

在日本设计和户田建设，将从事设计的人们，在自己所处的环境中，为打造良好的建筑而专心努力的模样，全都看在眼里。他明白了，即使在这样的状况下，可以突破的东西仍有很多。『可以冲刷掉精英分子的自以为是。』隈研吾说。就算是被动的工作，也要在其中找出乐趣，隈研吾对于工作的态度，或许就是在这个时候形成的。

—

超越混凝土

—

如果说工作的方法，是在日本设计、户田建设时学到的，那么影响设计思想的，却是在美国留学的经历。隈研吾辞去户田建设的工作后，自立门户，借此机会以客座研究员的身份到美国哥伦比亚大学留学。在美国他加深了对日本的认同。『倘若不去美国，就不会对日本的东西保持兴趣吧。』隈研吾说。

在留学期间和朋友讨论时，感到『对日本的事情知道得过少。不研究不行啊』，这也成为倾向于日本风格的契机。于是买了两块榻榻米，铺在纽约租来的公寓中，邀请朋友来开茶会。

回国后，正值日本泡沫经济的最高潮，当时，就算是隈研吾这样三十多岁的年轻设计师，也可以接到不少工作。这得以让他实践在美国萌生的、对日本事物的志向。让建筑师隈研吾为世人所知的『M2』，乃是『以混凝土制造出东京的混乱』这种与隈研吾相

呼应的日本式表现。

事实上，设立事务所后第一件经手的建筑是『伊豆之风吕小屋』，那是一栋低成本、使用许多自然素材的别墅。在今天的隈研吾看来，它『好像是二〇〇〇年以后建筑风格的基础，一件令人印象深刻的作品』。然而在建造『M2』时，最常为人使用的是混凝土，因为就素材而言，它自由度高，同时可以压低成本。

『M2』之后，在泡沫经济破灭的东京没有了工作。此事反而是一种幸运。在东京以外的第一项工作是，高知县及爱媛县的两个建筑，经由它们而获得启发，并将此种设计风格一直延续到广重美术馆。

一方面，超越混凝土是重要的一步。由于在各个地方与工匠对话，对自然素材的关心程度，也逐渐加深。至于契机，则是以必须使用当地生产的杉材为条件的高知县『梼原町地域交流设施』。与近年来纤细的柱子比较起来，它给人的感觉完全不同，因为它的柱子粗大，让人有存在感，同时透过与钢材组合使用，更体现了木造建筑的有趣之处。

另一方面，使用与自然环境一体化，『将建筑隐去』的手法。坐落在濑户内海的大岛（爱媛县吉海町）中央，以混凝土制造出龟裂的『龟老山观景台』，是个将建筑物埋入地里，融入周围环境的作品。『在自然环境中，巧妙地使用自然素材消除建筑，我想，这好像与从高中时代起开始摸索的、对「破房子」的理念相契合。回想起来，将梼原和龟老山的想法结合起来的，正是广重美术馆。』

不论什么工作都乐在其中

虽然看起来像是计划周到的人生，但在现实中隈研吾也是『每天被工作追着跑』的人。隈研吾自认为是个被动的人。因为在东京没有工作，闲暇的时候，为了协助旧戏剧小屋的工作，而访问高知县的梼原町。在那里，町长提出有关交流设施的设计理念，就是这样一个偶然的机会。

『虽然机会就在身边打转，却没有抓住它的意识。工作是被邀请来的，如果让自己感到不愉快，就会很无聊。在梼原，由于有着愉快的心情，所以能够应付。』

即使是现在，对于工作也是以被动的态度去面对。『广重美术馆以后，不管规模的大小，我都能快乐地完成工作。相反地，我认为小工作会更有趣，而且好像可以轻松地完成设计工作。如果想做更大的工程，就会积累许多不满的情绪吧！』

二〇〇五年在韩国举办的现代艺术节，

以纸的蜂窝结构，在森林中创作了一个小艺廊。由于在韩国国内找不到制作公司，所以在日本制作零件，由事务所职员花了约两个月才组合起来，为此他们还住在韩国，结果超出预算。『一旦想到了纸的蜂窝结构，就非常想去做，真是没办法。不过，这样的作业也很有趣。』隈研吾高兴地说道。

『都只是非本意的工作而已，即使想着不知何时机会来临，但在那个时候，机会就是不来。只能尽全力处理眼前的事情，不管做什么，应该都能找到使自己快乐的方法。』

2

3

4

1. 事务所成立之初的作品“伊豆之风吕小屋”，位于静冈县热海市，1988年竣工。“有着与现在所呈现的日本风相通的东西。”隈研吾说。（摄影：隈研吾建筑都市设计事务所）**2.** 高知县的“梼原町地域交流设施”。使用当地材料是设计的条件之一。这也成为活用自然素材的契机。（摄影：安川千秋）**3.** 那珂川町马头广重美术馆以杉木的格栅，覆盖所有屋顶及墙壁。（摄影：三岛叡）**4.** 在韩国展出的“纸蛇”。纸制蜂巢与FRP的三明治构造，表现出轻盈与透明感。（摄影：隈研吾建筑都市设计事务所）

最好的细节设计

——不是『纸糊的东西』，而是由不同素材组合而成

刊载于NA（2003年4月14日）

搭配稻草的半透明面板、杉木的格栅、和纸的地板及墙壁——隈研吾因素材的新用法而引人注意。『从法兰克·洛伊·莱特的建筑中领略到素材感的重要性。』隈研吾说。这一切都源自强生公司总部的玻璃结构。

1 令人感动的细节结构 『强生公司总部』（美国）

像油膜般的玻璃管

在担任哥伦比亚大学研究员的时候，在美国旅行，我见过许多有名的建筑，当时约三十一岁。

具有压倒性影响力的建筑物，出自法兰克·洛伊·莱特之手。于是下定决心，凡是『他的建筑物，尽可能去看看』，前后共参观过数十个地方。其中令人印象深刻的细节结构，是强生公司总部的玻璃屋顶。

在类似走廊通道的地方，搭起瓦楞纸板状的玻璃屋顶。好像圆弧似的连续玻璃管，形成犹如『油膜』的屋顶。直接在现场看的时候，才真正感觉到厉害！

巧妙地表现玻璃的『抗拒感』

在设计之前，首先意识到玻璃的『存在感』。现代的建筑师，把玻璃当作『透明的东西』『没有存在感的东西』来做设计。莱特却不这样认为。他将玻璃管一根根并排在一起，自然光透过管子进入建筑物内部。如此运用玻璃，『玻璃的不透明』便很醒目了。这使人感到一种『抗拒感』，同时也让人明显感觉到玻璃的存在。

当然，对玻璃而言，即使追求『完全透明』，在物理上也是不可能的。相反地，玻璃的不透明部分，一旦使人感到一种『抗拒感』，那么玻璃的『透明感』和『存在感』就一起浮现出来。

透过格栅看外面的风景时，根据所站的位置不同，观赏风景的难易程度各异。这一点与强烈感受到的格栅的『透明性』与『存在感』是相近的。

强生公司总部

所在地：美国威斯康辛州
设计方：法兰克·洛伊·莱特
竣工期：1936－1939年

亮点

通过一根根玻璃管并列，架起瓦楞纸板状的屋顶。一方面使得这些玻璃管十分醒目，另一方面让自然光可以进入室内。这是一个将玻璃的透明性与不透明性两方面都表现得淋漓尽致的设计，而且能显现出玻璃的妖艳、光润。

强生公司总部的走廊。（摄影：三泽浩）

此外，借着巧妙表现出『抗拒感』，更能把玻璃的妖艳、光润显现出来。就『玻璃的功能』来看，他创造出欧洲现代主义所没有的效果。

以素材本身搭起建筑

实际上，还有一个被认为『厉害』的地方，那就是细节结构方面的大胆程度。难道只是将玻璃管排列在一起的屋顶吗？我不这么认为。我深信，即使排列着玻璃管，在它们的外侧，应该还另外搭起一个类似玻璃屋顶的东西，因为我担心漏雨的问题。然而到现场一看，真的就只有玻璃管。就算到今天，我仍然抱着疑问：这样真能确保防水性吗？

总之，观看莱特的作品，能感受到一种强烈的意志，即『以素材本身将建筑搭起来』，而不是为了『在建筑上贴上某种素材而进行设计』。这体现出对建筑的忠诚。

想到日本建筑的现状，仍然是以『贴上某种东西』的设计居多，所以值得反省的地方实在很多。

2 令人满意的细节结构『石头美术馆』（栃木县）

最初对『石头』感到困惑

在设计的建筑物当中，我喜欢的细节结构之一，是在『石头美术馆』项目中使用的『石格栅』。

将断面四厘米×十二厘米的细长石板，空出间隔，叠砌起来做成格栅。创造出一个让笨重的石头看起来很轻，而且光线和空气都能流通的空间。这正是建筑本身想追求的结果。

事实上，当接到『希望建造一座使用石头的美术馆』这样的委托时，老实说，我颇感困惑，因为我经常想把自己置身于光线和空气都能流通的空间。即使是玻璃覆盖的空间，总觉得仍处于被封闭的场所，无论如何，就是无法放松。如果是堆砌石头，打造建筑物，常会成为闭锁性的空间。要如何做，才能创造出光线和空气都能自由流通的空间呢？

在与石匠的各种对话中，明白了石格栅似乎是可行的，但必须是四厘米薄的断面。

多孔叠砌构造

如果这么薄，让人有种稍有闪失就会破裂之感，但是石匠说：『跨度如果在一点五米以内，就没有问题。』因此，经过试验，确认没问题之后，便决定采用格栅。

支撑水平石材的柱子也使用石头。由于石柱欠缺侧面，于是在这里嵌入水平石材。虽然看似简单，但是在加工上却非常费事，同时也耗时。那种方法，在一般的大建设公司的施工系统中，是非常不可能被采用的。话虽如此，却仍然能够做出格栅，那是因为业主是当地的石头商。花了很长的时间和工匠商量，决定在他们不忙的时候，进行加工工作。

在石头美术馆中，还有一个我喜欢的细节结构。那是个非常简单的方法，即在叠砌石头时，到处开孔。通过这些孔洞，外面的光线和空气都可以进入室内。室内靠水边的

石头美术馆、营造出一种建筑物被池水包围的效果。

地方也在墙壁上开孔，让外面的水和室内的水汇合在一起。我把它称为『多孔叠砌构造』。

莱特教给我的东西

石格栅也好，多孔叠砌构造也好，建筑物的建造方法都受到『石头』这种素材的限制。

亮点

断面4厘米×12厘米的细长石板，一面空出间隔，一面堆积成格栅。石柱的侧面刻出凹槽，将水平石材嵌进去。沉重的石头看起来轻盈，做成透光、通风的空间。这是为达成以上两个目的而想出来的点子。

在石头美术馆，我想做的是，不是在混凝土的表面上『张贴石头』，而是以『石头本身搭起建筑』。在日本，细节结构通常用钢骨和混凝土以确保最低限度的安全性与结构，至于眼睛所见到的素材，往往容易落入『贴上就可以了』的误区之中。我想正是这个理由，导致出现了许多『贴上某个东西』的建筑。

为了避免这种情况，让素材本身将建筑搭起来。石格栅与多孔叠砌构造的想法，就是从那样的心境中涌现出来的。给我机会去思考建筑物与素材之间的关系的，正是法兰克·洛伊·莱特的建筑。

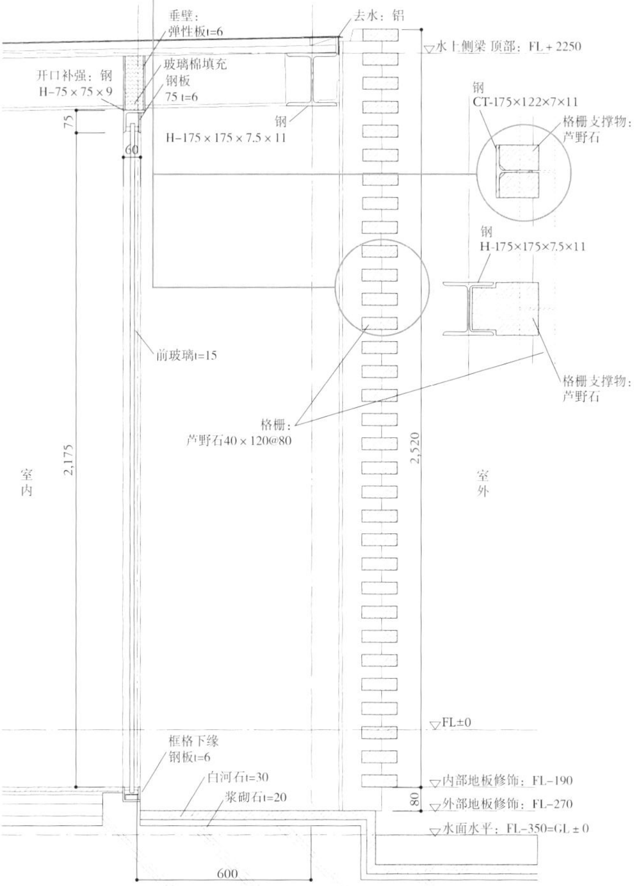

格栅断面图 1/25

石头美术馆（2000年）

所在地：栃木县那须町大字芦野仲町2717-5。

1. 采用石头格栅的图书室。**2.** 石头格栅的屋外。**3.** 采用石头格栅的走廊。从上面的木格栅落下影子，整个空间被条纹包裹起来。**4.** 洞孔使外面的光线和空气得以进入室内。

亮点

通过洞孔，使外面的光线和空气得以进入室内。

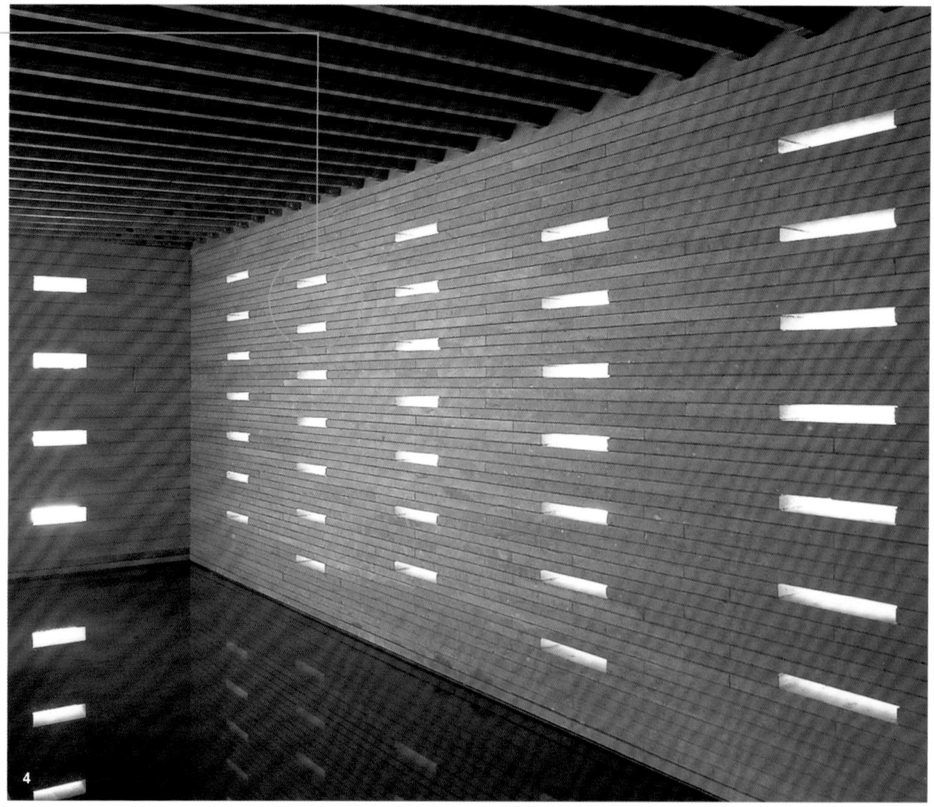

『建筑逐渐成为感知环境的接触点』

——创刊三十周年对话：谈建筑技术的未来（隈研吾×山梨知彦×贝岛桃代）

刊载于NA（2006年4月10日）

过去三十年间建筑界发生的变化，不限于设计和样式。技术和材料不但更加环保，性能也提高了，变化也就由此延续下去。从今以后，建筑界的进化，应该还会继续下去。因此，作为《日经建筑》创刊三十周年企划案的一部分，请来不同时代的隈研吾、山梨知彦、贝岛桃代三人，为我们描述建筑技术的未来样貌。

——回顾这三十年，觉得建筑界有什么样的变化呢？

隈：全球化促进了决定性的进展。现在，海外的建筑师活跃于日本，日本的建筑师活跃于海外，这样的情况已经司空见惯了。

贝岛：因为电子邮件和传真的出现，时间和地点的限制减少了。当发表『Made In Tokyo』的时候，通过网络，得到来自世界各地的回应，这一事例可以让人实际感受到商业环境的全球化。另外，面对面讨论的重要性增加了，因此讨论所需要的空间，其价值变得更高了。

山梨：当面的沟通，位于电子邮件等均质系统的另一端。人们同时追求信息科技的虚拟性及现实性这两种不兼容的性质，这一点在过去三十年间是个有趣的变化。

贝岛：在全球化的进程中，

地区性特征日益突出（贝岛）

我认为，地区性特征的重要性也增加了。

隈：不论人还是场所，如果没有鲜明的特性，便无法生存下去。就技术而言，独特的技术可以延续，半吊子的技术则遭到淘汰，像这样的事情每天都在发生。过去三十年间，这是很明显的变化。由于全球化，地区性特征日益突出，这一点谁也没想到。

——社会对建筑的需求也发生了变化吗？

隈：最近经常讨论的话题就是被称为『社会底层』的人，失去了对建筑的欲望。因为本身不打算建造新的

左起依次为山梨知彦、贝岛桃代、隈研吾（摄影：山田慎二）

建筑。二十世纪建筑的原动力，虽然在于对建筑的欲望，但是被置于底层的人，却在建造的欲望中，获得了满足。在中层阶级为数众多的地方，社会仍充满对建筑的欲望。

贝岛：社会对公共建筑的关注较少，也是个问题。原本公共建筑是由住在里面的人，像抬神轿一样地建造起来的东西。不过，因政策性、政治性而建造的设施实在太多，连关注社会性空间的人也很少。我想，难道不能从更侧重个人感受的角度来建设公共空间吗？

隈：公共建设的敷衍了事，也逐渐显现出来。像『每年为确保预算才非做不可』『被称为百年一次的、华丽的公共建筑』之类的疑问也不少。与此相反，过去一般认为建筑和都市计划是社会性的行为。在一般人的认知中，设计家具的比设计建筑的人社会意识更强，而打造建筑物的人社会意识较弱。特别是年轻人，对于非建筑物的意识更

失去对建筑的欲望（隈）

强。在目前的状况下还可以听到『政府所作的都市计划是最奇怪的东西』这样的说法。

山梨：如果回顾这三十年，便可知建筑界不断重复『废弃与建造』。即使建造巨大的东西，寿命也短，很快就被毁坏了。虽然许多人指出，都市将从流动型转为库存型，但就现状而言，尚未达到此阶段。

隈：的确有不少人认为建筑非库存型不可。但讽刺的是，这些人经手的建筑物不久就被拆毁了。

贝岛：从库存的观点看，建筑作为接近于土木世界的基础建设，也可以变成一般性的东西。不过，寿命比较短。

山梨：今后，如果有既非库存型，亦非流动型的建筑方法，不是很有趣吗？现在是『建造难的时代』，在这个时代里，凡是建筑物，一开始便遭到批判。设想下一个三十年，如何才能建造一个既不是库存型也不是流动型的都市呢？就算建造具有百年

耐久性的建筑物，也未必在百年内被保存下来。此外，本来只有十年的使用寿命，但有可能因社会的需要，被保留至百年以上。我想，这样的建筑岂不就是既非库存型亦非流动型的建筑吗？

例如，不在二十四个月内一口气将摩天大楼盖起来，而是让它一点一点地完成，这是个好主意。一面打造建筑物，一面对已完成的部分进行修补，并欣赏它的老化，同时一点一点地动手，将建筑物搭建起来，像这样将两件事连接在一起做也不错。这样的话，或许完成此种既非库存型，又非流动型的建筑物，其可能性大增。只不过技术层面的支持是不可或缺的！

耗时费事的建筑是吸引人的（贝岛）

贝岛：的确，耗时费事的建筑是吸引人的。金字塔就是典型的例子。不过，环顾四周，不想花时间，只想追求速度而打造的建筑物，正在逐渐增加。因此，我觉得压缩时间而产生出来的建筑，其力道是弱的。不受历史和时间限制的建筑物，虽然感觉也不错，但整个都市被埋在这样的建筑物里，也令人厌倦。

——从技术的层面看来，如何看待今后的三十年呢？

隈：到目前为止的三十年，建筑界的技术已经细分化了。结果，熟悉各种技术的顾问越来越多。

然而，他们只是扮演顾问的角色，无法提出新的想法，因为顾问所擅长的是风险管理。建筑师拥有

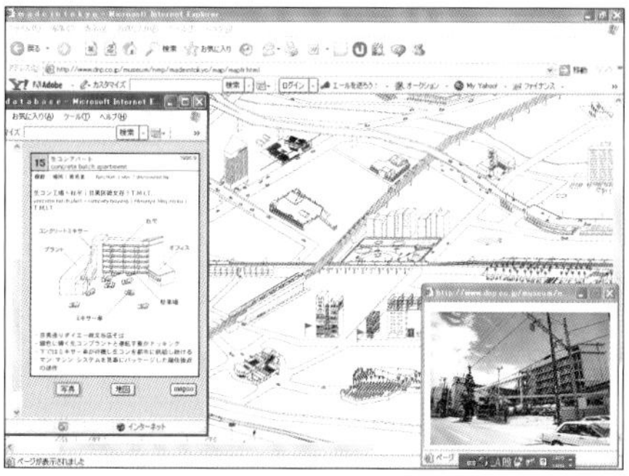

1998年在网络上发表的“Made In Tokyo”，与山寺成为一体的公寓大楼，以及与预拌水泥工厂成为一体的公司住宅，交互式地通过照片、地图等方式进行说明。网址是http://www.dnp.co.jp/museum/nmp/madeintokyo/mit.html。（资料：大日本印刷）

贝岛桃代：一九六九年生于东京。一九九一年毕业于日本女子大学住居学系。一九九二年与冢本由晴设立工作室。二〇〇〇年完成东京工业大学研究所博士课程，同年就任筑波大学讲师。主要作品有迷你屋和GAE house等。

如同艺术家的气质，以艺术的创造性来打造建筑，这种态度是很重要的。如果这样，产生新的点子和技术的可能性也会增大。建筑师虽然常常靠自己把事情完成，但重要的是，有效利用艺术家所拥有的不完整性。藤森照信和荒川修作等人，借助各种力量不断地挑战新事物，原因就在于他们巧妙地利用了那种不完整性。

山梨：如果从艺术家的观点来思考，

山梨知彦：一九六〇年生于神奈川县。一九八四年毕业于东京艺术大学。一九八六年完成东京大学都市工业系课程后，任职日建设计。二〇〇六年就任同公司设计部门的代表。以设计技术主任的身份亲手设计『幕张湾城·中庭第五街』及『饭田桥第一大楼·第一山丘饭田桥』。

今后技术追求的重点之一，不就是直觉吗？比起累积琐碎的理论，凭借直觉进行设计的不在少数，而且不用计算机做事前解析，而是先用直觉尝试后，再以理论来验证。就信息处理的技术来说，那也是最终的形态。我想，未来的技术会朝着这个方向发展。

关注环境的建筑物也在增加。但事实上，这些建筑物却是以工业生产所得出的结论进行评估。过去三十年间，环境只是被当作『既存的东西』来掌握。以前，在与索尼计算机科学研究所的北野宏明和隈研吾三人的谈话中，就谈到过因人类介入，外部世界才能具有有意义的『支撑性』概念及扩张的可能性，北野先生为我们作了简单易懂的说明。

今后，不是只有『环境乃既存之物』这样的着眼点，事实上，人们的感受才是关键。

先用直觉尝试，然后用理论检证（山梨）

在技术上也不能忽视『人心』。譬如，在测定空气状态时，传感器不置于衣服上，而装在人的心上，这样的做法是有必要的。人的感觉并非永远不变，因为有时候二十三摄氏度觉得心情很好，有时候二十八摄氏度心情也不错呀！

隈：的确，在打造建筑物的时候，房地产开发商以数值来决定与环境有关的方案，并且细如针眼般地核对清单。然而，现在『环境行动』本身正变成一种艺术行为。就超越数值和计算公式等理论的行为来说，建筑和环境正作为艺术而存在着。数值是基于某个特别的设定所做出来的东西，因此，就超越数值的创造而言，若不解决环境的问题，是无法获得人们的共鸣的。

贝岛：也可以把建筑当作感知环境的接口。在我兼做办公室的家里，配备了使用地下水的冷暖气设备。由于是几乎没有区隔的三层楼建筑，所以空调无法应付这种状况。利用地下

水系统的良好性能，借着自然之力使得建筑物内的每个地方都能处于『常春』的状态。另外，当冬天约有两个月不下雨的时候，地下水位下降，便出现系统停运的问题。不过，能够以身体感受枯水的这种环境变化，却是个宝贵的体验。

山梨：强风的日子，用手关窗以调节风量，像这种用手能触及的空间的操作性，也是很重要的。住宅的好坏取决于空间的操作性是否容易。此外，在像办公室的大建筑物内，实现空间的操作性是很困难的。因为即使已经关注了环境，但由于依赖传感器的控制，所以无法伸手去操作。技术和系统，尚未达到像人的皮肤一样的水平，能一面自我调节，一面创造出环境。

办公室的气窗是个易懂的例子。由于办公室的气窗一向被隐藏起来，所以无法简单地确认窗子的开闭状态，如果气窗设置于普通住宅的拉门处，就能够以相似的感觉来认知开合量。建筑师所采纳的设计必须是通过皮肤能够感知的。

如何使技术贴近于皮肤的感觉？（山梨）

隈：当各式各样的东西逐渐变得看不见时，将某些特定的东西可视化，是诉诸于技术的价值观。双向滑动的窗子，也可以说是可视化的一种艺术。

山梨：产业界也开始认识到诚挚地展示所谓『可视化』的重要性。历经三十年，科技逐渐重视隐藏和将人隔开。不过，此后如何使其贴近身体的感觉及皮肤的感觉，这对于技术而言，就变得非常重要。

隈：过去所谓的展示，有赖于影像等表现形式。然而展示必须以对于某些刺激的身体反应当作原点。现在在伦敦的经济学家大厦内，我所经手的日本餐厅，受到英国人『在欧洲虽然有许多日本餐厅，但没有榻榻米。只是在墙壁上贴上拉门而已』这样的指责。的确，能够体验榻榻米的气味以及与肌肤接触时的感觉，这才是真正的日本餐厅。

正因为有榻榻米的味道才是真正的和式设计（隈）

贝岛：在榻榻米或是桌子上，料理的吃法和展现手法也不同。料理不只是味道，举止也很重要。就生鱼片来说，即使素材很好，也会因为刀工和摆盘而让人深感沮丧。

我想在建材上也有可能和过去不同。例如，现在正在进行把纸当作建材使用的『折纸拱门』之类的案子。整个概念是，即使一般人也能像折纸一般地完成建筑。至于折纸建造起来的建筑物，可以当作避难所使用。

山梨：某个纸箱制造商也正在和我商谈相关的事。

隈：将摩天大楼的设计，委托给设计事务所，多少可以了解，但把使用纸的建筑带入和式设计，乃是现今的流行趋势。

贝岛：与其说作为生意，不如说定位为文化行为。

隈：新行动不必过于被经济上的报酬所束缚。因为社会的价值观呈现多样化，价值可以用各种方法来

衡量。

山梨：客户的想法也在不断转变。结果，以原来的价值来判断建筑物价值的情况减少了。

隈：为呼应社会的变化，一向存在于建筑界的阶级制度也正在瓦解之中。以前，有所谓从小住宅开始，最后经手美术馆这样的建筑师的必经之路。然而，那种传统形式的道路，已不复存在。

年轻的建筑师在今后的三十年，应该掌握与过去完全不同的技术，以便更好地适应外部环境的变化。此外，希望采用新技术和新手段，进一步向创造以往没有的空间挑战。

解剖隈研吾建筑都市设计事务所

——扩张到能够维持创造力的程度为止

刊载于NA（2008年4月14日）

二十年间，从一九八七年几个人的事务所，发展到六十人的规模。通过『言语』和『对话』，以及注重瞬间爆发力的设计风格，实现了这样的扩张。一边进行必要的组织管理，一边却又不想完全组织化，努力维持个人事务所的优点，像这样的『拿捏』是怎样做到的呢？

『和职员一对一地沟通很重要。现在如果使用手机的话，不管多远，都能够通过口中直接发出的声音来沟通。因此即使职员人数超过六十人，也有可能按照我所设想的方式工作。』隈研吾说。不过，因为人在国外也联络得上的缘故，有时候弄

错时差的新进人员，会在凌晨三四点，打电话或传电子邮件给出差的同事。隈研吾一阵苦笑。

在靠近东京地铁银座线外苑车站的南青山，租了两栋大楼作为事务所。职员人数已达六十二人。隈研吾下面还有七名设计室室长和一名秘书室室长。这八个人主导事务所的运营，他们的下面还有十五名主任技师。

室长之下的职员并不固定

现在，包括竞标在内，约有七十个案子正在进行中，半数是海外的案子。隈研吾一年之中有一半的时间在海外出差。

设计室室长协助他执行案子的管理、设计的指导、契约的进度控制等工作。有的室长，一人负责十多个案子，他们很少接触设计作业本身的事务。被任命为主任技师的人，因为已累积了一定程度的经验，若是小规模的案子，有时候室长并不介入，而是直接交给他们办理。

1

4

1. 聚集于四层阳台的工作人员。（摄影：稻垣纯也）
2. 事务所的外观，租用了隈研吾自己设计的大楼。不远处是别馆“ANNEX”。**3.** 三层制作模型的空间。
4. 二层的会议空间。

虽然存在设置多个设计室室长的形式，但『组织』的阶级性，止于平缓的状态。有关设计的事情，则不分阶级地进行讨论，因为隈研吾的想法是希望以扁平式的组织从事设计工作。他判断，一旦让组织具有阶级性，新的点子就难以出现，挑战也难以进行。

因此，除七名设计室室长之外并不采取固定班底制。根据隈研吾的安排，适当地配置职员。有时候，室长下属的职员人数从五人到二十人不等，变化幅度相当之大。

因老手的自立门户，而重新审视组织

现在管理的结构是约从八年前起一边不断改良，一边创造出来的。

最初大约是十二人的规模，但是以隈研吾代表作之一的那珂川町马头广重美术馆为分水岭，有好几位经验老道的设计室室长和主任技师自立门户。另外，陆续接手了大规模的都市再开发案。在室长的指导下，新人都可以单独作业，所以很难看出该由谁负责，如此一来，就会变得很棘手。

另一个理由是来自国外竞标的邀请。国外的工作现在以一个月一件的速度逐渐增加，在十六个国家进行规划案。

就国外的竞标而言，和日本比起来，提出的要求较高。不光是询问建筑物本身，还会询问维修、成本、细节等各式各样的问题。由于必须提出一定数量的方案，所以设计团队设定为七八人。随着工作的增加，也雇用了许多外国人。现在在事务所的职员，如果包括实习人员，有十种以上的国籍。

（插图：Kucci）

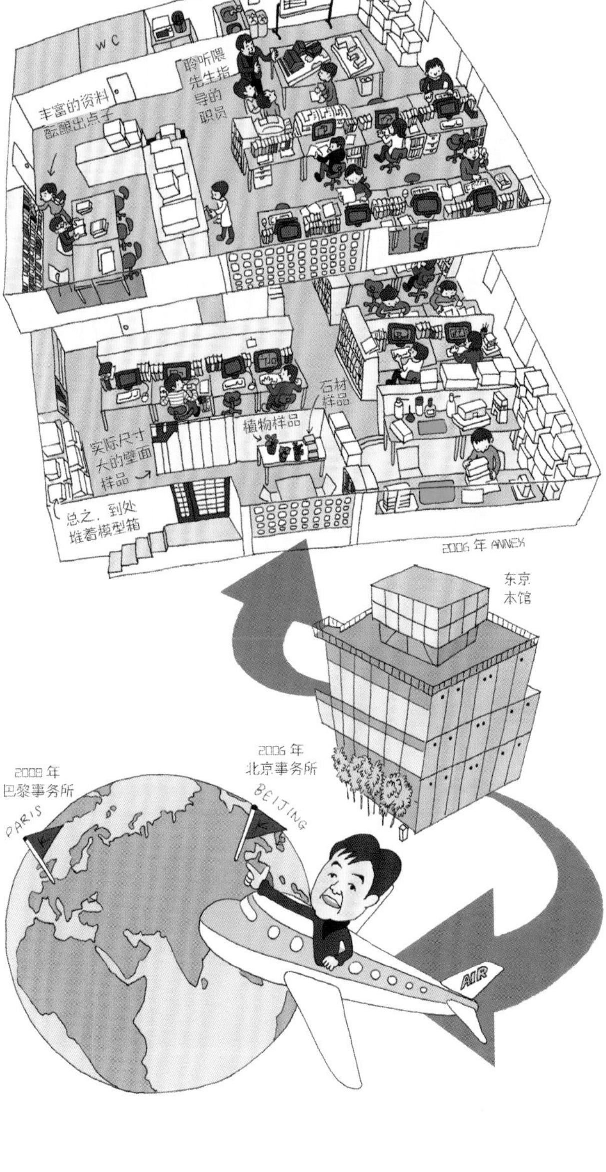

如果不合理，立刻重新审视

事务所一边扩张，一边努力保有设计的创造性。如果不充实组织，便无法应付。而

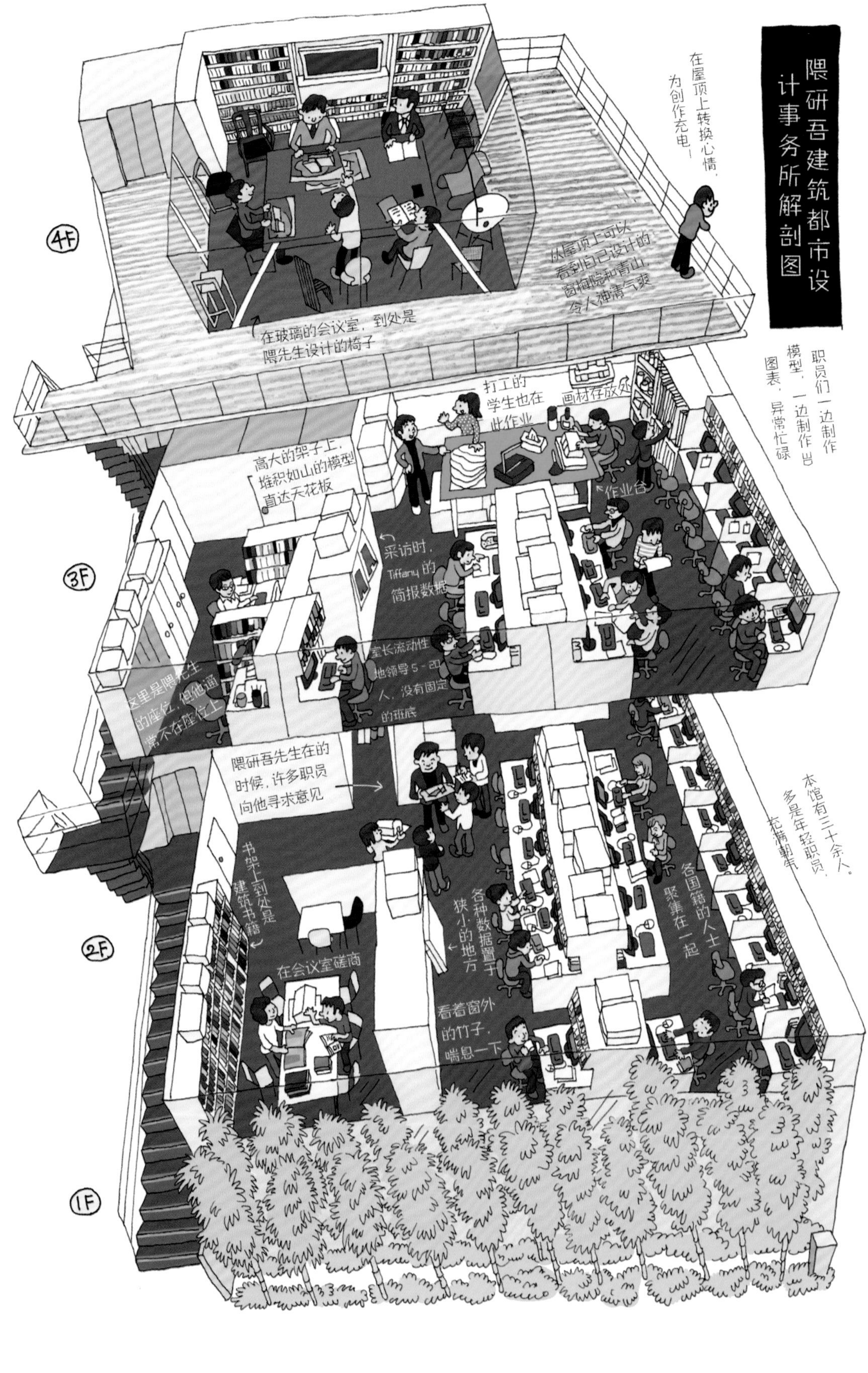

隈研吾建筑都市设计事务所解剖图
在屋顶上转换心情，为创作充电！
从屋顶上可以看到自己设计的茵梅院和青山，令人神清气爽
在玻璃的会议室，到处是隈先生设计的椅子
4F
职员们一边制作模型，一边制作图表，异常忙碌
打工的学生也在此作业
画材存放处
高大的架子上，堆积如山的模型直达天花板
作业台
采访时，Tiffany的简报数据
室长流动性地领导5~20人，没有固定的班底
这里是隈先生的座位，但他通常不在座位上
3F
隈研吾先生在的时候，许多职员向他寻求意见
书架上到处是建筑书籍
在会议室磋商
各种数据置于狭小的地方
看着窗外的竹子，喘息一下
各国籍的人士聚集在一起
本馆有三十余人，多是年轻职员，充满朝气
2F
1F

1

且，以隈研吾为首，将具有不同个性和经历的职员聚集在一起，乃是事务所的竞争力之一。同时，培育出能将这样的团体整合起来的人才，也是个重要的课题。

有关组织的体制，『以室长为中心，商议如何让大家共享规划案的信息，以及在什么样的时间点上与隈研吾商量设计方案。』三年半以前就任设计室室长的藤原彻平说。『如果有不合理之处，立刻重新审视。今后也以一边谋求立意良好的组织，一边维持弹性体制为目标。』

没有理由拒绝委托

如果依赖素描等手工作业来指导现场的建筑工作，当件数增加时，花费在作业的时间相对减少，很可能带来质量的下降。另外，现在的方法是一边重视正确且简洁的语言，一边控制设计，它的好处在于只要能够保持顺畅的交流，即使件数增加很多，也不容易出现错误。

我希望避免时间上的浪费。『设计的原则是，不消耗时间在会议上。尽量早一点把问题解决。』隈研吾说道。此外，『当我在海外，无法参加会议时，能通过手机保持联系』。

2

对职员而言，灵敏的互动成为良好的经验。因为独自思考后大胆地提出建议，获得美妙的回应，从中能够实际感受到有趣的事所逐渐形成的醍醐味。

一起创造出来的充实感，也很强劲。根据职员的说法，随着事务所的扩张，隈研吾变得比以往更具弹性。设计的态度更为开放，逐步采纳委托方和职员的意见。

组织的转折点

因为海外出差增加，最近就连与职员对话的时间都减少了。这个问题有时可以通过手机解决。

统括设计室室长横尾实表明心境说：『隈研吾在场时，事务所的氛围较为活跃，这是事实。我们希望所有的案子都能和他面对面商量。但这是不可能的，令人觉得两难。』

此外，秘书室室长野口惠美子说：『由于是个人事务所，以往可以被允许的事情，现在变得不被允许了。此外，更强烈地感受到社会责任。』我觉得有必要拥有和往来客户对等的业务体制。

隈研吾自己也认为扩张路线已接近临界点。『原则上希望能去每一个现场看看。现在，正在施工的现场有十四处，我想这已经达到体力的极限了。』

他强调并不打算形成『组织』。并且职员的数目也到达极限了。『今后我想有更多的时间和大家一起讨论，如果不这样就没有意义了。』

简单的复制和粘贴也可以描绘图纸。然而，就建筑师来说，必须亲自描绘图纸。『不合情理、没用的事情，能做多少呢？我想，这是很重要的。』

现在，一面保留个人事务所的优点，一面处理数十个案子，并且能够响应来自周围不论是社会性，或是商业性期待的组织。这样困难的课题，如何维持，又如何展开呢？新的建筑师形象的摸索，正迎来巨大的转折点。

1. 聚集于四层会议空间的隈研吾与设计室室长。这一天，室长7人之中有4人到场。照片左起依次为宫原贤次、弥田俊男、隈研吾、横尾实、白浜诚。**2.** 负责海外规划案的设计室室长藤原彻平。**3.** 有许多资料的本馆，被接近天花板的架子区分成许多区块。另外，别馆的开放空间让工作人员之间的沟通更为顺畅，同时也考虑到座位的安排，有室长说，别馆的空间是最合理的。

支持扩张的战术

1.业务管理与信息共享

—

认识到资料归档的重要性

规划案的负责人将工程进度管理表做成Excel。与保密义务有关的内容也写在里面，这个管理表，只有设计室室长级别的人才可以看到。隈研吾和室长以每个月一两次的频率回顾管理表，当问题发生时，研究其应对方法。此外，室长级别的会议约两周召开一次，原则上，管理表也每两周更新一次。另外，也有追踪清单，检查每个案子的签约情况。

所内使用的邮件列表，共分为室长、室长及主任、全体人员三组。与隈研吾决定的事项对全员公开。当发生问题时，通常由室长讨论出解决对策，在取得隈研吾的许可之后，便当作共享事项传阅。虽然频率不高，但是仍然召开谁都可以参加的全体会议，举行竣工建筑的讨论会。在此可以确认业务上的重要事项，特别是共享失败的信息，了解隈研吾的想法。最近，设计室室长认识到资料归档的重要性，开始将图纸归档、储存起来。

—

2.人员招聘

—

耐力与瞬间爆发力成为选择的依据

公司经常在官方网站上招聘新进职员和实习生，每星期都会收到来自国内外的应聘者简历。

除根据应聘条件作严格的筛选之外，甚至安排了『测验』，根据当日设计的题目，还要求应聘者作简报。

在应聘条件中，重点考核『耐力』水平。另外，在当日的设计中，测试『瞬间爆发力』，即在一天之中，能想出多少个有趣的方案。除了图纸，同时还要测试说明的方法。因为在与委托方磋商之际，『社交性』被认为是一个重要的必备条件。『能否对话很重要，让他说五分钟就知道了。』『即使顺从社会的规则，但是否还能做出有趣的事情，这是重点。』藤原彻平补充到。

有关职员的聘用与升职，由隈研吾决定。现在的招聘方式可以招到符合期望的职员。

—

3.合作

—

与知心的前辈合作

从一九八八年任职起到二〇〇一年为止的十三年，担任统括设计室室长的押尾章治，正在协助D规划案的设计工作。

『当时，有关运营方面的事情，与其说是隈研吾决定的，不如说是大家商量之后所作的决定。没有绝对的规则，而是根据不同的情况改变，设计方面也从简单的

地方开始，然后逐渐展开。虽然总是和不同的人合作，即使很长时间没有在一起工作，也不会觉得陌生。』

『身为负责人，为了实现组织的功能必定会制定各种规章制度。对此，隈研吾不但不在意，也没有深入地思考过，整个组织都是很自由的。这一份轻松，很值得学习。』

从一九八九年任职到一九九七年为止，青山玲建筑设计事务所的青山玲，目前正在协助苏州规划案、YANKIN SPA的设计工作。『隈研吾真的只是说个大概。职员们听了之后便开始制作计划。不论做出几个方案，都拿去给隈研吾过目。在某种意义上，比起客户，隈研吾的门槛更高。如果无法超越这个门槛，就不可能负责主要的案子。』青山玲说。

『以前，一定每天都和隈研吾商讨。现在，只能两星期说一次话。即使工作的态度未变，还是会感受到事务所扩张所引起的变化。』

4.品牌

社会性角色

隈研吾的建筑，都具有一定的特性。隈研吾从不绘图，即使在职员人数增加的今天，仍然坚持这个原则。

『就个人喜好来说，全体职员都知道，在外观上，隈研吾想使用格栅，但在隈研吾的心中也存在身为作家的欲望。不过，并非跟着欲望走，而是把自己投入到规划案之中，经自由讨论后，得出结论。』藤原彻平说道。

倘若执着于作品性，便『无法保证社会性』，这是所有的职员都明白的道理。对于委托方的要求，必须弹性地应对，总之，虽然隈研吾被评为『不拘泥』的建筑家，但在决定外观的素材时，却是非常用心的。直到案子的最后，依旧坚持。许多职员都可以证实以上的说法。

5.海外事务所

继北京之后在巴黎成立事务所

隈研吾将若干规划案安排好，并汇集起来后，不断地到海外出差。包含国外雇用的职员在内，还有能说英语的负责人也会随行，共同负责海外事务的相关事宜。由于对图纸的质量要求很高，所以安排的日本职员，多以有经验的专职者为主。

二〇〇八年二月，在法国巴黎开设事务所。这个想法是出于想用和日本相同的水平，管理在国际竞标中所获得的工作，以确保设计质量。除了在东京办公室里工作的法国人和德国人之外，还会雇用当地的职员，共同组成海外事务所。在同时进行多个规划案的北京，也设立了事务所，常驻人员有六人。

在Tiffany银座大楼所见到的照明技艺

——以LED灯造就『宝石的璀璨耀眼』

刊载于NA特别版商空间设计（2008年12月）

1

二〇〇八年十一月重新装潢开幕的宝石饰品店『Tiffany』，因为外观配有LED照明，银座街上的光线有了新的表情。就在负责外部照明的内原智史加入设计团队时，决定用玻璃夹住两枚重叠的铝蜂窝板。在测试LED光源时，加入了宝石加工的『面切』概念。

铝蜂窝板，虽然乍看之下好像使光线扩散，却是一种反射材料。由于大厦是出租的，必然不能对上层办公室造成光线方面的影响。因此，决定将LED水平置入玻璃面板的下方。四方形的玻璃面板，各自呈现出不规则的倾斜。根据步行者所处位置的不同，光也会变化，对此进行了计算机图像模拟。

至于光的颜色，在分析银座的街道之后，决定采用三千开尔文的热力学温度。『当初预定的形象是钻石白，约五六千开尔文，这接近办公室的照明。假使考虑到表达好客的程度，显然较为温暖的颜色是比较好的。』因为白炽灯也可达到相同的效果，所以一度有些迟疑，不过『拥有辉度感，在电力消耗等维护方面也较有利，于是决定采用LED。』

—

不同时段与季节，有不同的表情

—

负责设计的隈研吾建筑都市设计事务所，在竞标中获胜。投标的题目是，以表现出拥有优良传统的『Tiffany』为目的，翻新银座旗舰店大楼的外观。『首先，在态度上，想要将它建立成一个独具风格的、银座街区未来的中心，而在想法上，让街道与建筑产生一体感，这是非常重要的。』隈研吾建筑都市设计事务所的藤原彻平说。

Tiffany位于底商，旧的外观，只有在上面做了石头的框架，这在银座是经常见到的样式。因此，为了消除杂居大楼的印象，打造了覆盖整栋大楼，并随时段和季节而显现出不同表情的外观。

在此并未采取那种只是将大楼表面重新化妆的一般想法。而是『在最大八十厘米、最小只有二十五厘米的建筑的空隙中，建造新的建筑』。表现出如同钻石般的璀璨也是课题之一，因此全面采用以高透明度强化玻璃夹两块重叠的铝制蜂窝板而制成的『面切面板』。

虽然当初只是接受了外观部分的委托，但因为设计与Tiffany的要求产生了共鸣，所以隈研吾也参与了内部装潢的工作。

1. 每星期实施不同的灯光模式。（照片：吉田诚） **2.** 从西侧看到的夜景。

在大楼正面的空隙中建造了一个建筑

隈研吾（隈研吾建筑都市设计事务所代表）

这是第一次接受银座的工作。银座的名牌大楼，有许多都没有格调，也没有建筑上的企图心。我的印象是，做室内设计的人连箱子也在设计。这一点也是建筑本身弱化的结果。所以，为了倾注建筑上的企图，而在大楼正面的空隙中，搭建一个建筑。

名牌大楼，大致上是凭着像设计箱子的包装纸一样的想法建造起来的。而我想以更小的单位"粒子"来处理建筑，而这个外观也是如此。

此外，我意识到，这次的工作和银座的都市设计有关。都市设计、建筑和家具，虽然一般人认为分属不同领域，但通过"粒子"的概念，能将它们结合在一起。就这次来说，夹着铝制蜂窝板的玻璃面板，可以说就是"粒子"。

虽然是出租的大楼，但将整体当作名牌大楼来处理时，该如何做才合适呢？我的提案是，不要去意识楼与楼之间的部分及开口处，而覆盖上从下到上看起来都一样的外观。

如此一来，那么所需要的素材是，从室内可以看到外面，而从室外看起来却是个坚固的面板。好不容易找到铝制蜂窝板时，我想，问题大概能够解决了。

在照明计划上，将整栋大楼当作Tiffany所有地来处理，这也成为一个课题。对Tiffany而言，这一做法提高了本身的价值，这个逻辑在此也可以成立。

纽约的Tiffany店，作为街区的象征，长年来为人们所喜爱。在建造时，我也拿出想要打造成纽约店一样的地标性建筑的干劲。

1

1. 外观。面向西北，黄昏时所面对的光线，因季节而不同。在外观上，有18个地方可供消防队进入，40块玻璃面板可以打开。为了不让入口很露骨地显现出来，在铰链上下了许多功夫与心思。面切面板的高透明度强化玻璃产自中国，不锈钢框架则产自日本，铝制蜂窝板由飞机的制造商提供，入口开关的工业用弹簧锁来自汽车零件制造商。帷幕施工由Device公司（水户市）负责。有关其他制造业的技术，隈研吾说："建筑技术逐渐弱化。汽车和飞机在极限之处奋斗，因此培育出来的技术有其强度。我重新感到，在符合精密度的装配技术上，日本不输给任何一个国家。"

3

2

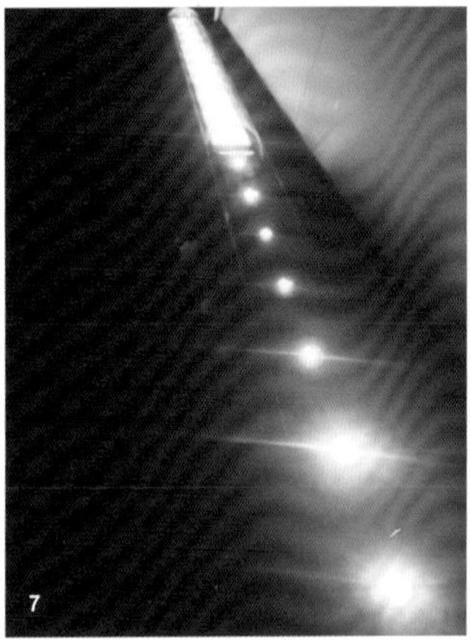

7

6

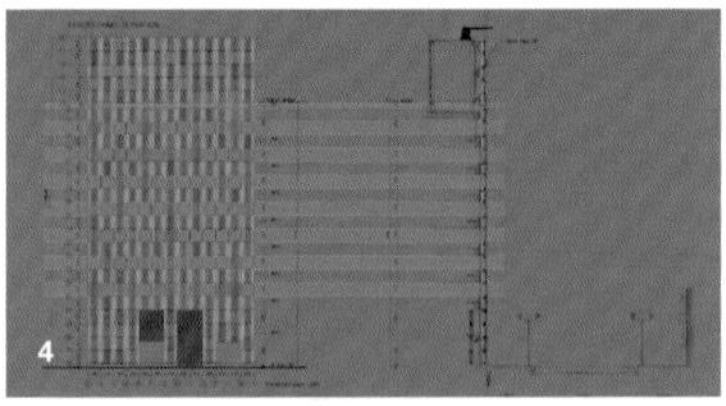

4

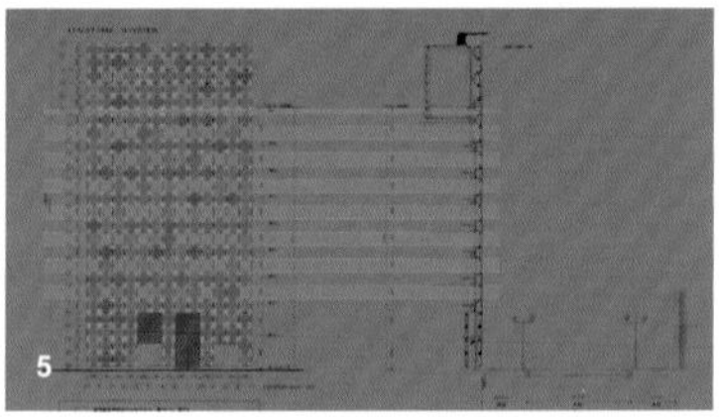

5

面板结构

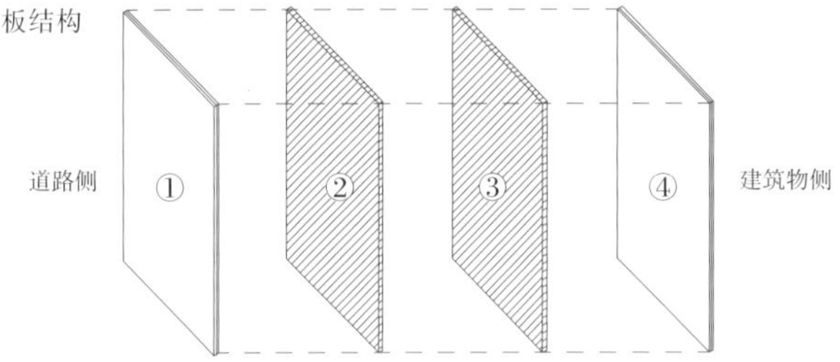

①高透型复合玻璃t6+6
②铝蜂窝芯t10
AL-3/4-5052-.003
③铝蜂窝芯t10
AL-3/8-5052-.002
④高透型复合玻璃t6+6

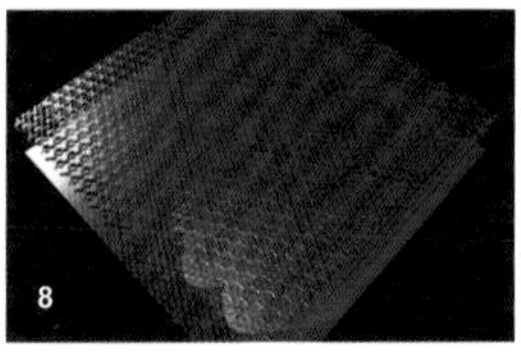

8

9

2. 沿着透明面板内侧下缘，装入LED的组件。**3.** 从实体模型上看，玻璃面板和光源之间的空间充足，但由于建筑物改建，空隙并不充足，仅有150毫米的间隔。**4-5.** 针对LED照明的装入法，就水平、垂直等方案作各种研究。也在个人计算机上进行依据光线调节所引起的表情变化的模拟等。**6-7.** 对应约1.8米四角形玻璃面板的一套LED组件，并列着十数个小片。通过实体模型的检讨，为了积极表现光辉耀眼的样子，决定采取较大间隔的配置。LED组件沿着玻璃面板下缘水平置入。**8-9.** 宝石的切面，是一种借着许多角度不同的切面，使光线曲折，看起来仿佛光线来自内侧的加工方法。以此为形象，当初使用红蓝绿的LED，试图呈现如同钻石般的璀璨。然而，因了解到无法做出期待中的效果而改弦易辙。

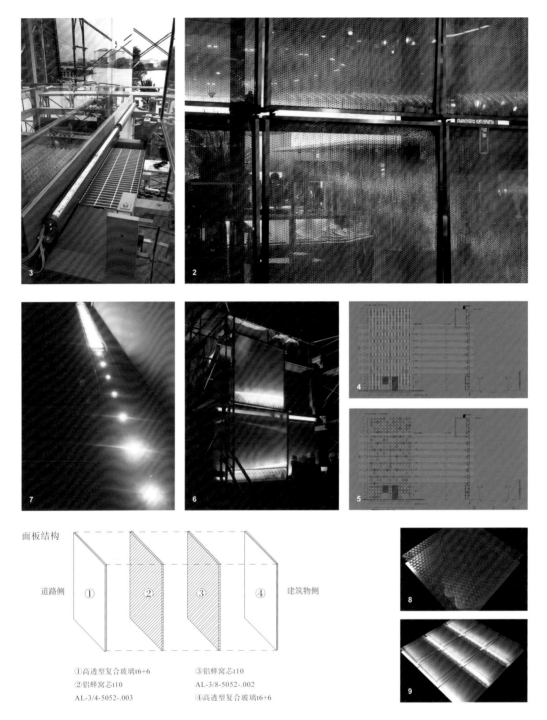

建筑项目数据

所在地——东京都中央区银座2-7-17
设计方——隈研吾建筑都市设计事务所
外装照明——内原智史设计事务所
施工方——大成建设
竣工时间——2008年10月

1. 往上看的挑高部分。与光壁排列在一起的是意大利产的水晶石。约厚20毫米的石材贴在玻璃上，用研磨机削至4毫米。透光之后，有如鸟羽一般的花样浓淡交织地浮现出来。**2.** 入口附近的夜景。当灯点亮时，窗格里的店内装饰也不至于变得看不见。**3.** 从一层店内看向入口侧。**4.** 在银座，以大格局来欢迎客人的店面，出乎意料地少。Tiffany进驻的原有大楼两边是耐震壁，基于横梁可以切断的结构条件下，想打造一个与银座中央大道规模相符合的挑高空间。地板的石头产自中国四川省，内含结晶，因光线反射而产生出微妙的表情。天花板是镜面不锈钢板。**5.** 三层。波纹槭木的木帘围绕。

隈研吾建筑都市设计事务所的竞标奋斗史

——摆脱失败的关键在于创造『幻觉』

在公共建筑的竞标中，面向一般市民说明提案的设计理念，这种趋势正逐渐流行起来。即使民间企业的规划案，也无法避免作简报。在简报中，要怎样做才能抓住审查人员和委托方的心，获得工作呢？近年设计竞赛中获胜率颇高的隈研吾建筑都市设计事务所，为我们揭开其中的奥秘。

面对印制出来的模型照片，职员们雀跃不已。『和以往制作的图纸全然不同。我觉得，竞标前期的努力，全部都反映在那张具有『幻觉』的照片上。』隈研吾建筑都市设计事务所设计室室长、法国普桑松艺术文化中心国际设计竞标团队领导人藤原彻平回顾说。

携带那张贴在面板上的模型照片参赛，事务所果然在二〇〇七年七月获选。

一见钟情的模型照片

藤原彻平从二〇〇一年进入事务所以来，参与的规划约六十件。虽然在国内的提案，有四到五成的获胜率，但『从着力于海外规划案的二〇〇三年秋天起，英国、墨西哥等海外竞标，却是六连败。每次都下了很大的功夫，仍然不断失败。』

转机出现于一开始所说的普桑松竞标。重新审视过去的手法——主要是借助计算机图学的透视法来制作面板，同时积极使用模型照片。

首先，将制作好的计算机绘图印制出来，张贴在模型上面，然后摄影。接着在图像软件Photoshop中加工。从屋顶的格栅透入的光、地板的马赛克设计、对玻璃面的投影等，全部重叠在一起，能够表现出在模型照片中所没有的『气氛』，因为模型照片只能显示形状与素材。这就是藤原彻平所说的『幻觉』的真正意思。

面板的呈现方式上也下了功夫

『除了真实感，还能令人预见那个空间，让人心脏怦怦直跳。我们注意到，如果不能做出那样的幻觉就赢不了。如果不能超越理论，让人一见钟情，我不认为人们会将都市的未来托付给东洋的建筑师吧。』藤原彻平分析道。

若与欧洲比起来，在日本的竞标中，通常面板数量较少，因此一张面板所承载的信息常

刊载于NA（2009年5月25日）

CASE
01

贝桑松艺术文化中心

梦幻般的模型照片抓住人心

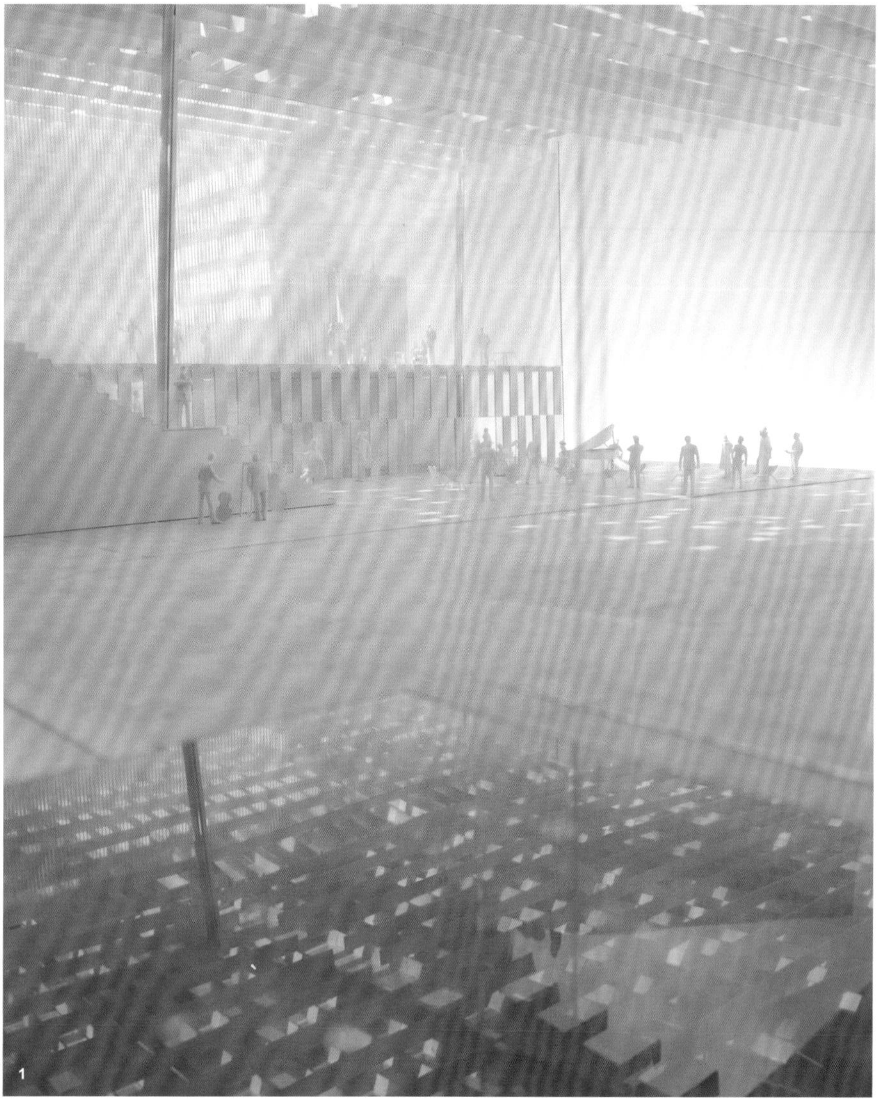

1. 法国贝桑松艺术文化中心国际设计竞标中所提出的模型照片。藤原彻平说："感到是一张有真实感，使人预见那个空间，让人心脏怦怦跳的照片。"模型照片还活用了计算机绘图的透视功能。**2.** 从山丘上俯瞰远景，展现出建筑物完成后沿河川看到的景观。

CASE
02

浅草文化观光中心

减少信息量的第二次案

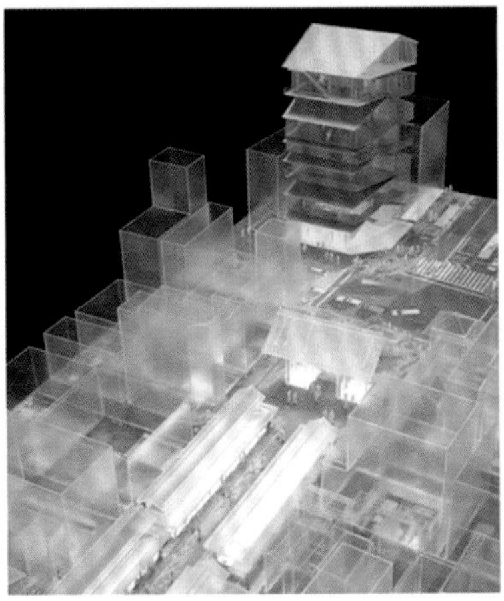

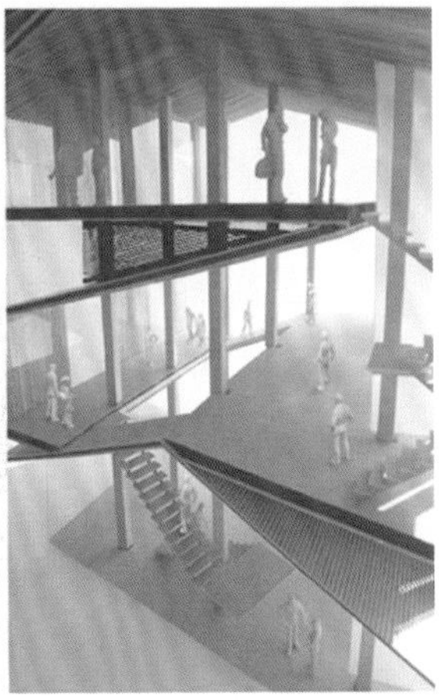

- 自然素材所创造出的温暖表情
- Low-E双层玻璃带来环保且透明的外观

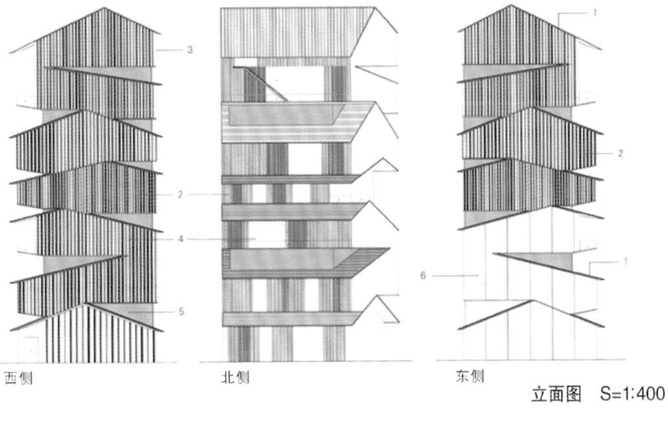

立面图　S=1:400

在浅草文化观光中心设计案竞标第二次审查中所提出的面板，采用具有幻觉的模型照片。第一次审查中提出的立面并不在上面，预留想象的空间。强化面对开放的未来之印象取向的建筑印象。

常变得太多。

二〇〇八年十二月，事务所在东京都台东区主办的『浅草文化观光中心设计案竞标』中，被评为最优秀作品。在第一次审查和第二次审查中所采用的面板，是完全不同的。『无论如何都想赢』的第一次审查中，采用大量计算机图形。玻璃覆盖木制的格栅，以及堆栈屋顶的样子，看一眼就明白了。

相对于此，在第二次审查中，为了『强化面对未来的开放印象，预留想象的余地』，特意采用削减了信息量且具有幻觉的模型照片。虽然是有关断面的说明，然而白天看到的立面，却不在面板上。

自普桑松的竞标起，事务所开始重视使用模型照片。不过，为配合所想表现的东西的性质、町的景观等，也活用了以往的计算机绘图。通常，由三至五人所构成的竞标团队成员，兼做设计作业，但有关计算机绘图，则设有一名专职职员，执行高水平的图像处理。

将语言转换为空间的能力是必要的

有关简报的制作，在早期阶段所重视的是以明快的语言创造出空间的『骨架』。在浅草的竞标中，从作业开始的一个月，整个概念朝着『堆栈屋顶的建筑』方向发展。

藤原彻平重视的另外一点是『对空间的沟通能力』。就竞标来说，有必要在短期内大大提高一个作业的水平。描绘模型用的图纸、研讨模型、素描、透视图等，一个个的挑战刺激着成员，更重要的是成员之

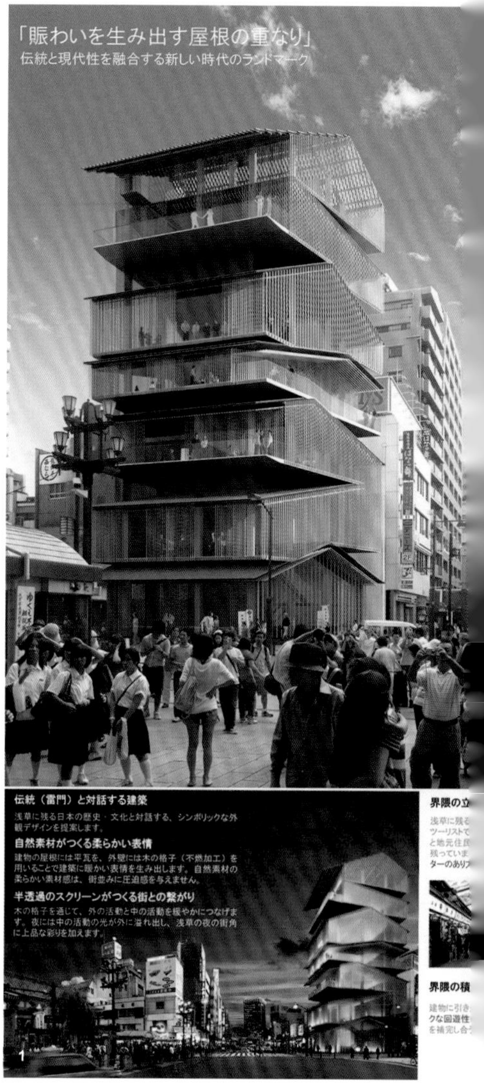
「賑わいを生み出す屋根の重なり」
伝統と現代性を融合する新しい時代のランドマーク
伝統（雷門）と対話する建築
浅草に残る日本の歴史・文化と対話する、シンボリックな外観デザインを提案します。
自然素材がつくる柔らかい表情
建物の屋根には平瓦を、外壁には木の格子（不燃加工）を用いることで建築に暖かい表情を生み出します。自然素材の柔らかい素材感は、街並みに圧迫感を与えません。
半透過のスクリーンがつくる街との繋がり
木の格子を通じて、外の活動と中の活動を緩やかにつなげます。夜には中の活動の光が外に溢れ出し、浅草の夜の街角に上品な彩りを加えます。
1

2

1. 第一次审查中采用的面板。『重叠屋顶的建筑』一事以断面图和透视图的方式表现出来。透过白天的外观透视图，由屋顶、木格栅、玻璃所构筑出来的东西，一目了然。从三百多个设计中脱颖而出。**2.** 讨论阶段把『整体的轮廓，让人想起屋顶』『下町的小路仿佛被屋顶遮掩』『将屋顶层层堆栈』等想法以模型照片和计算机绘图组合起来，进行研究讨论。指示成员们从同一角度进行研究，得出的画面是，靠近自己这一边有人群，远处可见到建筑物。『在竞标中也能使成员共享空间的沟通能力。』

间经常能够在同一层次，以同一感觉彼此沟通。

在浅草的竞标中，针对以屋顶为主题的各个提案，藤原彻平指示成员们以同样的角度进行研讨，所得出的结果，就是上面的计算机绘图。

在团队作业的竞标中，有必要将空间转换成语言之后再进行沟通。当有人认为『这个空间，若天花板高一点，似乎感觉比较好，做一做这样的研究吧』之时，有人能够表现出那样的空间，有人就做不到。能将语言和自己创造的空间做到一致的人，便适合从事竞标工作。

虽然藤原彻平这么说，但竞标中脱颖而出的最大要素是『热情』。

『想建造过去没有的新建筑，而且绝对不想输掉。带着这样的想法，以及从输掉的瞬间又燃起下次获胜的热情，一路做了下来。就竞标而言，如果不喜欢那种集中精神、整夜针对某事做密集讨论，是做不来的。热情也是很重要的。』有关对竞标提案者的信念，藤原彻平如是说。

探讨时间管理的奥秘

——高效工作的『七个关键』

同时进行的规划案接近八十件，而工地散布在国内外各地。除此之外，还以东京大学教授的身份致力于教育工作。隈研吾能够熟练使用电子产品，消化超人的行程，但与这个形象刚好相反，现实中的隈研吾乃是实干派。就算再远也要亲临工地，与现场的人直接见面，在对话中获得设计的提示，像这样的风格，不论现在还是过去都没有改变。在隈研吾独自一人奔走国内的一天当中，执笔者谷口理惠紧紧跟随。

从东京到新潟长冈的路上
在文库本上画线

东京都内樱花盛开的二〇一〇年四月三日，星期六。一早起就是晴天。笔者并没有去赏花，而是紧跟隈研吾进行采访。早上八点五十分，在东京车站上越新干线的站台，乘客的身影几乎全部消失于车厢时，隈研吾独自一人出现在站台上。隈研吾清爽地穿着牛仔裤和薄夹克。由于身高一米八几，走在站台上的样子很醒目。

进入车内不久之后的八点五十二分，隈研吾（和笔者）所搭乘的上越新干线『MAX朱鹭号』出发了。

隈研吾：『早上好。座位在哪里？』笔者：『隔着走道的旁边。』怒涛汹涌的一天开始了。

一坐上座位，首先喝着在东京车站里买的热咖啡，眼睛看着窗外，花了约十分钟慢慢喝完了咖啡。随即从口袋中拿出一本新书，开始阅读。这一天读的是《傻瓜的墙壁》（筒井康隆著）。

1

顺道前往车站和机场的书店，往往几分钟内就挑到『心血来潮想看的东西』，这是他的一种模式。读了一些之后，一手拿着红色原子笔，开始窸窸窣窣地画起线来。在有兴趣的地方画上线，好像是他的习

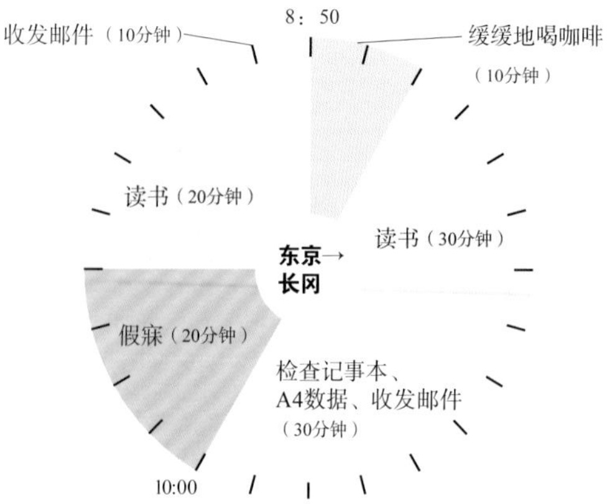

1. 新干线发车前两分钟。隈研吾抵达站台。总是一个人行动。**2.** 经常在车上读书。

7个关键 |01| 记事本

用手写，讨厌使用电子日历

记事本是在紧邻WATARIUM美术馆（东京都涩谷区）的店铺“ON SUNDAYS”购买的。那是不带公文包的隈研吾随身携带的必需品之一。由于每天放在口袋里，虽然买于1月份，但是到采访之时的4月份，已经变得残破不堪……

封面是有着刺绣的白绢。插页是管理一周行程的周行事历之类的内容。除了每一天的行程栏以外，在最后还有下一年度的行程栏。据说这是按照隈研吾的要求设计制作的。

记事本上用各种颜色的笔潦草地写着预定事项。“对于把东西弄脏，我很有兴趣。凭借着粗的、细的、乱七八糟涂掉的各种笔迹，似乎可以把当时的记忆拉回来。此外，重要程度也一目了然。因此，不论是记事本、书籍，还是图纸，总是因为写上什么而弄脏。这意味着，电子日历的信息看起来全是扁平的，实在令人讨厌。”

有关行程，都是隈研吾自己写进去的。在磋商时所产生的预定事项，当场记下来。来自外部的演讲邀约及采访邀请等，每一次都由管理行程的职员与隈研吾确认后，再进行调整。每一天的预定行程，由隈研吾所记录的日程和负责管理行程的职员所增添的日程结合而成。“由于上午9时至下午5时都排满了日程，有时早上很早就开始开会，也有时到夜晚才接受访问。必要的预定事项，就凭精确的指示来完成。”

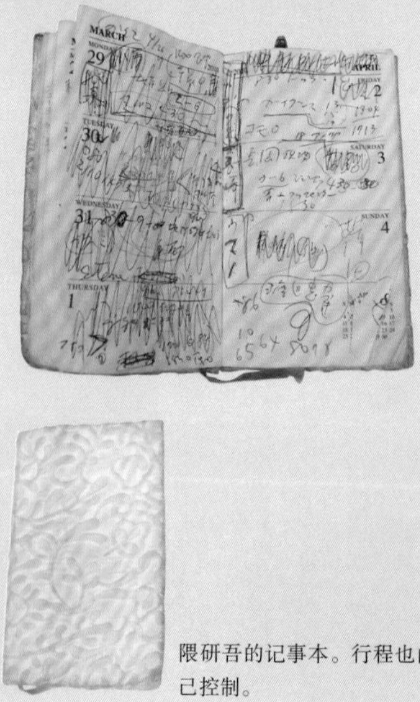

隈研吾的记事本。行程也由自己控制。

惯。这是隈研吾的读书法。一个月之内读完的书，约有十本。『在移动时间里，可以做自己的事，因为很轻松，其实这种感觉是我最喜欢的。』隈研吾说出心里话。有时也会在飞机上写草稿。即使到现在他还是用手写草稿。

书读了一会儿后，从口袋中取出残破不堪的记事本，哗啦哗啦地翻起来。把自己书写的行程再确认一次。同时也把职员准备的、写着传达事项的A4数据过目一下。

从早上就进入商业模式的隈研吾，一到高崎车站附近，终于也开始睡觉了。

—视察长冈工地现场 以全尺寸模型仔细确认结构—

这一天的工作开始于新潟县长冈市。在该市的中心地带，为正在进行中的『长冈市政府大楼』做工地视察。这一天最重要的是，确认在本案占有重要地位的玻璃大屋顶的全尺寸模型。十点五十分到达长冈车站，与事务所的负责人、施工公司集合。首先坐车前往全尺寸模型的所在地。

因竞标而获得工作的『长冈市政府大楼』，是集长冈市政府、多功能大厅、带屋顶的广场三合一的复合设施。在结构上，市办公厅的东西栋和体育馆三者都朝向被称为『MAKADOMA』的屋顶广场。覆盖广场的，是个玻璃大屋顶。这个屋顶通过三种技术复杂地交错在一起，它们分别是：主要是为融雪而设计的雪水循环型环境控制系统，为自行发电而设计的太阳能发电系统，促进自然换气的可动式换气装置。

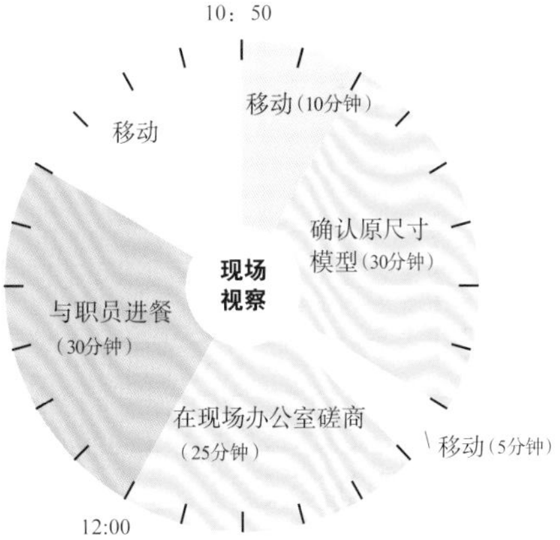

早上十一点，相较于东京的晴天，这里淅淅沥沥地下起了小雨，在雨中开始进行全尺寸模型的确认。模型的大小是，宽六点八米，纵深七米，高三点二米。虽然说是研讨用的，但也有一般小住宅屋顶的大小，而且是可移动的。戴着工地用的头盔，穿上夹克的隈研吾，很快地针对太阳能电池、玻璃的配置、螺丝的位置、框的颜色、制动器的形状，一项接一项地说出意见，并提示变更点。交互看着图纸与模型，有时候边将自己的想法写在图纸上，边作说明。实际测试了雨水的循环和换气窗部分的开关，大略的确认就这样结束了。

1

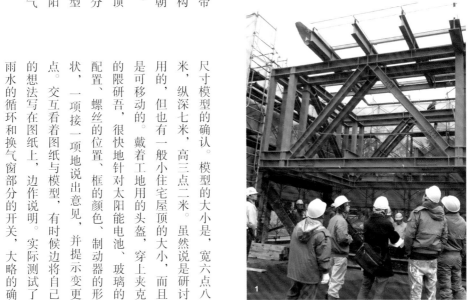

7个关键 | 02 | 全尺寸模型

原尺寸模型确认后，不必再做图纸的确认

全尺寸模型的目的，是确定“素材与设计配合得来吗？”“光凭图纸上的线条无法了解的细节，及其解决方法”等问题。长冈市政府大楼的玻璃屋顶，由于各种技术要素复杂地交错在一起，所以如何取得技术与形态之间的统一，也是确认的要点之一。

隈研吾从最初开始设计起，便尽可能多地采用全尺寸模型作确认。对于全尺寸模型的执着，他回顾说，是为了实际感受“素材”带给设计的影响，这种做法甚至有增无减。在2000年竣工的那珂川町马头广重美术馆，以杉木格栅覆盖的屋顶，也是用全尺寸模型作研究的。“在确认全尺寸模型之前，事实上，一直没有决定铺在杉木格栅下面的钢材用什么颜色。格栅原定采用深色。在见到全尺寸模型时，决定了杉木保留原有的颜色，以及钢材的颜色。”隈研吾说。

全尺寸模型的制作既花时间又花钱，可是一旦确认之后，施工中途就不必再作确认，结果现场工作反而能顺利进行。因此，在现场当即就可以作出好与坏的判断。“不要把该决定的事情带回来，总之，让事情早一步进行，是很重要的。”隈研吾强调说。

不过，“同时在工地运作的规划案，有意识地控制在10件左右。”隈研吾说。虽说控制在10件以内，当真能够掌控所有工地的情况吗？“我的做法是，在记忆上添加浓淡，对所有的规划案进行掌握。在工地活动，记忆是最鲜明的。记忆的方法，有各种不同的方式。也许有人用涂满工作表的方法来记忆，而我是将立体的建筑物的样子形象化，在发生变更的地方，画上略图，这就是我的记忆方式。”

在玻璃屋顶上，搭载太阳能电池、雪水循环系统。此外，为了促进自然换气，设计为可开合式屋顶。

1. 对于在长冈市的复合设施图采用玻璃屋顶的原尺寸模型进行确认。**2.** 好与坏现场即可作答的隈研吾。**3.** 长冈市政府大楼的透视图。市办公厅与多功能大厅以带屋顶的广场连接起来。（资料：隈研吾建筑都市设计事务所）

7个关键 |03| 与职员们谈话

在聊天中了解员工的能力

“早上都吃些什么呢？”“晚上呢？”“住在哪个地方？”“吃完了？”在长冈车站的荞麦面店家，隈研吾向常驻工地已经2个月的职员搭话。像是欢迎久未返乡的孩子一般的会话。向职员大略询问新的工作环境后，话题从工地的进展状况、采用的素材、委托的工匠是谁等谈起，直到细节结构为止。边吃面，边指示应确认的事项。

只要找到一点时间，便和职员一起用餐，据说这种情况很多。“即使是很短的时间，经常得出重要的磋商结果。”

隈研吾掌握80多名职员的性格及擅长之处，自行决定规划案的负责人。一面阅读委托方所要求的东西和酝酿出来的“规则”，一面看清楚职员的适才适所。“不做将能力数值化的事情。与其如此，不如花时间亲自去测知他人的能力。”

在工地事务所讨论
在吃饭期间持续和职员对话

十一时三十分，坐进车里，雨势渐强。接下来将要前往的地方是紧邻工地的事务所工地办公室。从事务所的窗子可以眺望到工地。在这里研究讨论有关地板材料的选择、地板材料接缝的处理、防风室的细节结构等。持续确认约二十分钟后，职员说：『想请您为我们确认的事情就这些。』隈研吾说：『结束了？』

打开手机，确认时间，正好十二点。隈研吾说：『大家一起吃饭后，就回去了。』此时距离回东京的新干线的发车时间只剩半小时。于是在车站内新潟县有名的『片木荞麦』吃午餐。据说隈研吾喜欢的东西之一就是荞麦面。吃饭期间，绝不会保持沉默，始终与职员们谈话。

从长冈回东京
手机是必需品之一

吃完饭，十二点三十分走出荞麦面店。在检票口的便利商店买了温茶和红豆大福，然后

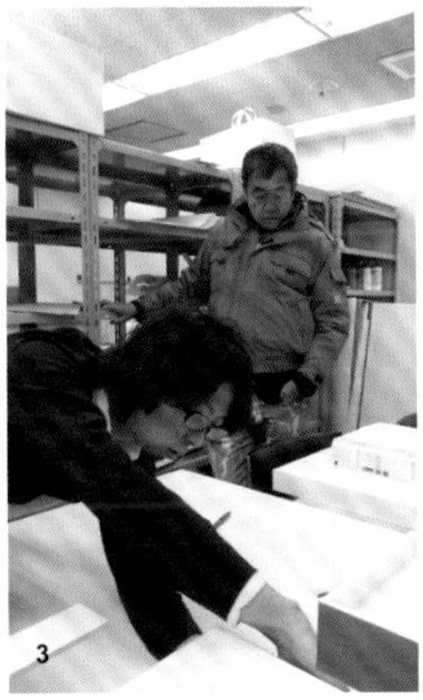

1. 从邻近的临时办公室望向现场。采访时，挖掘工作已经完成90%。**2.** 确定地板材料的细节。关于导盲砖的行数与大小，就两种不同花样进行比较。**3.** 一边看着模型，一边商量有关挡风室的细节。**4.** 等待新干线的隈研吾。

坐进回东京的新干线。

通常都是继续在车内读书的画面，但是这一天接受了采访。大约经过四十分钟，限研吾的回答变得慢半拍。或许困了？笔者说：『稍微休息一下？』限研吾说：『啊，结束了？那就……』限研吾在短短数秒内就进入了梦乡。

本以为会一路睡到东京，没想到大约二十分钟便醒来了，继续享受读书的乐趣。在一日的移动中，据说也曾读完过一本书。在车内，除读书以外，看手机的时间也很长。

十四时二十分，按时抵达东京。限研吾说：『接下来呢？』笔者问：『一向都搭出租车吗？』限研吾说：『都搭地铁喔。』

没有逆着往来车站的人潮走，而是走向地铁。在移动中，也会有人向限研吾打招呼，但他不以为意，多数还是使用公共交通工具。『虽然也自己开车，如果去的地方电车最方便，就不会刻意开车去。平常是坐电车也搭公交车。』尽管经常出门，却没有像秘书一般的人随行。职员们几乎都是在工地集合。预约好的车票，也是在出发前各自取票。『因为自行处理比较快又轻松。』

7个关键｜04｜手机

以照片简讯确认图纸

与其使用电子行程表，限研吾始终坚持在记事本、草稿、使用过的影印纸背面书写这种模式。他完全不用个人计算机。不过，手机似乎成了工作上不可或缺的东西。

职员询问是否可以在磋商时列席，知道手机号码的委托方，则直接打限研吾的手机和他商量。由于白天几乎都在事务所外面工作，因此手机的简讯联系也很频繁。若限研吾未能出席与委托方的磋商，职员必定会将报告直接传给他。

“也用照片简讯哟！”。在简讯中附上图纸和透视图等，在出差地作确认。“手机的画面也变大起来了。说是这么说，但也只有手掌大小，所以只是大致上了解而已。不过，能有这样的结果，倒也刚刚好。”

查看手机的限研吾。也有图纸的简讯传进来。

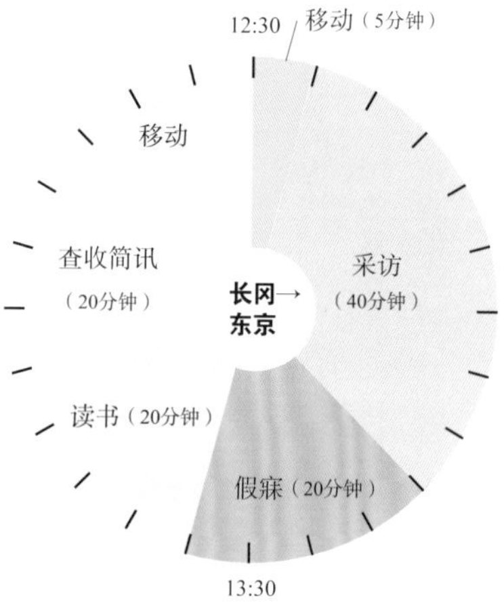

返回事务所磋商
是否列席，与规模大小无关

接着乘坐地铁，十四时五十分到达东京外苑前的事务所。除面向隈研吾亲手设计的『梅窗院』而建造的大楼以外，在徒步五分钟内另有一处作为处理实际业务的别馆（ANNEX）。隈研吾自己在本馆的三层有张办公桌。

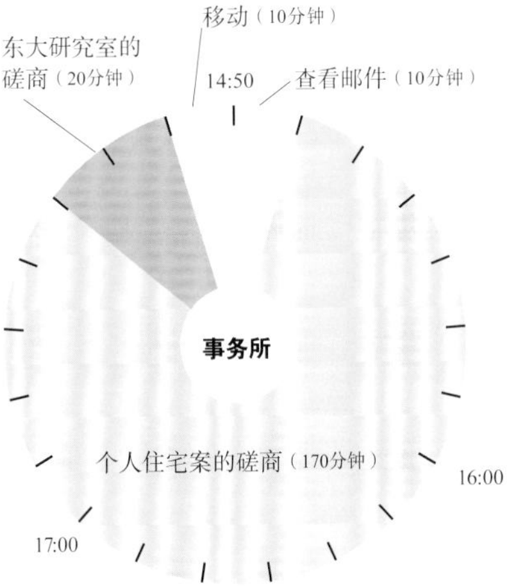

到了自己的办公桌，打开寄来的信件查看内容。很迅速地浏览和经营管理有关的邮件以及接受采访的杂志。之后打了两通内线电话，并查看手机的简讯。

刚刚十五时，开始了与业主的磋商。这是个外国夫妇的私人住宅规划案。先以流畅的英语说出『今天的樱花很美』等开场白当作暖场，接着整个磋商持续进行约三小时不到。『在磋商时我是否列席，与规划案的规模无关。先询问委托方的要求及意向，如果需要听取当事人的反馈意见，我就尽可能地出席。』

十七时五十分，私人住宅的磋商一结束，以小跑的速度冲向二层。这是东京大学研究室正在进行中的中国苏州市都市计划。由于适逢春假期间，所以改在事务所内磋商。

在磋商中，向学生指出有关整个都市的连续性与植栽的方法。『在低层部分，把它加上屋顶比较好，因为这样会与周围的旧住宅产生关联性。这个植栽的方法，像外行人做的，修正一下比较好喔。』

1. 本馆三层靠窗边的办公桌。采访时，几乎没有坐在这个座位上。**2.** 正在进行个人住宅讨论的隈研吾。**3.** 隈研吾在讨论有关中国苏州市的都市计划。

体会实际业务也是一种教育

隈研吾从2009年开始在东京大学执教。2010年研究室是37人的大家庭。由于2009年难波（和彦）研究室结束授课，所以有学生转进来，造成人数的大幅增长。

2010年4月8日，隈研吾与研究生初次会面，我们获准到场采访。

隈研吾的教育方式是“在职训练”。在研究室的重点活动是实施规划案的设计。会面一开始，隈研吾对学生们做出宣言：“不要把它当作授课，把它当作大人的工作。”以过去“东大丹下（健三）研究室”为例，述说有关积极从事规划案的方针，以及个人的责任。

研究室的成员与事务所一样，国际色彩丰富。通过自我介绍，就可以窥知来自韩国、中国、新加坡、尼日利亚、墨西哥、以色列、马其顿共和国等世界各地的学生们齐聚一堂。

学生选择这个研究室的理由，除“因为与实务有关”之外，像“留学生很多，可以做国际交流”“将来也想做海外的工作，因此能够与海外的学生取得交流是很吸引人的”之类的声音也不少。

隈研吾说：“重要的是，一边了解当今社会的动向，一边通过规划案去体会利用建筑能够传达什么？因此，如果不弄清楚它是什么，就无法达成吧！之所以教导这些事情，是为他们点明障碍之所在，这就是教育。”

“大学的教育和在事务所的实务没有区别，双方的教育都是实务。只有在会面那一天像个老师，此后的相处方式就和职员一样了。在庆应大学（1998—2009年担任教授）采用这样的方法，取得了一些成果。在东大还必须再稍微改进一下。因为在推动实际的规划案时，需要有某种直觉。就系统来说，这不是文字所能传达的东西。此后也打算腾出时间来授课。”对隈研吾而言，大学仿佛是另一个别馆。

4. 向学生们说明研究室的方针。（摄影：铃木爱子） **5.** 研究室的学生聚会。这是隈研吾聆听学生们的自我介绍，向学生询问“所关心的领域”的画面。

原定十八时离开事务所，尽管没有时间了，但离开座位时仍花了约五分钟的时间回应学生们的质疑。说着『下次再谈』，脸上没有丝毫着急之色，声音也不慌乱。

十八时十分走出事务所。在青山大道上，立刻叫了出租车，前往『青山书籍中心』，加入和中泽新一的对话。

—

在书店里的对话
也积极地收集建筑以外的信息

—

十八时二十分到达青山书籍中心。从十九时起和人类学家中泽新一开始对话。二〇〇九年七月起隔月举办的讲座『中泽新一的东京艺术探究』，邀请隈研吾担任来宾。

他预先看了一下会场，看到面对休息室的前方、会场入口处附近建筑书籍的书架，拿了一本《有机建筑》（法兰克·洛伊·莱特著）。除此之外，仿佛『打劫』一样一口气买了约十本与建筑有关的书籍。他笑着说：『建筑的书很多呀！因为平常只是在车站或机场的书店买而已。』

十九时五分对话开始。在和隈研吾对话之前重新阅读《反标的物》的中泽新一开始说：『不让建筑成为标的物，执着于与自然的共生，这些都是小隈始终不曾改变的。在《反标的物》一书中，对这些都有详细的描述。』

从『小隈』这样的称呼中，可以窥见两人交往的密切程度。据说正好在隈研吾写完《反标的物》的时候，两人尝到掉落谷底的滋味。因为两人一起致力于爱知县万博『自然之睿智』的构想，却没有结果。『此时的我们同时尝到某种意义上的失败。不过时至今日，却觉得当时的受挫反而是好的。因为彼此开始强化那时所萌生的思想。』中泽新一回顾说。

在对话中，一面夹杂中泽新一所追求的艺术人类学的观点，一面展开有关都市与建筑的谈话。两人的对话，几度引发哄堂大笑。会场坐满了人，两人的著作，销路似乎也很好。

大约两小时的对话结束，接着两人和书店有关人员聚餐。在聚餐的地方，掀起在对话中没有说完的话题和一些怀念的往事。据说此次是隈研吾和中泽新一时隔四年之后的再次

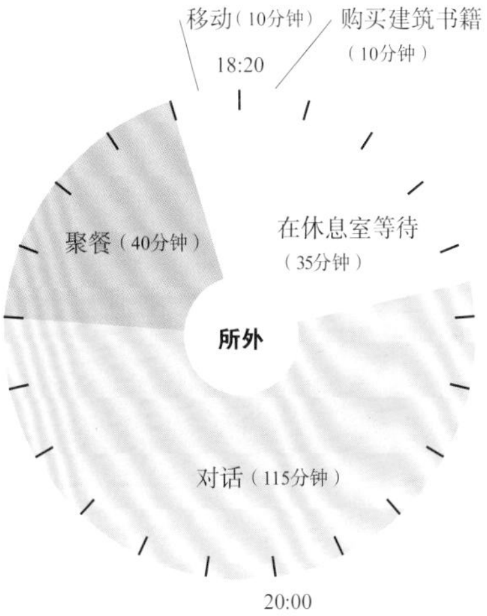

7个关键 | 06 | 聚餐

邀人进餐的人值得信任

隈研吾大多时候都在外进餐，而且几乎都是兼具午饭和聚餐的会议，很少独自用餐。隈研吾说："在我的经验里，邀请我吃饭的人，大多值得信任。"

如果不得不选择工作，那么这个案子是否具有挑战性，就成为接受工作的判断基准。隈研吾说："虽然是诉诸感觉，但却是以人与地点的搭配，来决定做与不做的。至于人，譬如，那种只想凭着我的名字来吸引人，而不管建造什么都可以的委托方，就不予以考虑，我想和能够一起思考建造过去没有的东西的人一起工作。"

为了看透这些，直接与当事人会面。"见面聊天，一起吃饭，如此一来，很不可思议地就能了解。"

随着海外规划案的增加，在海外的聚餐也多起来。"在海外用餐，最需要注意的是，当紧张感解除时，不要吃得过多。从情绪紧绷的简报中，转为紧张全消的状态，大吃大喝，把身体的状况都弄坏了呢。"

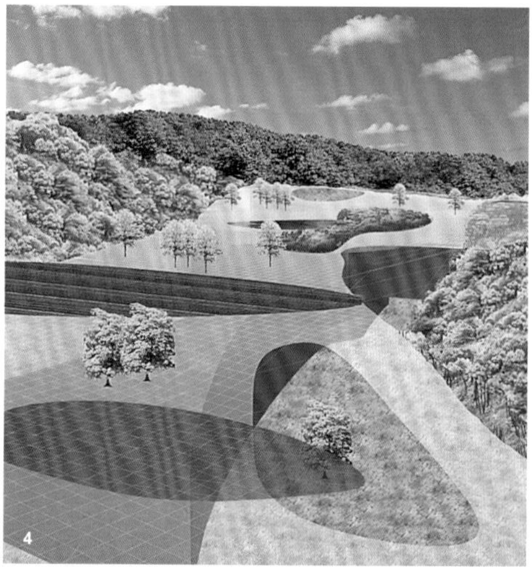

1. 与人类学者中泽新一在青山书籍中心对话的隈研吾。**2.** 建筑相关书籍接二连三地拿在手中的隈研吾。约购买了10本书。**3.** 快乐地与中泽新一进餐的隈研吾。两人的会面源于黑川纪章的穿针引线。**4.** 中泽新一与隈研吾共同参与规划的爱知县万博"自然之睿智"的形象。（资料：隈研吾建筑都市设计事务所） **5.** 急忙坐进出租车的隈研吾。

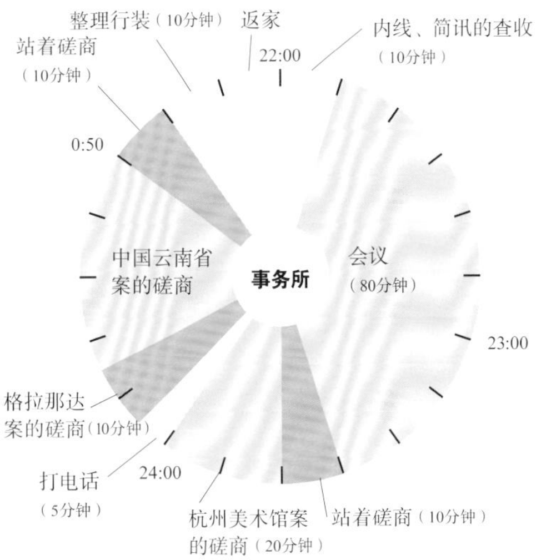

见面。

二十一时四十分，隈研吾的手机响起。隈研吾小声地回答说：『喔……尽早赶回去。』中泽新一招呼说：『小隈，没关系，该回去了。』隈研吾说：『那就不好意思了，先走一步。』将和食套餐的碗装食物吃完后，离开餐馆。立刻拦下出租车，急忙赶回事务所。

直到深夜仍进行磋商

该决定的事情，即使站着谈话也要解决

二十二时，再次回到事务所。首先回到三层的办公桌，检查传来的简讯（不使用计算机）。空当中，用内线催促职员们准备开始在外出前所安排好的会议。二十二时十分，在四层，与设计室室长两人，开始所内的会议。会议持续了约一个半小时。在这中间，仍在事务所继续工作的职员们不断地到三层来，『隈先生回来了吗？』『还在开会吗？』这样的对话此起彼伏。

二十三时三十分，会议结束。一回到三层，立刻就和手拿模型的职员，站着讨论起来。接着，转瞬间走廊挤满了等待他的职员，这也是所内常有的景象。尤其隈研吾出差不在事务所，一旦回来之后必定引起这种景象。

1

二十三时四十分，在二层，与职员们确认在中国杭州进行的美术馆规划案的进展情况。职员们说明已解决的问题及新出现的问题。在隈研吾的指示和判断下，转眼间，决定了家具的材料和收尾工作等。大约二十分钟后，磋商结束。

离开后，就在二层走来走去。突然想起什么，便伸手拨内线，『怎么样了？今天可以看吗？』自己主动进行讨论。手机有电话进来，要求在别馆磋商事情。『可以。三十分钟后过去。』

深夜，展开在西班牙进行的音乐大厅和剧场复合设施『格拉那达表演艺术中心』的磋商。与西班牙籍的职员在模型之前，用英语沟通。

之后，徒步前往别馆。『利用数分钟的移动时间，转换一下心情。比起在广大的空间里，轰的一声全部的职员蜂拥而至，对我而言，与组织和缓的关系较为适合。』说这些话的时候，一副愉快的模样。到底这个采访何时才能结束呢……

到达别馆，三名职员已准备好图纸与数个模型。预定讨论有关在中国云南省建造的文化设施。职员们提出三种解决之道后，他一边提出与周围的环境调和，一边将解决之道整合为一。

『向客户提出的案子，经常准备了数个不同的提案以供选择。往往包括了超过客户要求的提案，以及从其他角度来看事务所自认为最适当的方案。如此一来，规划案的速度感和委托方的信赖度都会提高。职员们在向我介绍他们的方案时也准备了多个选择，就像对待客户一样。这样做的原因是，如果不这样，我不会认真地听他们的话呀。』

接近凌晨一点时，磋商结束，一走出房间，另外一个职员立刻拿着图纸迎面而来。处理完这个问题后，隈研吾说：『今天到此结束。』

回到本馆，整理好明天海外出差的最基本装束、书、护照、原子笔，向职员们说了声：『明天八点到机场。』一时十分，自己驾车离开事务所。隔天（正确的说法是今天）早上六点起床，前往韩国，预计停留一晚。

1-5. 返回事务所的隈研吾，接连不断地进行规划案的讨论。被工作人员的声音叫住后，通常就那么站着讨论。**6.** 这一天排定的日程全部结束已经是深夜了。开着自己的车子回到家。第二天早上6点起床，据说要前往韩国。

7个关键 | 07 | 会议

完全没有固定会议

在事务所内，没有隈研吾固定参加的会议。“在所内，极力避免制造层级。因为不动手的人，变成发牢骚、妨碍工作的说教角色的危险性很高。只让时间白白地浪费却什么也没有决定的会议，很容易成为个人发表自我主张的地方。和卡拉OK大会是一样的。就功能而言，规划案单位的非正式会议，每天都在上演。应该决定的事情，若要作出决定，即使站着谈话也可以解决。”隈研吾说。

从组织设计的工作经验中学习到许多事情。“在形成大三角形的组织设计中，见到许多层级管理的弊害。当然在实务方面，可以学到许多东西，但是在形成组织的意义上，也有成为反面教材的一面。即使变成大家庭的今天，这样的类型也绝对不会崩坏。因此，我对职员说，不管什么就直接来问，请求援助。一旦发现职员有段时间没有找我谈话，没有来求援的话，我会开玩笑说你还在喔。”

由于隈研吾没有固定参加的会议，想“抓住”隈研吾的职员经常排成一列。

职员们眼中的隈研吾

对社会的关心源自不寻常的知性

藤原彻平（设计室室长）

毕业后马上进入事务所，至今已经10年了。事实上，在进入事务所之前，在隈研吾的建筑中，并没有特别喜欢的作品。不过，在找寻设计事务所的时候，读到隈研吾所说的内容，感觉到他不寻常的知性。我想那不仅仅是头脑灵光而已，而是对社会的关心。在泡沫经济时，完成像“M2”的建筑，我想正是因为他敏感地感受到社会的潮流。

参加工作后，也从隈研吾身上感受到“社会性”。今天，通过国内的都市、地方、世界各国的规划案，与所有真实的社会连接在一起。我认为他在纯粹地理解那块土地所拥有的历史与文化之后，有效地将之表现在建筑之上。

最令我尊敬的是，他充满了挑战精神。即使第一眼觉得“真的要建造吗？”之类的奇怪东西，一旦决定一起做下去时，有趣的事情便会不断地出现。我想，因为不停地前进，所以可以遇到各种有趣的人和规划案。

职员们眼中的隈研吾

以非凡的速度冒出点子

池口由纪（设计室室长）

进入事务所之前，曾在西班牙工作过半年，在纽约的设计事务所也工作过1年。到这里上班是在2001年。在海外工作的时候，广重美术馆和石头美术馆，频繁地出现在杂志上。从外部的观点看来，我觉得他正在摸索日本新建筑应有的模样，我对此非常感兴趣。抽象化的空间，经过什么样的过程被创造出来呢？我想从事务所内部获取答案。

真正上班后，我惊讶于隈研吾动物般的身体感觉。由于不受制于经验和知识，冒出点子的速度和实践力，为人所不及。委托方、建筑用地和文化的蓄积等，以及有关规划案的所有环境与状况，他都能凭直觉感受到，并且立刻反映在设计上。

绝不向委托方夸耀自负和执着。对于来自委托方和使用者的要求，以及夹杂在规划案的条件，即使觉得勉强，他也会将这些困难作为“新的方向”，我经常在他身上感到足以改变潮流的力量。

一目了然的时间管理术

这一天的『忙碌程度』，隈研吾给了六十分（满分为一百分）。这样的忙碌程度非常普通，据说，二十二时回到事务所之后的磋商，比平常稍微多一点。

在笔者眼中，一整天下来，感觉隈研吾似乎经常处于紧张中。没有见到他声调激昂，也没有看到他沉默不语，总是同样的一个语调。关于这件事，后来询问隈研吾，他这样回答：『如果传达到眼中的紧张感有起伏，那会使人畏缩，会让人介意。因此，不管何时见面都保持同样的紧张感。对委托方自不待言，若是他人，不管和怎样的人谈话，都有可能和设计产生关联。如果很自豪，会让人产生压力，无法听到真正的声音。』

让对方在短时间内发挥最大的力量，对隈研吾而言也是个重要的时间管理术。

（笔者：谷口理惠）

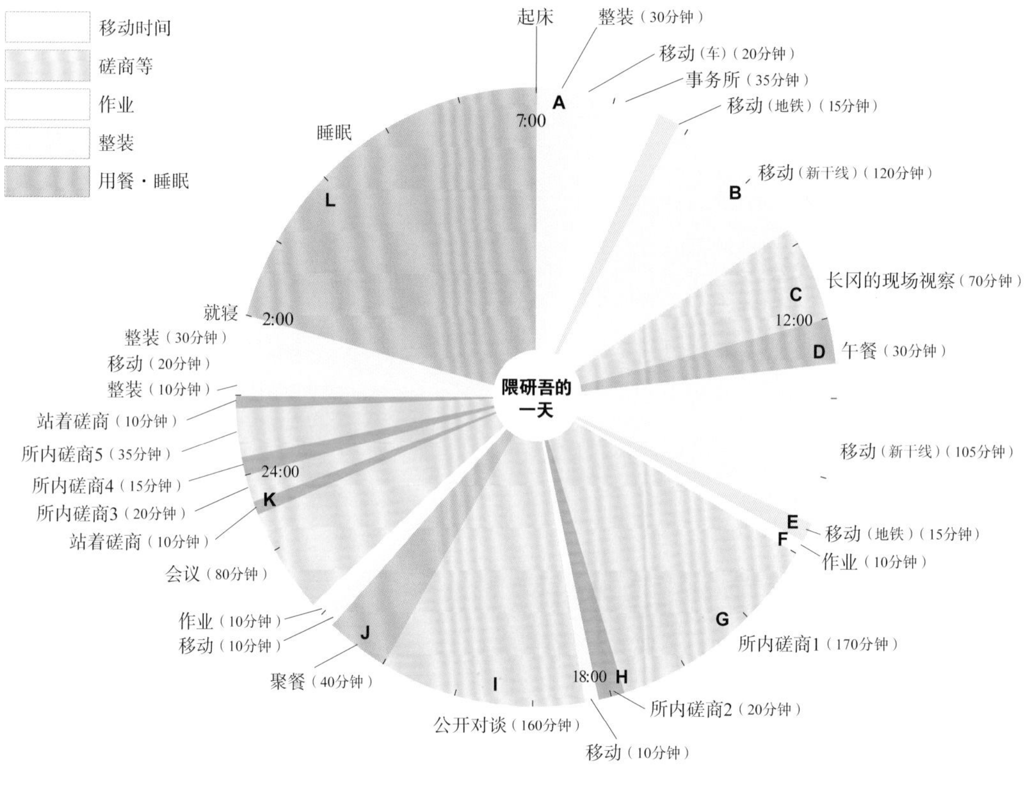

A 不携带行李箱。个人用品在出差地购买。

B 有效利用移动时间：读书→在“有趣的地方”画线／假寐→不违逆生理循环而小睡／简讯→用手机确认图纸／笔记本→记入预定事项，管理行程。记载得脏兮兮的／草稿→手写。完全不用个人计算机。

C 在现场提出明确的方向。必须决定的事项，禁止带回处理。同时开工的工地控制在10个左右。再远也要到现场去。

D 在与职员们短暂相处的时间内推测“规则”。不把能力数值化。

E 不依赖汽车，利用公共交通工具。基本上一人行动。没有秘书同行。

F 在所内来回走动，主动与人打招呼。

G 委托方尽量参与磋商。经常准备备用提案。

H 平等地对待大学生。

I 积极接触建筑领域以外的事情。

J 积极地和邀请用餐的人见面。在与他人的对话中，产生出设计的点子。紧张感消除后，容易吃得过多。

K 不设立定期的会议让职员们自我表现，不在所内分出阶级。

L 保持固定的休息时间。

1954—2010年
履历
隈研吾年谱

年谱下方的照片以正文中没有收录的照片为主。

年份	大事记
一九五四	八月八日，出生于横滨市
一九五五	
一九五六	妹妹出生
一九五七	
一九五八	日本基督教教团田园调布教会附属幼儿园
一九五九	
一九六〇	
一九六一	大田区立田园调布小学
一九六二	
一九六三	每年夏天造访茅崎与伊豆的亲戚家，洗海水浴

年份	大事记
一九六四	十岁。知道国立代代木体育馆和丹下健三，对建筑师的职业产生兴趣
一九六五	
一九六六	
一九六七	私立荣光学园中学，加入篮球社
一九六八	
一九六九	
一九七〇	荣光学园高中
一九七一	
一九七二	

年份	大事记
一九七三	东京大学工学院
一九七四	二十岁
一九七五	
一九七六	
一九七七	东京大学工学院建筑系毕业（毕业设计师从于内田祥哉教授）后，开始攻读硕士。硕士期间在原广司的研究室
一九七八	
一九七九	东京大学硕士毕业，进入日本设计
一九八〇	经大学教授介绍而结婚
一九八一	
一九八二	转职进入户田建设设计部

年份	大事记	作品
一九八三		
一九八四	三十岁。离婚	
一九八五	再婚。单身赴美，在哥伦比亚大学建筑都市计划学系担任客座研究员（至一九八六年止）	电灯铺（东京）（图1）
一九八六	处女作《十宅论》出版（TOSO出版） 设立空间研究室	
一九八七		
一九八八		伊豆之风吕小屋（静冈）
一九八九	右手受重伤，无法用右手做细致的工作。 《再见，后现代主义》（鹿岛出版会）	GT-M（群马） 东京·青山承租大楼（东京）
一九九〇	隈研吾建筑都市设计事务所成立	De町屋（千叶）（图2）
一九九一	借着对『M2』的批判，体验作为建筑师的挫折 泡沫经济	RUSTIC（东京） Maiton Resort（泰国） Doric（东京） M2（东京）
一九九二	东京的规划案逐渐减少，向地方转移	鬼之城高尔夫球俱乐部（冈山）（图3）
一九九三		

1. 电灯铺。专门经营电灯泡的Livina Yamagiwa店铺。位于东京秋叶原Livina店的隔壁。由宽5米的小楼改建而成。隈研吾在开设事务所之前亲手做的规划案。（摄影：先进企画）

2. De町屋。与筱原聪子共同设计。千叶县东金市的东金曾我礼品店。隈研吾说道："在我心中对'和风'根深蒂固的情绪，都被包含在这里面。"（摄影：齐部功）

3. 鬼之城高尔夫球俱乐部。关于隐约可见法兰克·洛伊·莱特的设计，隈研吾解释说，使用莱特的建筑词汇，达到莱特所达不到的境地。（摄影：松村芳治）

年份	大事记	作品
一九九四	四十岁 《新建筑入门》（筑摩新书） 《建筑欲望的末期》（新曜社） 通产省优良设计奖（梼原町地域交流设施）	MAN-JU（福冈）（**图4**） 梼原町地域交流设施 龟老山观景台
一九九五	《超越建筑的危机》（TOTO出版） JCD设计奖（龟老山观景台）	水／玻璃（静冈） 威尼斯双年展一九九五年日本馆会场结构（意大利）
一九九六		湖木高尔夫球俱乐部（群马）（**图5**） 森舞台／登米町传统艺能传承馆（宫城） 川／滤光板（福岛）
一九九七	日本建筑学会奖（森舞台／登米町传统艺能传承馆） AIA Benedictus奖（水／玻璃） 新乡村设计大奖（梼原町地域交流设施）	

4. MAN-JU。福冈的牛杂锅老店“万十屋”的店铺。沿室见川而建。像机翼断面的屋檐，由倾斜的4根柱子支撑。“重点在于如何再现老店铺易让人迷路的空间性质。”（摄影：冈本公二）

5. 湖木高尔夫球俱乐部。群马县富冈市的高尔夫球场的休息室。将水平格栅与玻璃相结合，以“仿佛融入自然环境里的透明空间”为目标。家具和标识也由隈研吾设计。（摄影：小林研二）

6. 本州岛四国联络桥淡路服务区下行线休憩设施。1998年4月，与明石海峡大桥同时开通。计划的架构是，即使从停车场也能眺望海景，因而必须将建筑予以透明化，换言之，从整个建筑物中任何一处都看得见风景。（摄影：松村芳治）

一九九八

- 庆应义塾大学环境信息学系特聘教授
- 本州岛四国联络桥淡路服务区下行线休憩设施（兵库）（图6）

一九九九

- 《隈研吾读本I—一九九九》（A.D.A.EDITA Tokyo）
- 波士顿建筑师协会奖
- 森／条板（神奈川）
- 北上川・运河交流馆水之洞窟（宫城）

二〇〇〇

- 爱知县万博『自然之睿智』的构想未能开花结果，受到挫折
- 《反标的物》（筑摩书房）
- 林野厅长官奖（那珂川町马头广重美术馆）
- 枥木县七叶树建筑奖（石头美术馆）
- 交互内部空间设计奖（北上川・运河交流馆水之洞窟）
- 作新学院大学（枥木）（图7）
- 幕张集合住宅（千叶）
- 阳之乐家（新潟）
- 那须历史探访馆（枥木）（图8）
- 那珂川町马头广重美术馆（枥木）
- 石头美术馆（枥木）

二〇〇一

- 庆应义塾大学理工学院教授
- 建筑业协会奖（那珂川町马头广重美术馆）
- 村野藤吾奖（那珂川町马头广重美术馆）
- 国际石建筑奖（意大利）（石头美术馆）
- 高崎停车场（群马）（图9）
- 县南防灾中心（茨城）
- 海／滤光板（山口）
- 银山温泉浴场银汤（山形）

7. 作新学院大学。与安藤设计共同设计，位于宇都宫市之东、清原工业集体住宅区内，2000年完工的新校区。周围都是工厂，由于没有设计的线索，“既然如此，就创造一个景观看看吧。”（摄影：安川千秋）

8. 那须历史探访馆。展示室的窗际排列着“稻秆”的隔板。网眼铝板之上铺上混着浆糊与泥水匠用溶剂的稻秆。从和泥水师傅的久住章讨论中想到的手法。（摄影：三岛叡）

9. 高崎停车场。与RIA共同设计。JR高崎车站西口的立体停车场。深咖啡的格栅，使用预制彩色混凝土板。以5种安装角度不同的板子体现变化。（摄影：吉田诚）

年份	大事记	作品
二〇〇二	—Spirit of Nature Wood Architecture Award（芬兰）	—竹之屋（中国） —塑料屋（东京） —安养寺木造阿弥陀如来坐像收藏设施 —ADK松竹广场（东京）
二〇〇三		—住居的百货店多摩中心店（东京）（**图10**） —蓬莱古古比之瀑布（静冈） —奥社的茶屋（长野） —森/床（日本） —梅窗院（东京）（**图11**） —JR涩谷车站修改计划（东京） —ONE表参道（东京）
二〇〇四	—五十岁 —全尺寸模型（GA画廊） —《负建筑》（岩波书店） —《隈研吾读本II—二〇〇四》（A.D.A.EDITA Tokyo）	—滨名湖花博大门（静冈） —云母玻璃工房（山口） —东京农业大学食与农博物馆进化生物研究所（东京） —东云运河苑CODAN3街区（**图12**） —村井正诚纪念美术馆（东京） —escorter青山（东京） —日本路易·威登集团（大阪） —古今乌丸（京都）
二〇〇五	—《素材的实验》（INDEX COMMUNICATION） —THE MARBLE ARCHITECTURAL AWARDS 2005（意大利）（长崎县美术馆）	—福崎空中广场（大阪） —长崎县美术馆（长崎）（**图13**） —THE SCAPE（东京） —万来舍继承空间（东京） —LOTUS HOUSE（东日本）

10. 住居的百货店多摩中心店。与KAJIMA DESIGN共同设计。翻修公司的大型展示设施。在建筑物内展示实体的住宅。装上玻璃，从外面可见到建筑物内部。（摄影：寺尾丰）

11. 梅窗院。与长古工公司共同设计。由东京·青山的寺院改建而成。东侧是白色的格栅，西侧是黑色直棱板铺装。一边参考传统设计，一边建造对都市开放的外观。（摄影：的野弘路）

12. 东云运河苑CODAN3街区。与RIA共同设计。借着将连续阳台与外面走廊的栏杆做成纵向铝格栅，与白色厚板的线条形成对比，强调了水平设计。（摄影：的野弘路）

—宝积寺车站直藏广场（栃木）
—星之里附属建筑（山口）
—KRUG×KUMA=8
—纸蛇

二〇〇六

—Y-Hutte（东日本）
—银山温泉・藤屋（山形）
—Z58（中国上海）
—梼原町综合办公厅（图14）

二〇〇七

—《限研吾：讲演/对话》（INAX出版）
—伊利诺大学客座教授
—Detail Prize 2007（德国）特别奖（宝积寺车站直藏广场）
—国际建筑奖（美国）（宝积寺车站直藏广场）

—三多利美术馆（东京）（图15）
—铁之家（东京）
—Lucien pellat-finet东京中城店（东京）
—户畑C街区（福冈）
—SAKENOHANA（东京）
—YIEN EAST（日本）
—吴市音户市民中心（广岛）
—窗之家（商品化住宅）（图16）
—布鲁诺・陶特展览会场（东京）
—二〇〇七年度世界茶会新・绿茶空间
—TOKYO DESIGN PREMIO Tokyo designer's Week
—三井不动产
—SWAROVSKI CRYSTAL PALACE 2007
—KengoKuma Two Carps

15. 三多利美术馆。这座民间美术馆坐落于东京中城的一角。与日建设计共同设计。外壁纵向格栅的形象也在内部展开。在挑高的展示室内，装置了日本传统的无格双栅。（摄影：柳生贵也）

14. 梼原町综合办公厅。木造二层建筑的"可持续发展的生命建筑"。结构与装修均使用当地产的木材。除屋顶上装置的太阳能发电系统之外，还加入地热等各种环境计划。（摄影：生田将人）

13. 长崎县美术馆。与日本设计共同设计。建筑用地中央有运河通过。外壁安装240根石头格栅。至于格栅，在花岗岩的边上，装上呈"匚"字断面形状的钢材作为支撑。（摄影：小林研二）

年份	大事记	作品
二〇〇八	—Kuma& Associates Europe（法国）设立 —展览会『MATERIAL IMMATERIAL』（美国芝加哥） —《自然的建筑》（岩波新书） —《新·都市论东京》（集英社新书） —《奇想遗产》（新潮社） —亚洲设计奖（香港） —Emirates Glass LEAF Awards（英国）公共建筑部门（三多利美术馆） —Energy Performance + Architecture Award（法国）	—朝日广播大楼（大阪） —料亭开花亭（福井） —东都医疗大学（崎玉） —京都造型艺术大学至诚馆（京都） —瑜舍（中国北京） —寿月堂（法国） —Tiffany银座大楼（东京） —三里屯Village南区（中国北京） —wood／be rg（东日本） —水枝（美国纽约）（图17）
二〇〇九	—东京大学教授 —展览会『Studies in Organic』（Gallery间） —《有机方面的研究》（TOTO出版） —英国皇家建筑师协会（RIBA）会员 —艺术文化勋章（法国）	—Cha Cha moon（英国伦敦） —根津美术馆（东京） —史迹金山城迹引导设施 太田市金山地域交流中心（群马） —长崎花园露台（长崎）（图18） —玉川高岛屋（东京） —Lucien pellat-finet心斋桥店（大阪） —下关市川棚温泉交流中心（山口） —TOKYO FIBER ' 09 SENSEWARE
二〇一〇	—《三低主义》（NTT出版） —《境界》（淡交社） —每日艺术奖（根津美术馆）	—安藤百福纪念日活动指导中心（长野） —补缀科博物馆研究中心（爱知县） —三里屯SOHO（中国北京） —东急Capital Tower（东京）

16. 窗之家。“无印良品”的商品化住宅。在开发阶段，隈研吾曾经参加。与KIMADO公司共同开发不让人感觉窗框存在的木制建筑用品。照片是无印之家名古屋东店的展示屋。（摄影：早川俊昭）

17. 水枝。在以临时住宅为主题的MOMA（美国）内的展示。概念来自施工现场经常使用的水槽。将100毫米×100毫米的5个立方体错开再叠起来的形状，灌入水后可以调节重量。（摄影：隈研吾建筑都市设计事务所）

18. 长崎花园露台。长崎市的休闲饭店。有如折纸一般具有凹凸的几何学外壁的是杉木嵌板。嵌板之间的接缝统一为40毫米，因而产生出抽象画的效果。（摄影：阿野太一）

1987—2010年

员工

隈研吾建筑都市设计事务所员工名单

东京事务所

人名顺序根据入所时间排列

截至二〇一〇年五月

001 隈研吾
002 横尾实
003 弥田俊男
004 新津保朗子
005 宫原贤次
006 白浜诚
007 阿知波修二
008 藤原徹平
009 野口惠美子
010 宫泽一彦
011 池口由纪
012 坂本英史
013 大庭晋
014 秋山弘明
015 神田刚
016 水野清香
017 平林政道
018 斋川拓未
019 名城俊树
020 栗田祥弘
021 Javier Villar Ruiz
022 清水裕子
023 安达贤
024 川西敦史
025 松岛润平
026 渡边杰
027 斋田武亨
028 Katinka Temme
029 羽场友纪
030 土屋匡生
031 长谷川伦之
032 山田裕史
033 柴田淳
034 浅野浩克
035 田中亮平
036 须磨哲生
037 虎尾亮太
038 Diego Arahuetes Lopez
039 寺川奈穗子
040 针谷将史
041 神谷修平
042 本濑步
043 吉田桂子
044 齐藤浩章
045 饴野律子
046 Balazs Bognar
047 佐佐木伦子
048 稻叶麻里子
049 关佳彦
050 京智健
051 小岛伸也
052 Marcin Sapeta
053 酒井真纪子
054 尾道理
055 胡实
056 猿田晓生
057 平辻里佳
058 富永大毅
059 江欣璇
060 山根修平
061 梅泽龙也
062 冈山直树
063 武田清明
064 西田和代
065 Natalia Sanz Lavina
066 Maurizio Mucciola
067 Maria-Chiara Piccinelli
068 郑念明
069 Miruna Ileana Constantinescu
070 喜多启
071 珠玖优
072 铃木公雄
073 西川拓
074 Marion Geinzer
075 林佳佳
076 芳井菜穗子
077 涌田纯树
078 堂园有的
079 姜秀沇
080 金森绘美
081 Roberto Aparicio Ronda
082 山路哲生
083 百枝优
084 山本纮代
085 黑川智之
086 服部一晃
087 金海英

巴黎事务所

088 Nicolas Moreau
089 Sarah Markert
090 Matthieu Wotling
091 Louise Lemoine
092 Elise Fauquembergue
093 河原田千鹤子
094 Charlotte Brussieux
095 Miguel Orellana Lazo

前职员

青山玲
浅古阳介
安藤笃史
安藤贵昭
石上裕
石桥徹平
泉胜彦
岩本昌树
岩坂京子
太田秀俊
大槻直美
大野三太
小川博央
押尾章治
小田达也
小幡亮太郎
葛西泰子
加藤匡毅
金久华
金原孝兴
金城真奈美
黑田哲二
小西菜月
后藤圭太
后藤武
后藤哲夫
齐藤望美
坂野由典
佐藤美香子
佐藤由香子
佐野哲史
泽真铃
泽田佳久
须贝重义
濑木博重
高冈尚史
高桥义和
竹石吉孝
田付龙吉
田中英之
筑野津惠
田志雄
丰岛浩次
樋野真理子
中井明里
中村拓志
野田真红
马场英实
马场美佐绪
原田真宏
早川友和
藤枝隆介
藤掛奈美
细村研一
松岛忍
松田达
三原久仁子
湊雄一郎
宫川昌己
安河内进
山田康司
吉田圭吾
Darling,Naomi
Debois,Jeremy
Duval,Felicien
Iwasada-Louvel,Sawa
Peine,Jun-Florian
Pelletier,Guillaume
Pradono,Budi
Rabie,Omar
Willis,Luke Yosuke
Yueh,Vincent W.

后记

透过报道的形式，回顾隈研吾建筑都市设计事务所的历史，以及日经建筑编辑部这样的媒体在新时代中所发挥的作用，我觉得其意义深远。

简言之，在这二十五年间，社会与建筑的关系，翻转了过来。这个关系，从所谓『社会之辉煌领导者』的建筑，向『社会之敌』的建筑演变而去。世纪之交的二十五年里，建筑发生了巨大的变化。创刊于一九七六年的《日经建筑》，正是那个时代的产物——以新的社会与建筑的关系为主题的媒体。这个新媒体被赋予了与以往采用美学作为编辑原理的建筑杂志完全不同的任务。

我能够顺利走完这不幸的二十五年，真的感到自豪。除了自豪之外，由于将之升华到建筑的外观上，所以在这二十五年间，能够不断前行。矶崎先生和黑川先生以建筑作为工业化社会的领导者而受到社会的尊敬，在那个被认为具有充分利用价值的时代里，确立了建筑的基础，此外，还受到安藤先生和伊东先生的影响，对建筑产生尊敬、信赖。相反地，我的学生时代因『石油危机』而受到影响，事务所成立后，又赶上『泡沫经济破灭』，从二十世纪九十年代开始，又因箱型建筑物受到批判。在那样的时期，先后写下了《十宅论》《建筑欲望的末期》《反标的物》《负建筑》《自然的建筑》等一系列对社会让步的书籍，我思考着有关让步的方法，而且不得不思考。

至于这个思考是否逐渐升华到建筑的表现上，唯有回头读读这本书了。为了这本书而追加的访谈对象，乃是三位建筑界的领导者。对于这二十五年的变化，在各自的领域，他们以最敏锐的感受接受社会与建筑的变化。妹岛女士在建筑领域中，宫台先生在社会科学领域中，还有福冈先生在自然科学领域中，都注意到过去建筑的『重』『坚硬』和『无变化』，同时还不断地提出批判，这些建筑不但被称为『箱型物』，而且到二十世纪九十年代以后还遭到厌恶。

我也一直持续观察他们在想些什么。他们是不可能思考不存在的东西的，那么这二十五年间的变化，又有怎样的意义呢？妹岛女士认为，箱型建筑物应拆解为平房；宫台先生发现，在建筑师的构想之外，例如幻想的郊外和都市的空隙——实际上正在发生新的社会活动；福冈先生指出，箱型物欠缺生物的流动性、柔软性，对人类而言，是不自然的环境。

我从他们那里学到许多东西。然而这一次重新对话，可以明显地看出他们与我的不同。我不想被放入『领域』这种分类中。我所思考的，只是彻底停留在建筑工地，从工地的混乱与繁杂之中，设法想象最终的结构，然后自豪地告诉别人，我只想从现场获得启示，以便重新思考新的时代。

原本世界并未被分割为『领域』，但是，头脑以『领域』的形式来整理它们。否定受制于『领域』的思考法，是因为箱型物，亦即过去的建筑的最大的问题就是有着头重脚轻的特性。把头脑创造出来的抽象性构想，强制性地投影在物质世界里，正是箱型物这种巨大的妖怪。

如何从用头脑思考的自己，变身为用身体思考的自己，是这二十五年来我一直思考的问题。希望把自己的头脑变小。对箱型物的批判，也不用头脑，而想试着看能否以身体取而代之。如此一来，我想才能实现对箱型物的真正批判。在这一次对话中所邀请的三人，他们对箱型物的批判、对建筑物的批判，虽然非常尖锐，但我想完全地敞开自己，希望现实能够与社会，或者与作为社会的具体性产物产生碰撞。

二〇一〇年五月十八日

隈研吾

执笔者、新闻报道刊号

010页 『不明白自己的方向，痛苦折腾的二十岁』——回顾那段受压迫的『负建筑』时代（1970—1980年）/森清 / NA 2010年学生特别版及KEN-Platz

018页 隈研吾著作编年史——观察建筑作品背后的『思想变迁』（1986—2010年）/矶达雄/全新撰文

030页 三十岁：隈研吾的战略——何谓『新样样皆可』论？（1988年）/青木健/ NA 1988年8月8日

038页 M2 （1991年）/高津尚悟/ NA1992年2月17日

048页 『在挑战性的设计背景下，也有针对整顿风气的反抗』——凭借『M2』打开局面的年轻评论家（1992年）/细野透/ NA 1992年2月17日

056页 梼原町地域交流设施（1994年）/隈研吾/ NA 1994年6月20日

062页 龟老山观景台（1994年）/隈研吾/ NA 1994年11月7日

068页 森舞台（1996年）/惠藤宏一/ NA 1996年8月12日

076页 北上川·运河交流馆水之洞窟（1999年）/矶达雄/ NA 1999年8月23日

084页 宝积寺车站直藏广场（2008年）/村日皓/ NA 2008年8月11日

094页 下关市川棚温泉交流中心（2010年）/谷口理惠 / NA 2010年2月22日

104页 水/玻璃（1995年）/宫泽洋 / NA1995 年7月3 日

112页 川/滤光板（1997年）/守山久子 / NA 1997年2月24日

116页 那珂川町马头广重美术馆（2000年）/青野昌行/ NA 2000年10月16日

124页 石头美术馆（2000年）/青野昌行/ NA 2000年10月16日

130页 『选择一种素材，可以使之在地产业重生』——在地方的十年带来设计手法的改变（2001年）/平岛宽/ NA 2001年6月25日

134页 塑料屋（2002年）/宫泽洋/ NA 2002年7月22日

137页 『船到桥头自然直』，积极投身海外项目（隈研吾×妹岛和世）/谷口理惠/全新撰文

148页 不论建筑还是生物都因流动而活着（隈研吾×福冈伸一）/佐野由佳/全新撰文

158页 未来的都市需要『迟钝』与『不吻合』（隈研吾×宫台真司）/佐野由佳/全新撰文

168页 阳之乐家（2000年）/青野昌行/ NA 2000年10月16日

174页 村井正诚纪念美术馆（2004年）/中崎隆司/ NA 2005年11月14日

180页 『对于新而强的物质，如何附加上旧而柔弱呢？』——因翻新的工作而扩大设计的范围（2005年）/中崎隆司/ NA 2005年11月14日

184页 银山温泉·藤屋（2006年）/中崎隆司/ NA 2006年9月11日

作品名笔画顺序索引

图书在版编目（CIP）数据

NA建筑家系列. 3，隈研吾 / 日本日经BP社日经建筑编；林铮顗译. — 北京：北京美术摄影出版社，2013.12
ISBN 978-7-80501-585-9

Ⅰ. ①N… Ⅱ. ①日… ②林… Ⅲ. ①建筑艺术—世界 Ⅳ. ①TU-861

中国版本图书馆CIP数据核字(2013)第287176号

北京市版权局著作权合同登记号：01-2012-5344

责任编辑：钱　颖
助理编辑：孙晓萌
责任印制：彭军芳
装帧设计：仇高丰

NA建筑家系列　3
隈研吾
WEI YANWU
日本日经BP社日经建筑　编　林铮顗　译
出　版　北京出版集团公司
　　　　北京美术摄影出版社
地　址　北京北三环中路6号
邮　编　100120
网　址　www.bph.com.cn
总发行　北京出版集团公司
发　行　京版北美（北京）文化艺术传媒有限公司
经　销　新华书店
印　刷　鸿博昊天科技有限公司
版印次　2013年12月第1版　2019年3月第2次印刷
开　本　787毫米×1092毫米　1/16
印　张　19
字　数　305千字
书　号　ISBN 978-7-80501-585-9
定　价　89.00元
质量监督电话　010-58572393